"十二五"职业教育国家规划教材
经全国职业教育教材审定委员会审定
（修订版）

机电产品的安装与调试

第 2 版

主 编 乐 为 翟银霞
副主编 金明辉 王立云
参 编 陈云东 刘 娟 杨秀娟 崔林娟
杨 羊 时 鹏 苗燕芳 陈 飞

机械工业出版社

本书是经全国职业教育教材审定委员会审定的“十二五”职业教育国家规划教材的修订版，是根据《中等职业学校机电技术应用专业教学标准》，同时参考相关职业资格标准编写的。

本书从培养技能型人才的角度出发，注重职业道德和职业意识教育，有利于学生综合职业能力的培养。本书主要内容包括机电产品概述、机电产品装调技术的基础知识、常用连接件的装调、典型零部件的装调、常用传动机构的装调、液压与气动系统的装调、典型电气控制电路的装调、典型机电产品的装调、自动装配及柔性装配系统。书中安排有操作实训并配有评价表，用以巩固所学知识，培养学生实际动手能力和分析解决问题的能力。

本书可作为中等职业学校机电类、机械类等专业教材，也可作为工程技术人员和工人的岗位培训教材及自学用书。

为便于教学，本书配套有助教课件等教学资源，选择本书作为授课教材的教师可来电（010-88379195）索取，或登录机械工业出版社教育服务网（www.cmpedu.com），注册并免费下载。

图书在版编目（CIP）数据

机电产品的安装与调试/乐为，翟银霞主编. —2版（修订版）. —北京：机械工业出版社，2024.1（2025.7重印）

“十二五”职业教育国家规划教材

ISBN 978-7-111-74829-8

Ⅰ.①机…　Ⅱ.①乐…　②翟…　Ⅲ.①机电设备-设备安装-中等专业学校-教材②机电设备-调试方法-中等专业学校-教材　Ⅳ.①TM

中国国家版本馆CIP数据核字（2024）第015346号

机械工业出版社（北京市百万庄大街22号　邮政编码100037）
策划编辑：赵红梅　　责任编辑：赵红梅　王宗锋
责任校对：李　杉　　封面设计：张　静
责任印制：任维东
河北鑫兆源印刷有限公司印刷
2025年7月第2版第2次印刷
184mm×260mm · 11.25印张 · 271千字
标准书号：ISBN 978-7-111-74829-8
定价：36.00元

电话服务	网络服务
客服电话：010-88361066	机　工　官　网：www.cmpbook.com
010-88379833	机　工　官　博：weibo.com/cmp1952
010-68326294	金　　书　　网：www.golden-book.com
封底无防伪标均为盗版	机工教育服务网：www.cmpedu.com

前　言

本书是“十二五”职业教育国家规划教材的修订版，根据《中等职业学校机电技术应用专业教学标准》，紧盯科学发展前沿，同时参照相关职业资格标准编写而成。

本书内容紧贴社会生活和生产实际，反映新知识、新技术、新工艺和新方法，以解决实践问题为纽带，实现理论、实践、知识、技能的有机整合，并嵌入职业标准、行业标准和企业标准。

本书以学生为主体，着眼于学生职业生涯发展，注重职业素质的培养，有利于课程教学改革。

本书的设计思路如下：

1）在每章前给出本章“学习目标”，有利于学生在学习过程中抓住重点。

2）理论与实践紧密结合，将专业知识与实践有机地融为一体，在相应的知识点后安排相应的操作实训，力求教材实现理论与实践综合，知识与技能综合，促进“学练结合”教学方法的实施。

3）为培养学生分析问题、解决问题和动手操作的能力，本书编写了系统安装、调试、使用和维护等内容。通过综合实训，使学生进一步弄懂机电产品的组成原理，逐步学会机电产品的安装、调试和维护。

4）促进教学方法改革，在相关章节给出课上讨论练习题“想一想”“做一做”“练一练”，促进教与学的互动，以调动学生的学习积极性，启迪学生的科学思维。

本书教学建议120学时，学时分配见下表：

序号	章	建议学时	序号	章	建议学时
1	第1章　机电产品概述	1	6	第6章　液压与气动系统的装调	16
2	第2章　机电产品装调技术的基础知识	10	7	第7章　典型电气控制电路的装调	16
3	第3章　常用连接件的装调	18	8	第8章　典型机电产品的装调	26
4	第4章　典型零部件的装调	16	9	第9章　自动装配及柔性装配系统	1
5	第5章　常用传动机构的装调	16			

本书由盐城机电高等职业技术学校乐为和江苏省射阳中等专业学校翟银霞担任主编，江阴市徐霞客综合高级中学金明辉、南京六合中等专业学校王立云担任副主编，江苏省金坛中等专业学校陈云东、江阴市徐霞客综合高级中学刘娟、江苏省惠山中等专业学校杨秀娟、扬州市邗江中等专业学校崔林娟、盐城机电高等职业技术学校杨羊和时鹏、江苏省射阳中等专业学校苗燕芳、江苏悦达起亚汽车有限公司陈飞参与编写，具体分工如下：乐为编写第3、4、8章，杨羊编写第1章，时鹏编写第7章，陈云东编写第9章，翟银霞、杨秀娟编写第2章，刘娟参与编写第4章，金明辉、王立云和苗燕芳编写第6章，崔林娟编写第5章，陈飞为本书的编写提供了技术指导。全书由张国军教授主审。

由于编者水平有限，书中如有不妥之处，恳请读者批评指正。

编　者

目　录

第1章 机电产品概述

学习目标

※ 掌握机电一体化的概念
※ 理解机电产品的概念
※ 熟悉现代机电产品的特点
※ 熟悉现代机电产品的分类
※ 掌握机电产品的组成
※ 掌握机电产品的重要应用领域

1.1 机电产品的特点及分类

1.1.1 机电产品的基本概念

随着计算机技术的迅猛发展和广泛应用，机电一体化技术获得前所未有的发展，机电产品的概念也有了新的发展。机电产品是指综合应用机械技术、微电子技术、信息技术、自动控制技术、传感测试技术、电力电子技术、接口技术及软件编程技术等于一体的高新技术产品。

1. 机电一体化的含义

在机械工程领域，由于微电子技术和计算机技术的飞速发展及其向机械工业的渗透所形成的机电一体化，使机械工程的技术结构、产品结构、功能、生产方式及管理体系均发生了巨大变化，使工业和工程领域生产由“机械电气化”进入了“机电一体化”的发展阶段。

目前，关于“机电一体化”含义尚未有统一的定义，随着生产和科学技术的发展，“机电一体化”还将不断被赋予新的内容。但其基本概念的含义可概括为：将机械技术、微电子技术、信息技术、控制技术、计算机技术、传感器技术、接口技术等在系统工程的基础上有机地加以综合，为实现整个系统最优化而建立起来的一种新的科学技术。机电一体化是指机和电之间的有机融合，它既不是传统的机械技术，也不是传统的电气技术。

"机电一体化"涵盖"技术"和"产品"两个方面。随着科学技术的发展，机电一体化已从原来以机械为主的领域拓展到目前的汽车、电站、仪表、化工、通信、冶金等领域，而且机电一体化产品的概念也不再局限在某一具体产品的范围，已扩大到控制系统和被控制系统相结合的产品制造和过程控制的大系统，如柔性制造系统、计算机辅助设计/制造系统、计算机辅助设计工艺和计算机集成制造系统以及各种工业过程控制系统。此外，对传统的机电产品做智能化改造等工作也属于机电一体化范围。

2. 机电一体化的共性关键技术

机电一体化是各种技术相互渗透的结果，其发展所面临的共性关键技术可以归纳为精密机械技术、检测传感技术、信息处理技术、自动控制技术、伺服驱动技术、接口技术和系统总体技术等七方面。

1.1.2 现代机电产品的特点

现代机电产品，如电动缝纫机、电子调速器、自动取款机、自动售票机、自动售货机、自动分拣机、自动导航装置、数控机床、自动生产线、工业机器人、智能机器人等都是应用机电一体化技术的设备。与传统机电设备相比，现代机电设备具有以下特点。

1. 体积小，重量轻

机电一体化技术使原有的机械结构大大简化，如电动缝纫机的针脚花样主要是由一块单片集成电路来控制的，而老式缝纫机的针脚花样是由350个零件构成的机械装置控制的。机械结构的简化，使设备的结构减小，重量减轻，用材减少。

2. 工作精度高

机电一体化技术使机械的传动部件减少，因而使机械磨损所引起的传动误差大大减少。同时还可以通过自动控制技术进行自行诊断、校正、补偿由各种干扰所造成的误差，从而使机电设备的工作精度有很大的提高。

3. 可靠性、灵敏性提高

由于采用电子元器件装置代替了机械运动构件和零部件，因而避免了机械接触式存在的润滑、磨损、断裂等问题，使可靠性和灵敏性大幅度提高。

4. 具有柔性

例如，在数控机床上加工不同零件时，只需重新编制程序就能实现对零件的加工，它不同于传统的机床，不需要人工更换刀具、夹具，不需要重新调整机床就能快速地从加工一种零件转变为加工另一种零件。所以，能适应多品种、小批量的加工要求。

由于现代机电设备具有上述特点，所以具有节能、高质、低成本的共性，而机电一体化技术也是世界各国竞相发展的技术。

想一想 在日常生活或影视作品中你见过哪些机电设备？

1.1.3 机电产品的分类

机电产品的种类多、范围广。一般的机电产品是指由电力控制的大型生产设备，如车床、铣床、注射机、凝冻机、空气压缩机、包装机及煤矿上的钻煤平台等。还有一些特种设备，主要是指涉及生命安全、危险性较大的承压、载人和起重运输设备或设施，包括起重机、电梯、观光客运索道、大型游乐设施、锅炉、压力容器和压力管道等。

目前，机电产品还在不断发展，但依据现有情况可以按产品的功能分为以下几类。

1. 数控机械类

数控机械类产品的主要特点为执行机构是机械装置，典型产品有数控机床、工业机器人、发动机控制系统及自动洗衣机等。

2. 电子设备类

电子设备类产品的主要特点为执行机构是电子装置，典型产品有电火花加工机床、线切割加工机床、超声波缝纫机和激光测量仪等。

3. 机电结合类

机电结合类产品的主要特点为执行机构是机械和电子装置的有机结合，典型产品有自动探伤机、形状识别装置、CT 扫描仪和自动售货机等。

4. 电液伺服类

电液伺服类产品的主要特点为执行机构是液压驱动的机械装置，控制机构是接受电信号的液压伺服阀，典型产品有机电一体化的伺服装置。

5. 信息控制类

信息控制类产品的主要特点是执行机构的动作完全由所接收的信息控制，典型产品有电报机、磁盘存储器、磁带录像机、录音机及复印机、传真机等。

1.2 机电产品的组成及应用

1. 机电产品的组成

机电产品种类繁多，工作原理各不相同，结构差异性大，但基本结构都是由机械系统、液压与气压传动系统、电控系统和动力源等组成。

2. 机电产品的应用

机电产品的应用极其广泛，已经成为社会的重要组成部分，一般应用在以下领域。

1）机电产品在金属切削领域的应用，如金属切削机床、数控机床。

2）机电产品在塑料成形领域的应用，塑料成形机械的类型很多，如挤出机、注射机、浇铸机、真空成形机和液压机等。但在生产中常用的是挤出机和注射机。

3）机电产品在传送领域的应用，如带式输送机、电梯。

4）机电产品在数码领域的应用，如全自动照相机。

想一想 你使用过照相机吗？在使用照相机时，感受到机电产品的哪些性能？

5）机电产品在自动化领域的应用，如工业机器人。

想一想 选取书中列举的机电一体化的典型设备中的一种，谈谈对该设备的了解程度及今后的发展设想。

第2章 机电产品装调技术的基础知识

学习目标

※ 掌握机电产品安装的基础知识
※ 掌握机电产品的基础分类及作用
※ 了解机电产品基础安装与检查的基本方法
※ 了解机电产品试运转的操作方法和注意事项
※ 了解机电产品装配的工艺过程和装配方法
※ 了解旋转零件不平衡类型及平衡试验的方法和步骤
※ 掌握机电产品装配常用量具及检测方法

2.1 机电产品装配概述

2.1.1 装配的概念

机电产品是由许多零、部件组成，按照规定的技术要求，将若干个零件组装成部件或将若干个零件和部件组装成产品的过程，称为装配。更明确地说，把已经加工好，并检验合格的单个零件，通过各种形式，依次将零部件连接或固定在一起，使之成为部件或产品的过程称为装配。

由两个及两个以上的零件结合成的装配体称为组件，如减速器上的锥齿轮轴组件等。

由若干零件和组件结合成的装配体称为部件，如车床主轴箱、进给箱、尾座等。

从装配的角度看，部件也可称为组件。直接进入机器装配的部件称为组件。

由若干零件、组件和部件装配成最终产品的过程称为总装配。

只有通过装配才能使若干个零件组合成一台完整的产品。产品质量和使用性能与装配质量有着密切的关系，即装配工作的好坏，对整个产品的质量起着决定性的作用。有些零件精度并不是很高，但经过仔细修配和精心调整，仍能装配出性能良好的产品。通过装配还可以发现产品设计上的错误和零件加工工艺中存在的质量问题，并加以改进。因此，装配工艺过程又是产品生产的最终检验环节。

想一想	1. 什么叫装配？ 2. 装配工作的重要性有哪些？

2.1.2　装配的工艺过程

装配的工艺过程一般由以下3个部分组成。

1. 准备工作

1）研究和熟悉产品装配图及有关的技术资料，了解产品的结构，各零件的作用，相互关系及连接方法。

2）确定装配方法。

3）确定装配顺序。

4）检查装配时所需的工具、量具和辅具。

5）对照装配图清点零件、外购件、标准件等。

6）对装配零件进行清理和清洗。

7）对某些零件还需进行装配前的钳加工（如刮削、修配、平衡试验、配钻、铰孔等）。

2. 装配工作

1）组件装配。

2）部件装配。

3）总装配。

3. 调整、检验、试车

（1）调整　调节零件和机构的相互位置、配合间隙、结合松紧等，目的是使机构或机器工作协调（轴承间隙、镶条位置、齿轮轴向位置的调整等）。

（2）检验　就是用量具或量仪对产品的工作精度、几何精度进行检验，直至达到技术要求。

（3）试车　空运转和负载运转的目的是试验其灵活性、振动、温升、密封性、转速、功率、动态性能。

凡要求不发生漏油、漏水的零件或部件在装配前都需做密封性试验，如各种阀、缸体、气缸套、液压缸、某些液压件等。

密封性试验的方法有如下两种：

1）气压法。适用于承受工作压力小的零件。

2）液压法。适用于承受工作压力较大的零件。

（4）喷漆、涂油、装箱　机器装配完毕后，为了使产品外表美观，要进行喷涂；为了使产品工作表面和零件的已加工表面不生锈需要涂油；为了便于运输，要装箱。

2.1.3　生产类型及组织形式

生产类型一般可分为三类：单件生产、成批生产和大量生产。

件数很少，甚至完全不重复生产的，单个制造的一种生产方式称为单件生产。

每隔一定时期，成批地制造相同的产品，这种方式称为成批生产。

产品的制造数量很庞大，在各工作地点经常重复地完成某一工序，并有严格的节奏性，这种生产方式称为大量生产。

装配组织形式有固定式和移动式。

1. 单件生产装配组织形式的特点

1）地点固定。

2）用人少（从开始到结束只需一个或一组工人即可）。

3）装配时间长、占地面积大。

4）需大量的工具装备。

5）需要工人具有较全面的技能。

2. 成批生产装配组织形式的特点

1）一般为先部装后总装。

2）装配工作常采用移动式。

3）对零件可预先经过选择分组，达到部分零件互换的装配。

4）可进入流水线生产，装配效率较高。

3. 大量生产装配组织形式的特点

1）每个工人只需完成一道工序，这样对质量有可靠的保证。

2）占地面积小，生产周期短。

3）工人并不需要有较全面的技能，但对产品零件的互换性要求高。

4）可采取流水线、自动线生产，生产率高。

想一想　产品有哪些装配工艺过程？其主要内容有哪些？

2.1.4 装配工艺规程

装配工艺规程包括产品或零部件装配工艺过程和操作方法等的工艺文件。

装配工艺规程是在装配工作时的指导性文件，是工人进行装配工作的依据，它具备下列内容。

1）规定所有的零件和部件的装配顺序。

2）对所有的装配单元和零件规定出既保证装配精度，又是生产率最高和最经济的装配方法。

3）划分工序，决定工序内容。

4）决定必需的工人等级和工时定额。

5）选择完成装配工作所必需的工夹具及装配用的设备。

6）确定验收方法和装配技术条件。

想一想　执行工艺规程有哪些作用？如何编制？

2.1.5 装配精度

机器的质量主要取决于机器结构设计的正确性、零件的加工质量及机器的装配精度。装配精度是指机器装配以后，各工件表面间的相对位置和相对运动等参数与规定指标的符合程度。装配精度包括零部件间的相互位置精度、相对运动精度、配合精度和接触精度。

相互位置精度包括机械产品中相互关联零部件之间的距离精度和位置精度。距离精度包括轴向距离、轴向间隙、轴间距离；位置精度包括平行度、垂直度、同轴度和跳动等。

相对运动精度是指有相对运动的零部件间在运动方向、运动轨迹和运动速度上的精度。包括运动方向上的精度、运动轨迹精度和运动速度精度。运动方向上的精度表现为零部件间相对运动时的平行度和垂直度。例如：溜板移动在水平内的直线度，尾座移动时床鞍移动的平行度以及平行度和垂直度等；运动轨迹精度是指运动件偏离理想运动轨迹的程度，例如：车床主轴回转时的轴线漂移、机床工作台移动的直线度等；运动速度精度即传动精度，是指内联系传动链中始末端传动元件间相对运动（转角）精度。例如：滚齿机滚刀轴与工作台的相对运动精度和车床车螺纹时的主轴与刀架移动的相对运动精度等。

配合精度是指零部件配合表面之间达与规定配合面间的间隙或过盈的程度。它直接影响到配合的性质，如轴与轴承的配合间隙及转轮与转轴的过盈值等。

接触精度是指配合表面、接触表面和连接表面达到规定的接触面积大小与接触点分布的情况。它影响到接触刚度和配合质量。例如：导轨接触面间、锥体配合和齿轮啮合等处，均有接触精度要求。

机器和部件是由零件装配而成的。显然零件的精度特别是关键零件的加工精度对装配精度有很大的影响。零件精度是保证装配精度的基础，装配精度不完全取决于零件精度。装配精度应从产品结构、机械加工和装配等方面进行综合考虑。

2.1.6 装配工作的要求

每一个组件，部件以至每台产品装配完成后，都应满足各自的装配要求。装配要求的内容很多，主要内容包括相对运动精度（如铣床工作台移动对主轴轴心线的垂直度）、相对位置精度（如同轴度、垂直度和平行度）、配合精度（间隙或过盈的正确度）等。

2.1.7 装配质量决定机电产品的质量

零件的质量直接影响机电产品的质量。因此要保证机电产品质量的良好，必须有严格的零件及部件的检验制度。必须保证不合格的零件不装入到组件中；不合格的组件不装入到部件或总成中；不合格的部件或总成不装入到产品中。

1. 影响机电产品零件质量的因素

（1）材料性能　包括强度、硬度、耐蚀、耐氧化等性能。

（2）加工质量　包括精度、表面粗糙度及形位精度。

（3）配合质量　配合必须符合装配标准。特别是对于有相互磨损的动配合，其配合间隙应力争选取间隙范围的下限值，因为对某些配合副来说，如活塞与气缸壁，0.01mm 的磨损量可能相当机械数百小时甚至上千小时的工作寿命，注意这一点的意义很大。

（4）平衡状况　由于零件的不平衡，会引起附加的动载荷，并引起机械的振动，由此使机器工作状况变化，而且有可能对机械的寿命产生严重的影响。因此，对高速运转的机件，必须认真注意这一点。圆盘类型的零件可只进行静平衡试验；长度与直径之比接近和大于 1 时，一般都应进行动平衡试验。

2. 装配工作必须按一定的程序进行

装配程序一般应遵循如下原则：

1）先装下部零件，后装上部零件。

2）先装内部零件，后装外部零件。

3）先装笨重零件，后装轻巧零件。

4）先装精度要求较高的零件，后装一般性零件。

正确的装配程序是保证装配质量和提高装配工作效率的必要条件。装配时应注意遵守操作要领，即不得强行用力和猛力敲打，必须在了解结构原理和装配顺序的前提下，按正确的位置，选用适当的工具、设备进行装配。

2.2 机电产品的安装基础

2.2.1 机电产品基础的安装检查

机电产品基础分为素混凝土基础和钢筋混凝土基础两大类。

把机电产品固定在一定的基础位置上，并使基础承受机电产品的全部重量和工作时的振动力，同时将这些力均匀地传到大地，基础还必须吸收和隔离机电产品运转时产生的振动，防止发生共振现象。为此机电产品基础必须有足够的刚度、强度和稳定性。

1. 机电产品基础的检查及要求

根据工艺施工图结合机电产品图和施工单位提供安装的基础检验记录，核对基础几何尺寸、标高、预埋件等应符合要求；基础表面应无蜂窝、裂纹及露筋等缺陷，用 50N 重的锤子敲击基础，检查密实度，不得有空洞声音。对大型机电产品或精度高的机电产品及冲压机电产品的基础，建设单位应提供预压记录和沉降观测点。

2. 机电产品安装基础放线

基础放线前，应将基础表面冲洗干净，清除孔洞内的一切杂物。一般机电产品安装时，采用几何放线法。一般是确定中心点，然后划出平面位置的纵、横向基准线。基准线的公差应符合规定要求。

1）平面位置放线时，应符合下列要求。

① 根据施工图和有关建筑物的柱轴线、边沿线或标高线划定机电产品安装的基准线（即平面位置纵、横向和标高的基准线）。

② 较长的基础可用经纬仪或吊线的方法确定中心点，然后划出平面位置基准线（纵、横向基准线）。

③ 基准线被就位的机电产品覆盖，但就位后必须复查的，应事先引出基准线，并做好标识。

2）根据建筑物或划定的安装基准线测定标高，用水准仪转移到机电产品基础的适当位置上，并划定标高基准线或埋设标高基准点。根据基准线或基准点检查机电产品基础的标高及预留孔或预埋件的位置是否符合设计和相关规范要求。

3）若联动机电产品的轴心较长，放线时有误差时，可架设钢丝替代机电产品中心基准线。

4）相互有连接、排列或衔接关系的机电产品，应按设计要求划定共同的安装基准线。必要时应按机电产品的具体要求，埋设临时或永久的中心标板或基准放线点。埋设标板应符合下列要求：

① 标板中心应尽量与中心线一致。

② 标板顶端应外露 4~6mm，切勿凹入。

③ 埋设要用高强度水泥砂浆，最好把标板焊接在基础的钢筋上。

④ 待基础养护期满后，在标板上定出中心线，打上冲眼，并在冲眼周围划一圈红漆作为明显的标识。

5）机电产品定位基准安装基准线的允许偏差应符合规定要求：

① 机电产品与其他机械机电产品无联系的，机电产品的平面位置和标高对安装基准线有一定的极限偏差，平面位置极限偏差为±10mm，标高极限偏差为（+20，-10）mm。

② 与其他机械机电产品有联系的，机电产品的平面位置和标高对安装基准线有一定的极限偏差，平面位置极限偏差为±2mm，标高极限偏差为±1mm 。

3. 机电产品安装基础研磨处理

对大型机电产品、高转速机组以及安装精度要求较高或运行中有冲击力的机电产品基础，为了保证产品或机组的稳定性和受力均匀，应根据设计与机电产品技术要求，对基础安放垫铁位置的部位（超过垫铁四周 20~30mm）进行研磨。基础研磨时，用水平仪在平垫板上测量水平度，其纵横之差一般不大于 0.1/1000，用着色法检查垫铁与基础的接触面积，其接触面积一般不小于 70%，并均匀分布于垫铁。待基础研磨好后，用水平仪或连通管测量各垫铁间的高度差，以垫铁的厚度和块数调整各组垫铁的标高，各组间的相对高度差应控制在 1mm 以内，并且每组垫铁一般不超过 5 块，应尽量少用薄垫铁。垫铁位置以外的机电产品基础表层，凡需二次灌浆的部位应将基础表面的浮浆打掉，并清洗干净，方能进行机电产品就位。

垫铁放置方法还有座浆法。机组各组垫铁位置确定后，用扁铲对其进行加工，应避免产生孔洞。

练一练

1. 机电产品安装施工程序中，机电产品基础检查应在（　　）前完成。

A. 开箱与清点　　B. 机电产品就位

C. 基础放线　　D. 起重搬运

2. 机电产品基础定位放线可依据（　　）图和有关建筑物的轴线、边沿线或标高线划定机电产品安装的基准线。

A. 机电产品布置　　B. 工艺流程

C. 机电产品装配　　D. 土建施工

2.2.2　地脚螺栓、垫铁和灌浆

2.2.2.1　地脚螺栓

1. 地脚螺栓的作用

地脚螺栓是靠金属表面与混凝土间的黏着力和混凝土在钢筋上的摩擦力而将机电产品与基础牢固的连接。

2. 地脚螺栓的分类

地脚螺栓可分为死地脚螺栓、活地脚螺栓和锚固定式地脚螺栓三种。

（1）死地脚螺栓　一般用来固定工作时没有强烈振动和冲击的中小型机电产品，它往往与基础浇灌在一起，称地脚螺栓的一次灌浆法，头部多做成开叉和带钩的形状。有时在钩孔中穿上一根横杆以防扭转和增大抗拔能力，如图 2-1 所示。二次灌浆法是浇灌基础时，预

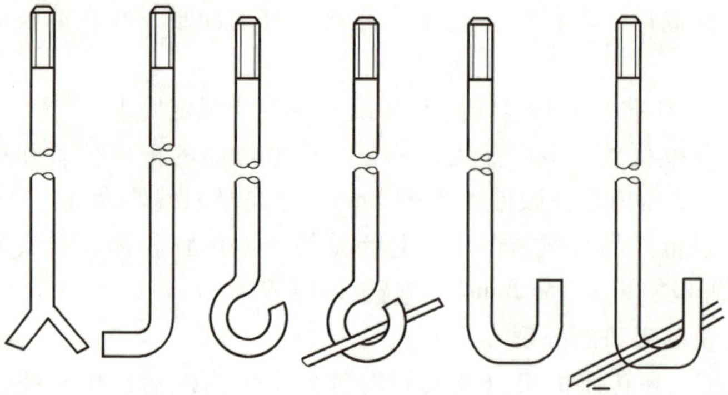

图 2-1　死地脚螺栓

先在基础内留出地脚螺栓的预留孔，在机电产品安装时再把地脚螺栓安装在预留孔内，浇灌混凝土或水泥砂浆使地脚螺栓牢固。

（2）活地脚螺栓　一般用来固定工作时有强烈振动和冲击的重型机电产品。安装活地脚螺栓的螺栓孔内一般不用混凝土浇灌（多数情况下只装砂子），当需要移动机电产品或更换地脚螺栓时较为方便，其结构一种是螺栓两端都带有螺纹，均使用螺母，另一种是顶端有螺纹，下端呈 T 形的。活地脚螺栓必须与锚板配合使用，如图 2-2 所示。

（3）锚固定式地脚螺栓　又称固定式膨胀螺栓。这种螺栓的特点是依靠螺杆在地脚螺栓孔内楔住的方法，使地脚螺栓与混凝土连成一体。锚固定式地脚螺栓比死地脚螺栓施工简单、方便，定位精确，如图 2-3 所示。

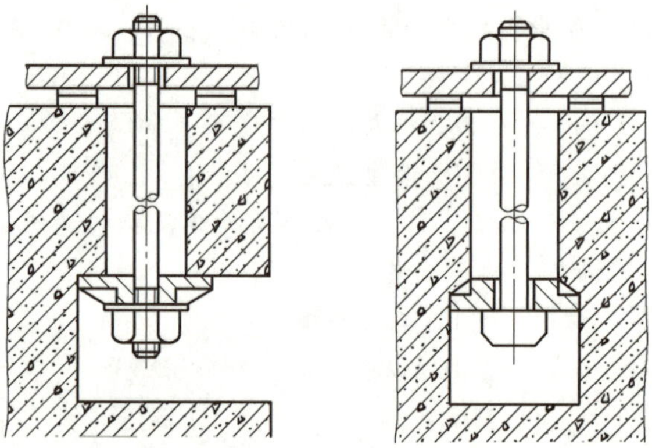

a)　　b)

图 2-2　活地脚螺栓

a）双头螺柱　b）T 形

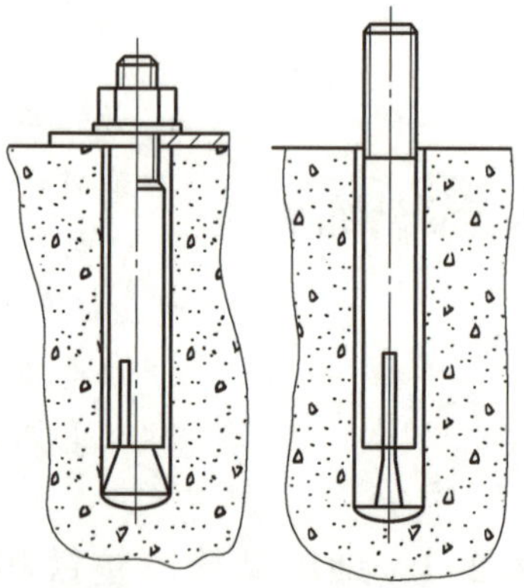

图 2-3　锚固定式地脚螺栓

3. 地脚螺栓的形式和规格

地脚螺栓的形式和规格应符合机电产品技术文件或设计规定，无规定时，地脚螺栓的直径一般可按照机电产品的地脚螺栓孔径小 2～4mm 得到，长度可按下式计算

$$L=15D+S$$

式中　L——地脚螺栓总长度；

D——地脚螺栓的直径；

S——垫铁高度、机电产品底座高度、垫圈和螺母以及预留螺距 1.5～5mm 长度的总和。

2.2.2.2　垫铁

垫铁是用于机电产品的找正找平，使机电产品安装达到所要求的标高和水平，同时承担机电产品的质量和拧紧地脚螺栓的预紧力，并将机电产品的振动传给基础，来减少机电产品的振动。

1. 垫铁的种类

垫铁按其材质分为铸造垫铁和钢制垫铁；按其形状分为平垫铁、斜垫铁、开口垫铁、钩头垫铁和可调垫铁等。

（1）平垫铁　又称矩形垫铁，用于承受主要负荷和有较强连续振动的机电产品。

（2）斜垫铁　不承受主要载荷，与同代号的平垫铁配合使用。安装时成对使用且应采用同一斜度。

（3）开口垫铁　用于安装在金属结构上面的机电产品，也用于机电产品是由两个以上地脚支承且地脚面积较小的场合。

（4）钩头垫铁　多用于不需要设置地脚螺栓的金属切削机床的安装。

（5）可调垫铁　一般用于精度要求较高的金属切削机床的安装。

2. 垫铁的布置原则

每个地脚螺栓两旁至少有一组垫铁，在能放稳和不影响浇灌的情况下，应尽可能地靠近地脚螺栓；相邻两垫铁组间的距离，一般应为500~1000mm；每组垫铁的块数一般不超过5块，尽量少用或不用薄垫铁；当用薄垫铁时，薄垫铁应尽量放在厚垫铁上面，垫铁的总高度宜控制在30~100mm；每一垫铁组总的面积应能承受机电产品的载荷。垫铁应放置平稳，以保证每块垫铁之间及与基础面的接触良好；机电产品找平后，垫铁应露出机电产品底座底面的外缘，平垫铁露出10~30mm，斜垫铁露出10~50mm；地脚螺栓拧紧后，每组垫铁的压紧程度一致；每一组垫铁的面积应根据机电产品加在该垫铁组的重量和地脚螺栓拧紧力分布在该垫铁组上的压力来确定。

3. 垫铁的布置方式

垫铁的布置方式一般有标准垫铁法、十字标注法、井字标注法、筋底标注法、辅助标注法和混合标注法。

2.2.2.3　机电产品的灌浆

1. 机电产品的搬运、开箱、就位

机电产品搬运前应熟悉有关的专业规程、设计和机电产品技术文件对机电产品搬运的要求。了解箱体的质量以及机电产品结构、捆扎点等，根据运输道路确定搬运方案。

机电产品开箱应采用合理的工具，记录箱号、箱数及包装情况；查看机电产品名称、型号和规格与施工图是否相符；装箱清单、随机技术文件、资料及专用工具是否齐全；机电产品有无变形损伤和锈蚀的情况；对易碎、易散失和精密的零件应单独登记；机电产品箱内的电气、仪表应该由专业人员进行检查和保管；对发现的问题要及时和厂家联系，得到解决。

基础经验收合格，机电产品基础放线以后，把机电产品吊到机电产品的基础上。

2. 机电产品的找正

机电产品的找正主要是找中心、找标高和找水平，使三者均达到规范要求。机电产品找正的依据有两个，一是机电产品基础上的安装基准线；二是机电产品本身划出的中心线，即定位基准线。机电产品找正的主要内容是使定位基准与安装基准线的偏差在允许的规范之内。机电产品的找正可分两步进行。

（1）机电产品的初平　主要是找正机电产品中心、标高位置和机电产品水平的初步找正。通常机电产品初平与机电产品吊装就位同时进行，即机电产品吊装就位时要安放垫铁，安装地脚螺栓，并对机电产品初步找正。

机电产品的找正、调平的测量位置，当机电产品技术文件无法规定时，宜在下列部位中选择：机电产品的主要工作面；支承滑动部件的导向面；保持转动部件的导向面或轴线；部件上加工精度较高的表面；机电产品上应为水平或垂直的主要轮廓面；连续运输机电产品和金属结构时，宜选在可调部位，两测点间距离不宜大于6m。

机电产品初平后，便可进行地脚螺栓的灌浆，也叫一次灌浆，优点是地脚螺栓与混凝土的结合牢固，程序简单；其缺点是机电产品安装时不便于调整。灌浆时要将预埋混凝土部分螺栓表面的锈垢、油渍除净，在现场可用火烧，保证螺栓与混凝土的牢固结合。灌浆应采用比基础高一级的水泥。

（2）机电产品的精平　精平是在机电产品初平的基础上（地脚螺栓已灌浆固定，混凝土强度不低于设计强度的75%），对机电产品的水平度、垂直度、平面度、同轴度等进行检测和调整，使其完全达到机电产品安装规范的要求，使安装质量得到进一步提高，是对机电产品进行的最后一次检查调整。如大型精密机床、气体压缩机和透平机等，均应在初平的基础上，对机电产品主要部件的相互关系进行规定项目的检测和调整。

机电产品安装在完成精平的各项检测合格之后（即机电产品的标高、中心、水平度以及精平中的各项检测完全符合技术文件要求），可进行二次灌浆。灌浆一般宜采用细碎石混凝土或水泥浆，其强度等级应比基础或地坪的混凝土强度等级高一级。灌浆时应捣实，并应使地脚螺栓不倾斜，当灌浆层与机电产品底座面接触要求较高时宜采用无收缩混凝土或水泥砂浆。当机电产品底座下不需要全部灌浆，且灌浆层需承受机电产品负荷时，应敷设内模板。灌浆工作一定要一次灌完，安装精度要求高的机电产品的第二次灌浆，应在精平后24h内灌浆，否则对安装精度重新进行检查测量。

练一练

下列关于地脚螺栓、垫铁和灌浆的说法中正确的有（　　）。

A. 安装地脚螺栓前应对预留孔内的杂物等进行清除，对地脚螺栓表面油污和氧化皮等进行清除，对螺纹部分应涂大量油脂或用螺栓保护套

B. 地脚螺栓的类型、数量、直径、规格尺寸根据随机文件规定进行核查无误后方可进行地脚螺栓的安装

C. 预留地脚螺栓孔的螺栓的安装，其预留孔中的混凝土必须达到设计强度的60%

D. 根据设计文件或机电产品随机技术文件规定对施工单位申报的垫铁材料证明资料进行复查，包括垫铁材质、数量、种类进行复查，准确无误后允许进行安装

E. 预留孔灌浆前，灌浆处应清洗洁净；灌浆宜采用细碎石混凝土，其强度应比基础或地坪的混凝土强度高一级；灌浆时应捣实，并不应使地脚螺栓倾斜和影响机电产品的安装精度

2.2.3 机电产品试运转与验收

2.2.3.1 机电产品试运转

1. 机电产品试运转前的检查与准备

机电产品及其附属装置、管路等均应全部施工完毕，并经验收合格；润滑、液压、冷却、水、气（汽）、电气、仪表控制等附属装置均应按系统检验完毕，并符合试运转的要求；机电产品试运转用料、工具、检测用仪器仪表、记录表格和消防安全设施等均应符合试运转的要求；对大型、复杂和精密机电产品，应编制试运转方案或操作规程；参加试运转的人员，应熟悉机电产品的构造、性能、技术文件，并掌握操作规程及试运转操作；机电产品试运转的现场照明应充足，周围环境应清扫干净，机电产品附近不得进行粉尘或有较大噪声的作业。

2. 机电产品试运转的目的

机电产品通过运输在到达工场安装到位后进行试运转，检验机电产品在设计、制造和安装等方面是否符合工艺要求并满足机电产品技术参数以及运行特性是否符合生产的需要，并对机电产品试运转中存在的缺陷进行分析处理。

3. 机电产品试运转的步骤

机电产品试运转的步骤应先无负荷，后有负荷；先单机，后联动。机电产品试运转时应检查机电产品运转是否平稳无噪声，温度、振动、转速、轴移位、膨胀、各部压力和电动机电流等是否符合要求。

2.2.3.2 工程验收

安装工程竣工后，应由建设单位会同有关部门对施工单位按各类安装工程施工及验收规范进行验收，然后交付生产使用单位。工程验收时，安装单位应向机电产品使用单位提供竣工图或按实际完成情况注明修改部分的施工图；重要灌浆所用的混凝土的配合比和强度试验记录；修改设计的有关文件；重要焊接工作的焊接试验记录及检验记录；各重要工序自检的数据；试运转记录；重大问题及其处理文件；出厂合格证和其他有关资料。

练一练

润滑与机电产品加油是保证机械机电产品正常运转的必要条件，应在（　　）前完成。

A. 调整与试运转　　B. 工程验收

C. 机电产品就位　　D. 机电产品固定

2.3 机电产品装配前的准备工作

2.3.1 零件的清洗

清洗是指清除零件表面的油脂、污垢和所黏附的机械杂质，并使零件表面干燥，具有一定的耐蚀能力。

在装配的过程中，必须保证没有杂质留在零件或部件中，否则，就会迅速磨损机器的摩擦表面，严重的会使机器在很短的时间内损坏。由此可见，零件在装配前的清理和清洗工作对提高产品质量，延长使用寿命有着重要的意义。特别是对于轴承精密配合件、液压元件、密封件及由特殊清洗要求的零件等很重要。

2.3.1.1 机电产品清洗用材料和工具

1. 材料

保持场地和环境清洁常用的材料为苫布、塑料布、席子等。清洗常用的材料为布头、棉纱、砂布；清洗液有汽油、煤油、轻柴油和化学清洗液等。

1）汽油主要适用于清洗较精密的零部件上的油脂、污垢和一般黏附的杂质。

2）煤油和轻柴油的应用与汽油相似，清洗效果比汽油差，但比汽油安全。

3）化学清洗液（又称乳化剂清洗液）具有配制简单，稳定耐用，无毒，不易燃烧，使用安全，成本低等特点，如 105 清洗剂。6051、6053 清洗剂可用于喷洗钢件上以机油为主的油污和杂质。

2. 工具

錾子、钢丝刷、油盘、油枪、油桶、油壶、毛刷、牛角、木制刮具、铜棒、空气压缩机、清洗用喷头（见图 2-4）、压缩空气喷头（见图 2-5）和洗涤机（见图 2-6）等。

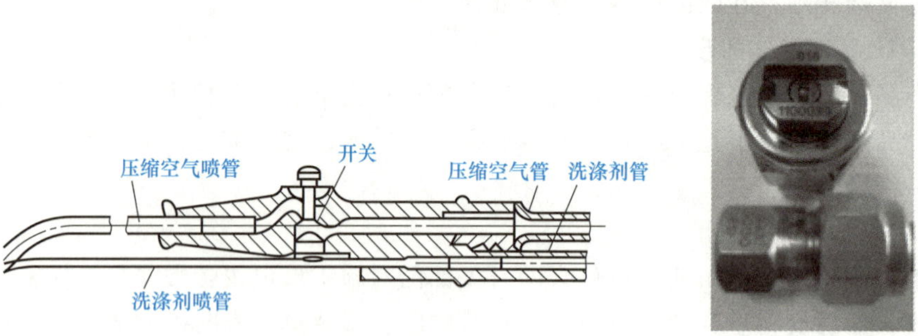

不锈钢碳化钨喷头

图 2-4 清洗用喷头

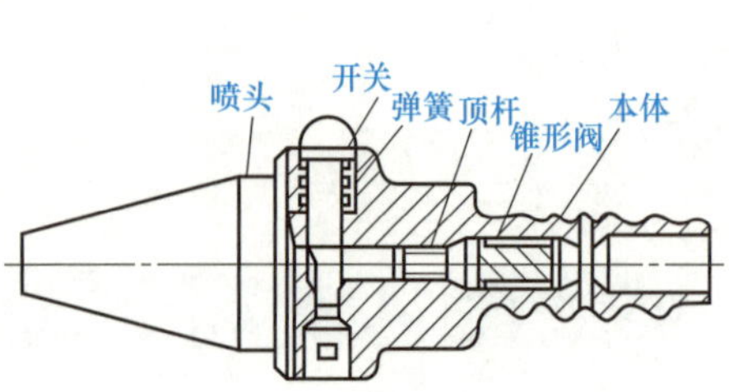

图 2-5 压缩空气喷头

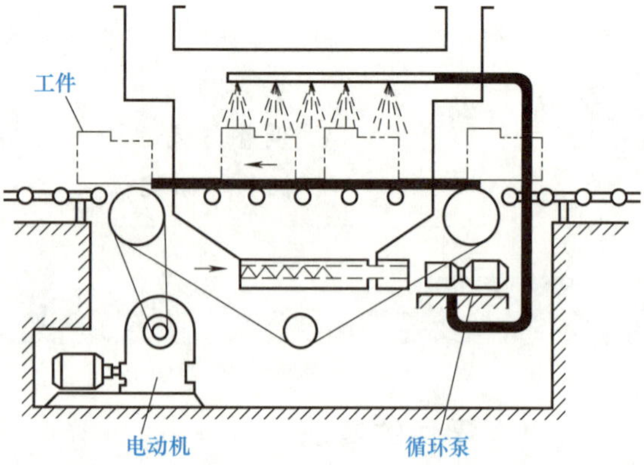

图 2-6 洗涤机

2.3.1.2 对零件的清理和清洗内容

清洗工作必须认真细致地进行。一台机电产品不能一次全部清洗干净，故应在安装过程中配合各工序的需要分别进行清洗。

1）装配前，清除零件上的残存物，如型砂、铁锈、切屑、油污及其他污物清理。

2）装配后，清除在装配时产生的金属切屑，如配钻孔、铰孔、攻螺纹等加工的残存切屑。

3）部件或机器试运转及调试过程中，凡是涉及的零部件，要洗去因摩擦而产生的金属微粒及其他污物。

2.3.1.3 对零件清洗的方法及步骤

1. 清洗方法

1）清除非加工表面的型砂、毛刺可用錾子、钢丝刷。

2）清除铁锈可用旧锉刀、刮刀和砂布。

3）有些零件清理后还须涂漆，如箱体内部、手轮、带轮的中间部分。

4）单件和小批量生产中，零件可在洗涤槽内用抹布擦洗和进行冲洗。

5）成批或大批量生产中，常用洗涤槽清洗零件，如用固定式喷嘴来喷洗成批小型零件，利用超声波来清洗精度要求较高的零件，如精密传动的零件、微型轴承、精密轴承等。

2. 清洗步骤

1）初洗。

2）细洗。

3）精洗。

练一练

1. 机械机电产品修理时，零件表面常见的污垢是____________，常用的清洗剂是____________________。

2. 清洗一般的机械零件，应优先选用（　　）为清洗剂。

A. 汽油　　　　B. 煤油

C. 合成清洗剂　　　　D. 四氯化碳

2.3.2 钢铁材料的发蓝处理

将钢铁材料制成的零件放入氢氧化钠、硝酸钠或亚硝酸钠溶液中处理，使零件表面生成一层很薄的黑色氧化膜的过程，称为发蓝处理或者氧化处理。

发蓝处理的方法有碱性法、无碱法和电解法等。

发蓝处理的工艺过程有化学除油、热水洗、流动冷水洗、酸洗、流动冷水洗、发蓝一次氧化、发蓝二次氧化、冷水洗、热水洗、补充处理、流动冷水洗、流动热水洗、吹干或者烘干、检验、浸油、停放。

2.3.2.1 发蓝前的表面处理

零件在发蓝处理前要先进行表面清理工作，表面清理的好坏直接影响发蓝氧化膜表面的质量，因此不能忽视发蓝前的表面准备工作。

一般需要发蓝的零件是经过机械加工或者热处理过的，其表面上有油污和氧化皮，这些都影响发蓝的效果，所以必须采用化学方法或者机械方法清理，将零件的油污和氧化皮清理干净后，才能进行发蓝处理，从而得到完整、均匀、牢固的氧化膜。

经过热处理的零件可以直接酸洗除去表面氧化膜，对表面粗糙度要求高的零件，可以用砂布磨光或者抛光。

2.3.2.2 发蓝溶液的成分及机电产品

为了获得较厚的氧化膜，一般发蓝处理使用两种浓度不同的氧化液进行两次氧化。一般情况下，第一种溶液中，主要使金属表面形成一层金属晶胞；在第二种溶液中，主要使氧化膜增长。

先将氢氧化钠捣碎，放入2/3容积的水槽里溶解后，再将所需要的硝酸钠和亚硝酸钠按一定的比例放入氧化槽，加水至容积。新配置的溶液里应加入些碎铁末或者加入体积分数为20%的旧溶液，增加槽溶液里的铁，可以使氧化膜结合得均匀、牢固、致密。为了提高发蓝氧化膜的耐蚀能力，通常把氧化过的零件浸入肥皂或者重铬酸钾溶液中，作为补充处理。

发蓝槽一般做成夹层，中间填以隔热性能好的材料，采用电热器或者是电阻丝加热的方法。

2.3.2.3 影响发蓝处理的因素

1. 溶液的成分

在溶液里，碱的浓度增大时，溶液的温度也相应升高，氧化膜的厚度增加，过高时氧化膜表面会出现红褐色的氢氧化铁；碱的浓度降低时，金属表面的氧化膜发花，过低时不能生成氧化膜。

2. 氧化剂

氧化剂的含量越高，生成的亚铁酸钠和铁酸钠越多，促进反应速度加快，从而生成氧化膜的速度也快，而且膜层致密和牢固；反之，则氧化膜疏松而且厚。

3. 温度

溶液温度增高时，相应的氧化速度加快，生成的晶胞多，使膜层致密且薄。但是温度升得过高时，氧化膜在碱溶液里的溶解度同时增加，而使氧化速度变慢。所以在氧化初开始时温度不要太高，否则氧化膜晶粒减少，会使氧化膜变得疏松。氧化溶液在进槽时温度在下限，出槽时温度在上限。

4. 铁

铁是在氧化反应过程中由零件上逐渐溶解下来的，初配置的溶液缺少铁，会生成疏松且很厚的氧化膜，氧化膜与基体结合不牢，容易被擦去。

5. 氧化时间与钢的含碳量

工具钢因含碳量高，容易氧化，氧化时间短。合金钢因含碳量低，不易氧化，氧化时间长。

碳素钢和低合金钢零件在氧化后颜色呈黑色和黑蓝色，铸钢呈暗褐色，高合金钢呈褐色和紫色，但是氧化膜应是均匀致密的。

检查发蓝氧化膜的质量时，可以把零件放在体积分数为2%的硫酸铜溶液里浸泡，在室温下保持20s后取出，用水洗净或者用酒精擦净。再滴上硫酸铜溶液若干滴，20s后不出现铜的红斑点为合格。

想一想

1. 什么是发蓝？
2. 发蓝处理的工艺要求中的化学去油，能用别的方法吗？

2.3.3 机电产品的黏结处理

黏结剂能把不同或相同的材料牢固地黏结在一起。近年来在机电产品制造，特别是在各种机械的修复中，广泛地采用了以粘代焊，以粘代铆，以粘代机械固定的工艺，从而简化了复杂的机械结构和装配工艺。

按照使用的材料来分，有无机黏结剂和有机黏结剂两大类。无机黏结剂的特点是能耐高温，但强度较低。而有机黏结剂却与之相反。因此要根据不同的工作情况来选用。有机黏结剂的品质有上百种，而且在这一基础上又配成上千种，如钳工工作中常用的有：环氧黏结剂、聚氨酯黏结剂和聚丙烯黏结剂。

用环氧黏结剂黏结机床尾座底板的步骤如下。

1）黏结前用砂布仔细抛光结合面，并擦净粉末。

2）用丙酮清洗表面。

3）将清洗过的黏结表面再用丙酮润湿，直到风干挥发。

4）将已配好的环氧黏结剂涂在被连接表面，涂层不能太厚，以 0.1~0.15mm 为宜。

5）然后将被黏结件压在一起，必须有足够的时间，胶层才能固化完善。

6）在一定的范围内，提高温度可缩短固化时间，反之，降低温度可延长固化时间。固化温度最好保持为 20~25℃。

应用黏结剂具有工艺简单，操作方便，连接可靠等优点。

2.3.4 旋转零件的平衡

2.3.4.1 旋转零件不平衡的原因

在机器中一般有旋转的零部件，对旋转的零件或部件做消除不平衡的工作称为平衡，平衡的目的主要是为了防止机器在工作时，出现不平衡的离心力，消除机件在运动中，由于不平衡而产生的振动，以保证机器的精度和延长其使用寿命。

旋转体不平衡的离心力

$$C = 2men$$

式中 C——不平衡离心力（N）；

m——转子质量（kg）；

e——转子重心对旋转轴线的偏移，即偏心距（mm）；

n——转子转速（r/min）。

旋转体的重心偏移量即使不大，当转速增加时，离心力将迅速增加。这样会加速轴承的磨损，使机器发生摆动、振动及噪声，甚至大的事故。

因此在机器中，一般对旋转精度要求较高的零件或部件，如带轮、齿轮、飞轮、曲轴、叶轮、电动机转子和砂轮等都要进行平衡试验。

2.3.4.2 旋转零件不平衡的类型

平衡主要有静不平衡、动不平衡和静动不平衡三种。

1. 静不平衡

旋转件在径向位置有偏重的现象称为静不平衡。旋转体的主惯性轴线和旋转轴线不重合，但互相平行，即旋转体的重心不在旋转轴线上，如图 2-7a 所示。在旋转时，由于离心力的作用使轴朝偏重方向弯曲，并使机器振动（见图 2-7b），如图 2-7c 所示的曲轴。

2. 动不平衡

旋转件在径向位置有偏重（或相互抵消）而在轴向位置上两个偏重相隔一定距离时，

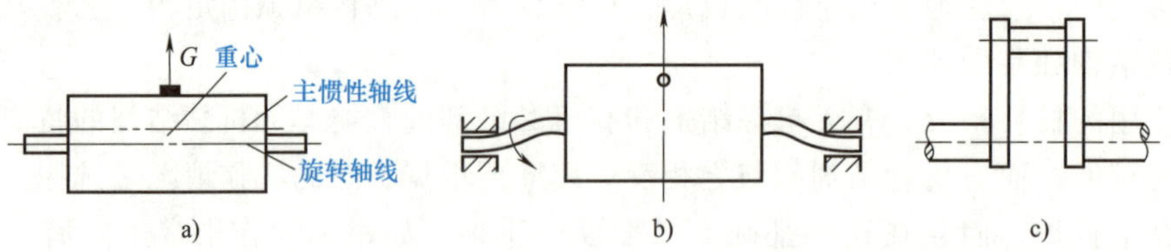

图 2-7 旋转零件的静动不平衡

称为动不平衡。旋转体的主惯性轴线和旋转轴线相交，并相交于旋转体的重心上，如图 2-8a 所示，旋转时，产生一不平衡力矩而使轴弯曲（见图 2-8b），图 2-8c 所示为曲轴。

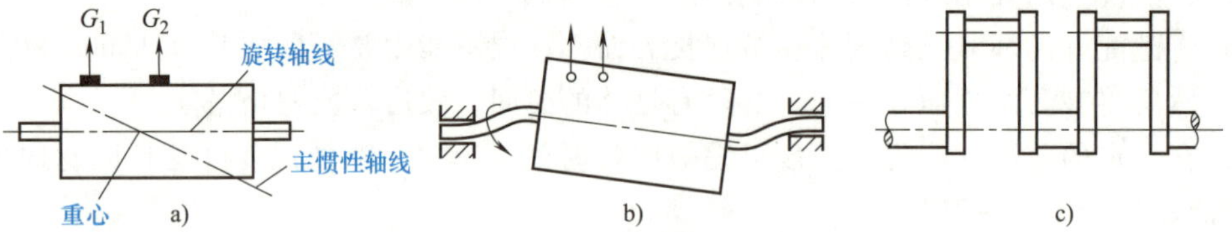

图 2-8 旋转零件的动不平衡

3. 静动不平衡

实际情况下，大多数旋转体是既存在静不平衡，又存在动不平衡，这种情况称为静动不平衡，如图 2-9 所示。

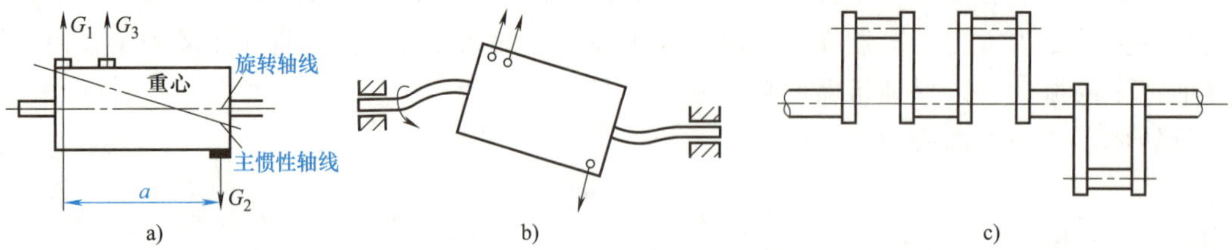

图 2-9 旋转零件的静动不平衡

2.3.4.3 旋转零件平衡的方法

平衡试验的方法有静平衡试验和动平衡试验两种。

1. 静平衡试验

调整产品或零、部件使其达到静态平衡的过程称为静平衡。

旋转线速度小于 6m/s 的零件或长度与直径之比小于 3 的零件，可以只做静平衡试验，如带轮、齿轮、飞轮和砂轮等盘类零件。

静平衡试验的装置由框架和支承等组成。支承有圆柱形的和菱形刀口的，如图 2-10 所示。图 2-11 所示为静平衡装置的结构。

静平衡试验的方法有安装平衡杆、安装平衡块和三点平衡法。

（1）平衡杆 安装平衡杆做静平衡试验的步骤如下。

1）将试件的转轴放在水平的静平衡装置上。

2）将试件缓慢转动，若试件的重心不在回转轴线上，待静止后不平衡的位置（重心）定会处于最低位置，在试件的最下方做一记号“S”。

3）装上平衡杆。

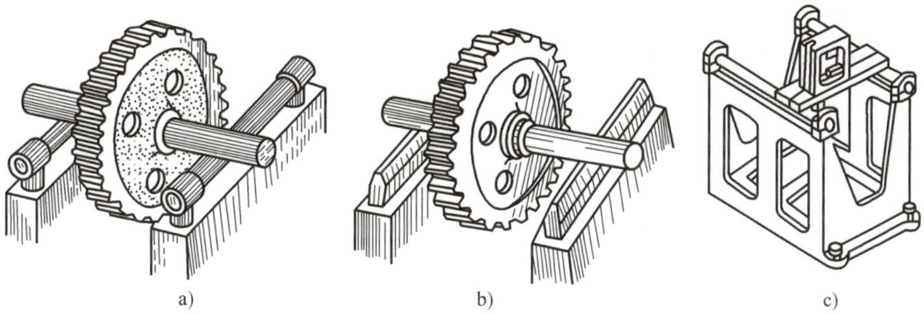

图 2-10 平衡架

a）圆柱形平衡架 b）菱形刀口平衡架 c）平衡架立体图

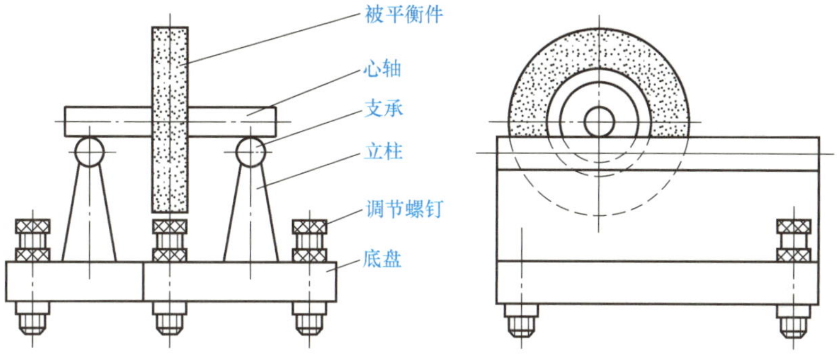

图 2-11 静平衡装置的结构

4）移动平衡重块 G_1，使试件达到在任意方向上都不滚动为止。

5）量取中心至平衡重块的距离 L_1。

6）在试件的偏重一边量取 $L_0=L_1$ 找到对应点并做好标记 G_0。

7）取下平衡块。

8）在试件偏重一边的 G_0 点上钻去等于平衡块重量的金属或在平衡重块处加上等于平衡块的重量，就可消除静不平衡，如图 2-12 所示。

（2）平衡块 对于磨床砂轮的平衡试验，通常采用安装平衡块的方法使其平衡，以此

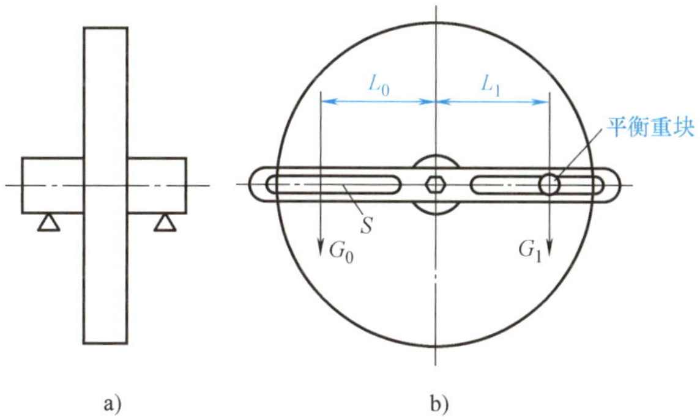

图 2-12 用平衡杆进行静平衡

为例，具体步骤如下。

1）将砂轮进行静平衡试验，确定偏重位置并做上标记 S。

2）在偏重的相对位置，紧固第一块平衡块 G_1（这一平衡块以后不得再移动）。

3）将砂轮放在静平衡装置上进行试验，如果在任何位置上都能停留，那么只需一个平衡块。

4）如果不行，就在平衡块 G_1 对应两侧面，紧固另外两块平衡块 G_2、G_3。

5）将砂轮放在静平衡装置上进行试验。若仍不平衡，可根据偏重方向，移动两块平衡块 G_2、G_3，直至砂轮能在任何位置上停留为止，如图 2-13 所示。

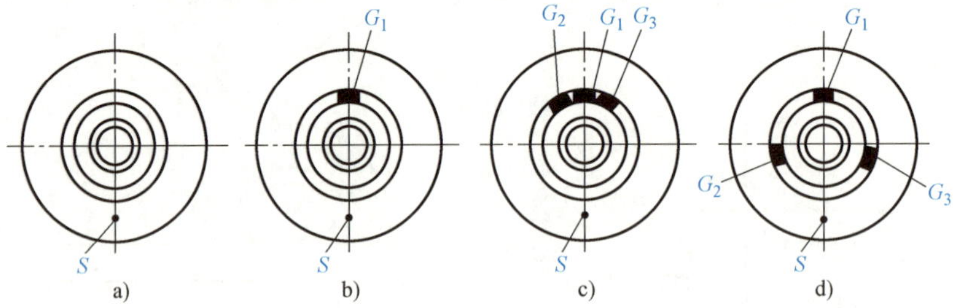

图 2-13 用平衡块进行静平衡

2. 动平衡试验

对旋转的零、部件，在动平衡试验机上进行试验和调整，使其达到动态平衡的过程称为动平衡。

动平衡试验要在动平衡机上进行。动平衡机有支架平衡机、摆动式平衡机、电子动平衡机、圈带动平衡机、万向节平衡机、单面立式动平衡机、贯流风叶动平衡机、转动轴动平衡机、自驱动平衡机、软支承动平衡机、自动定位动平衡机、双面轴流动平衡机、全自动动平衡机和现场平衡仪等数种。

想一想	1. 旋转零件进行平衡试验的目的是什么？ 2. 做旋转件的静平衡时，如何测定被平衡零件的偏重方位？

练一练	静不平衡的特点是偏重总是停留在铅垂方向的（　　）。 A. 同一位置　B. 最低位置　C. 最高位置　D. 不同位置

2.4 机电产品的装配

2.4.1 装配方法

根据产品的结构、生产条件和生产批量的不同，装配方法可分为完全互换装配法、选配装配法、调整装配法和修配装配法四种。

2.4.1.1 完全互换装配法

在装配时，对任何零件不再经过选择或修配就能安装，并能达到规定的技术要求，这种装配方法称为完全互换装配法。

完全互换装配法的优缺点如下：

1）装配操作简单，易于掌握，生产率高。

2）便于组织流水线作业。

3）零件更换方便。

4）零件的加工精度要求较高，制造费用增大。

2.4.1.2　选配装配法

装配前，按公差范围将零件分为若干组，然后把尺寸相当的零件进行装配，以达到要求的装配精度，这种装配法称为选配装配法。

选配装配法可分为直接选配和分组选配两种。

直接选配是由装配工人直接从一直接选配批零件中，选择合适的零件进行装配。

分组选配是用专用量具将一批已加工好的零件逐一进行测量，按实际尺寸大小分成若干组，然后将相应的组别内的零件进行装配。

1. 直接选配装配法的优缺点如下：

1）方法简单。

2）由于此法是凭经验和感觉来确定配合精度的，所以配合精度不太高。

3）装配效率不高。

2. 分组选配法的优缺点如下：

1）经过分组后，零件的配合精度高。

2）零件制造公差可以适当扩大，因此可降低加工成本。

3）增加了零件的测量分组工作。

4）增加了储存和运输的管理。

2.4.1.3　调整装配法

装配时，通过适当调整调整件的相对位置，或选择适当的调整件来达到装配精度要求，这种装配方法称调整装配法。

调整装配的优缺点如下：

1）装配时零件不需经任何修配加工，并能达到很高的装配精度。

2）可进行定期调整，能保持和很快地恢复配合精度。

3）对于易磨损部位若采用垫片、衬套调整零件，更换方便、迅速。

4）增加调整件或调整机构，有时会使配合的刚性受到影响。

调整装配质量完全取决于调整位置的正确与否，所以装配调整时要认真仔细，调整后对调整件的固定要坚实、可靠。

2.4.1.4　修配装配法

在装配的过程中，修去某配合件上的预留量，以消除其积累误差，使配合零件达到预定的装配精度，这种装配方法称为修配装配法。

修配装配法的优缺点如下：

1）可降低零件的加工精度。

2）加工机电产品精度不高也可采用。

3）节省机械加工的时间，产品成本低。

4）装配工作复杂，增加较多的装配时间。

练一练

1. 机械的装配精度不但取决于________，而且取决于________。

2. 互换法就是在装配时各配合零件不经________或________即可达到装配精度的装配方法。

3. 采用更换不同尺寸的调整件以保证装配精度的方法称为________装配法。

4. 保证装配精度的方法有________、________、________和________。

2.4.2 装配尺寸链

在装配的过程中，将某些相互关联的尺寸，按一定顺序连接成封闭的形式，就称为装配尺寸链（所谓装配尺寸链，就是指相互关联尺寸的总称）。

装配尺寸链有两个特征：

1）有关尺寸连接成封闭的外形。

2）这个封闭外形的每个独立尺寸误差都影响装配精度。

组成尺寸链的各个尺寸简称为环。在每个尺寸链中至少有三个环。在尺寸链中，当其他尺寸确定后，新产生所谓一个环，称为封闭环。一个尺寸链中只有一个封闭环，在每个尺寸链中除一个封闭环外，其余尺寸称为组成环。在其他各组成环不变的条件下，当某组成环增大时，如果封闭环随之减大，那么该组成环就称为增环；在其他各组成环不变的条件下，当某组成环增大时，如果封闭环随之减小，那么该组成环就称为减环，如图 2-14 所示。

在尺寸链简图中，由任一环为基准出发，顺时针或逆时针方向环绕其轮廓画出箭头符号。如果所指箭头方向与封闭环所指箭头方向相反的为增环，所指箭头方向与封闭环相同的为减环。

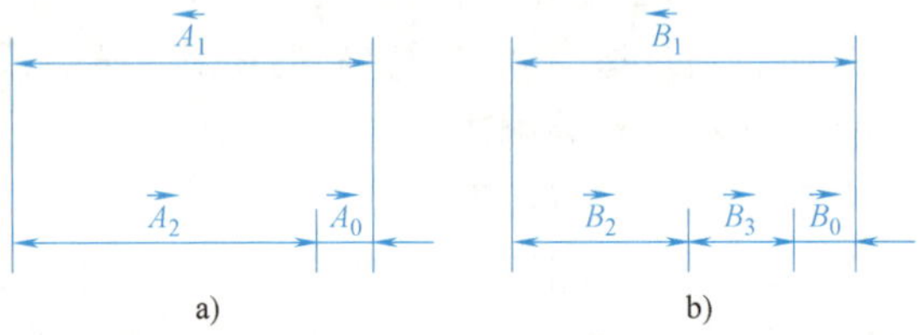

图 2-14 尺寸链简图

在解尺寸链方程时，同方向的环用同样的符号表示（+或-），例如，

$$A_1-A_2-A_3-A_0=0$$

或

$$A_0=A_1-(A_2+A_3)$$

式中，A_2、A_3、A_0 是同方向环，所以符号相同（-）。A_1 与 A_2、A_3 箭头方向相反，其符号也相反（+）。

尺寸链封闭环的公称尺寸，就是其各组成环公称尺寸的代数和。

当所有增环都为上极限尺寸，而减环都为下极限尺寸时，则封闭环必为上极限尺寸，可表示为

$$A_{0\max}=A_{1\max}-(A_{2\min}+A_{3\min})$$

式中　$A_{0\max}$——封闭环上极限尺寸；

$A_{1\max}$——增环上极限尺寸；

$A_{2\min}$，$A_{3\min}$——减环下极限尺寸。

当所有增环都为下极限尺寸，而减环都为上极限尺寸时，则封闭环必为下极限尺寸，可表示为

$$A_{0\min}=A_{1\min}-(A_{2\max}+A_{3\max})$$

式中　$A_{0\min}$——封闭环下极限尺寸；

$A_{1\min}$——增环下极限尺寸；

$A_{2\max}$，$A_{3\max}$——减环上极限尺寸。

封闭环公差等于各组成环的公差之和，即

$$\delta_0=\sum_{m+n}\delta_i$$

式中　δ_0——封闭环公差；

δ_i——各组成环公差；

m——增环数；

n——减环数。

计算封闭环公差可用下式

$$\delta_0=A_1\delta_i+A_2\delta_i+A_3\delta_i$$

计算装配尺寸链的方法主要有以下四种：①完全互换法；②选择装配法；③修配法；④调整法。

练一练

1. 零、部件或机器上若干________并形成________的尺寸系统称为尺寸链。

2. 尺寸链由________和________构成。

3. 封闭环公差等于________。

4. 一个尺寸链至少由________个尺寸组成，有________个封闭环。

A. 1　　B. 2　　C. 3　　D. 4

5. 零件在加工过程中间接获得的尺寸称为________。

A. 增环　　B. 减环　　C. 封闭环　　D. 组成环

2.5　机电产品装配常用工具简介

为了减轻劳动强度、提高劳动生产率和保证装配质量，一定要选用合适的装配工具和机电产品。对通用工具的选用，一般要求工具的类型和规格要符合被装配机件的要求，不得错用和乱用，要积极采用专用工具。工程机械由于结构的特点，有时仅用通用工具不能或不便于完成装配作用，因此必须采用专用工具；此外，还应积极采用一些机动工具和机电产品，如机动扳手、压力机等，这样，有利于提高生产效率和确保装配质量。

2.5.1　装卸工具

1. 螺钉旋具

a)　b)　c)

图 2-15　螺钉旋具

a）多种螺钉旋具　b）五角星形旋具套筒批头
c）六角星形旋具套筒批头

用于拧紧或松开头部形状不同的螺钉。常用的有一字槽螺钉旋具、双弯头一字槽螺钉旋具、十字槽螺钉旋具、十字槽机用螺钉旋具、夹柄螺钉旋具、螺旋棘轮螺钉旋具和多用螺钉旋具等。以上的螺钉旋具形状大致都类似，如图 2-15 所示。

除上述老式传统螺钉旋具外，随着科学技术的发展，新型螺钉旋具不断产生，如图 2-16 所示，其中，图 2-16a 为气动旋具，2-16b 为扭力旋具。

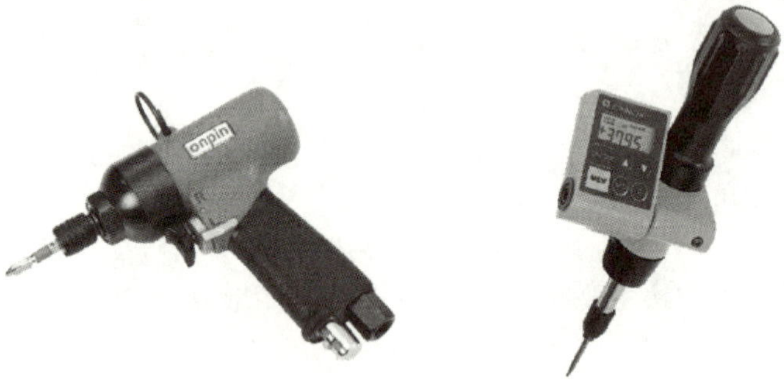

a)　b)

图 2-16　螺钉旋具

a）气动旋具　b）扭力旋具

最新螺钉旋具是旋具头用软轴连接，这样可以很方便地对不同位置的螺钉进行安装和取出。

2. 扳手

用于拧紧和松开多种规格的六角头或方头螺栓、螺钉或螺母。常用的有活扳手、多用活扳手、双头呆扳手、单头呆扳手、梅花扳手、套筒扳手、钩形扳手、内六角扳手和管子扳手，如图 2-17 所示。

除上述老式传统扳手外，随着科学技术的发展，新型扳手不断产生，如图 2-18 所示，其中，图 2-18a 为液压扳手，图 2-18b 为棘轮扳手，图 2-18c 为气动扳手，图 2-18d 为电动扳手，图 2-18e 为扭力扳手，图 2-18f 为万能扳手等。

3. 钳子

用于夹持或弯折薄形片、切断金属丝材及其他用途。常用的有钢丝钳、多用钳、弯嘴钳、扁嘴钳、挡圈钳、剥线钳、断线钳、开箱钳、顶切钳、针钳、鸭嘴钳、羊角起钉钳、水泵钳、扎线钳、尖嘴钳（修口钳）等。以上的钳子形状大致都类似，如图 2-19 所示。

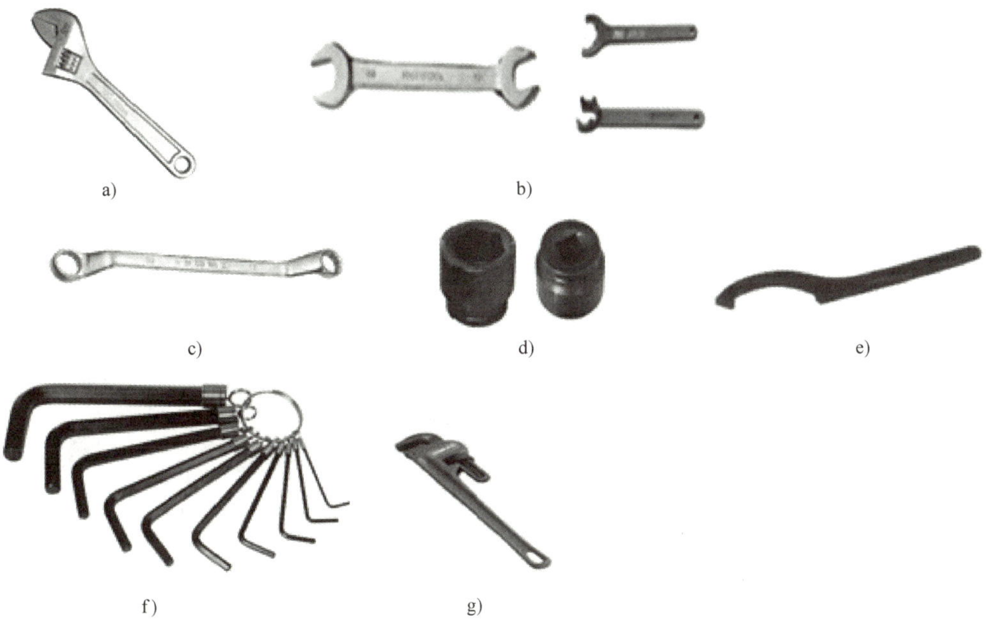

图 2-17 扳手

a）活扳手 b）呆扳手 c）梅花扳手 d）套筒扳手 e）钩形扳手
f）内六角扳手 g）管子扳手

图 2-18 新型扳手

a）液压扳手 b）棘轮扳手 c）气动扳手 d）电动扳手
e）扭力扳手 f）万能扳手

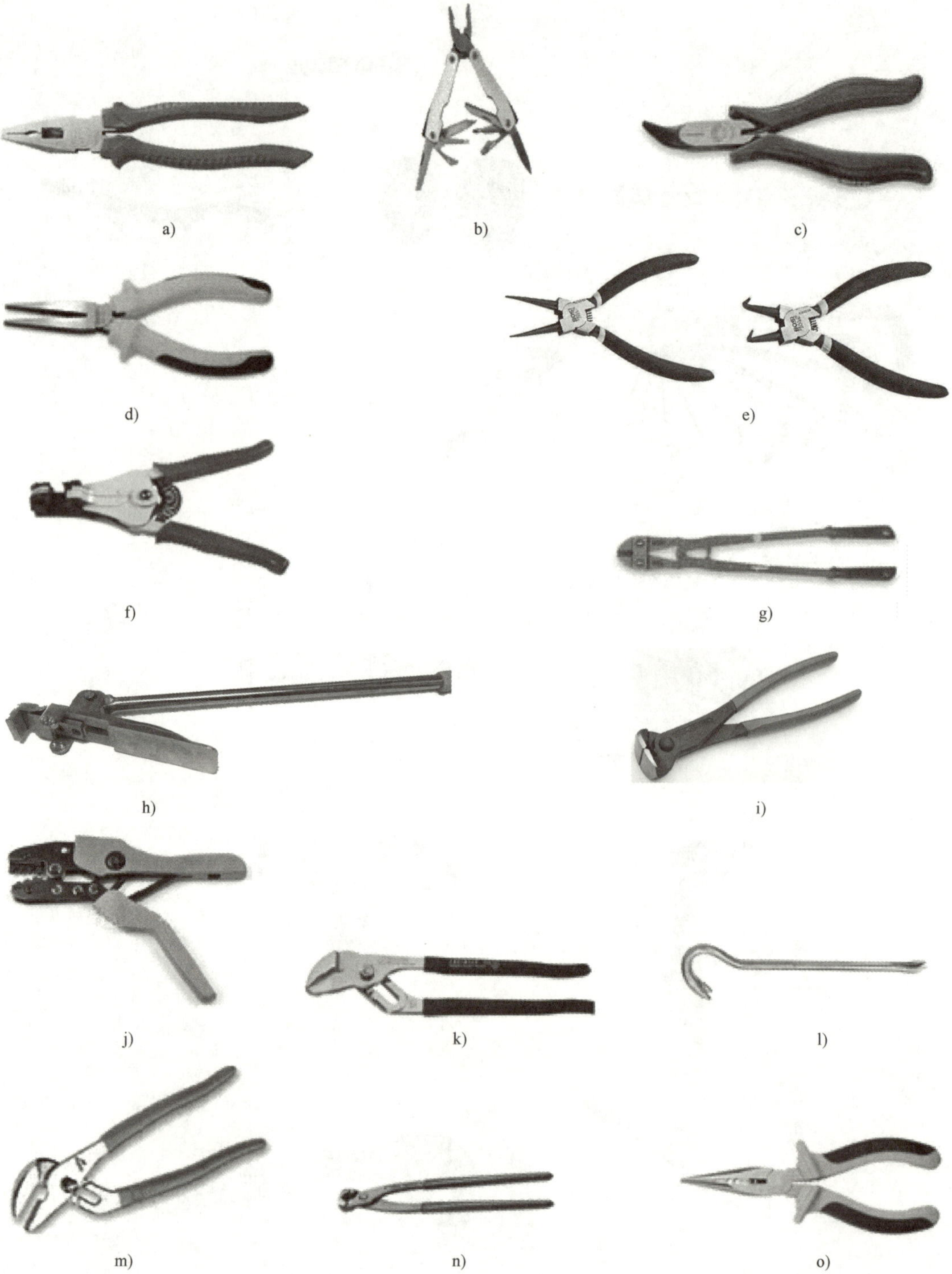

图 2-19　钳子

a）钢丝钳　b）多用钳　c）弯嘴钳　d）扁嘴钳　e）挡圈钳　f）剥线钳　g）断线钳　h）开箱钳　i）顶切钳
j）针钳　k）鸭嘴钳　l）羊角起钉钳　m）水泵钳　n）扎线钳　o）尖嘴钳（修口钳）

除上述老式传统扳手外，随着科学技术的发展，新型钳子不断产生，如图 2-20 所示，其中，图 2-20a 为紧线钳，图 2-20b 为铆钉钳，图 2-20c 为多功能钳，图 2-20d 为铅封钳，图 2-20e 为打孔钳等。

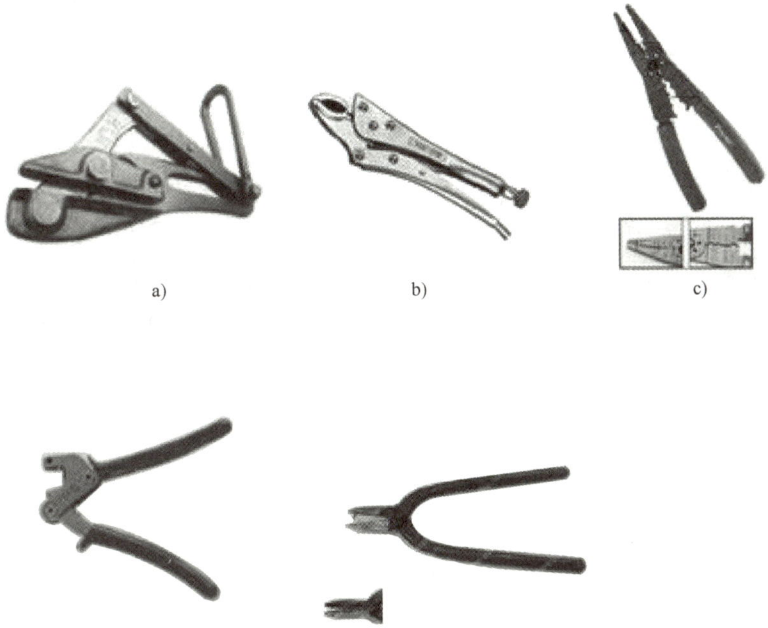

a) b) c) d) e)

图 2-20 新型钳子

a）紧线钳 b）铆钉钳 c）多功能钳 d）铅封钳 e）打孔钳

4. 锤子及铜棒

锤子由锤头、木柄和楔子（斜楔铁）组成，是凿切、矫正、铆接和装配等工作的敲击工具。锤子的规格以锤头的重量来表示，有 0.25kg、0.5kg 和 1kg 等。

常用的 1kg 锤子的柄长约为 350mm。木柄用硬而不脆，比较坚韧的木材制成，如檀木等。手握处的断面应为椭圆形，以便锤头定向，准确敲击。木柄安装在锤头中，必须稳固可靠，木柄做成椭圆形，且两端大，中间小。木柄的粗细和强度要适当，要和锤头大小相称。楔子、木柄敲紧装入锤孔后，再在端部打入带倒刺的铁楔子，用楔子楔紧，就不易松动，可以防止锤头脱落造成事故。

锤子一般分为硬头锤子和软头锤子两种，如图 2-21 所示。硬头锤子的锤头用碳素工具钢 T7 制成，常用的有圆头和方头两种，一般用于凿切和拆装。软头锤子的锤头是用硬铝、铜、硬木、硬橡胶或尼龙制成，凡工作物不能用钢锤敲击的应选用软头锤子。

锤子的握法分紧握法和松握法两种，如图 2-22 所示。

（1）紧握法　紧握法用右手五指紧握锤柄，大拇指合在食指上，虎口对准锤头方向（木柄椭圆的长轴方向），木柄尾端露出 15~30mm。在挥锤和锤击过程中，五指始终紧握。

（2）松握法　松握法只用大拇指和食指始终握紧锤柄。在挥锤时，小指、无名指、中指则依次放松；在锤击时，又以相反的次序收拢握紧。这种握法的优点是手不易疲劳，且锤击力大。

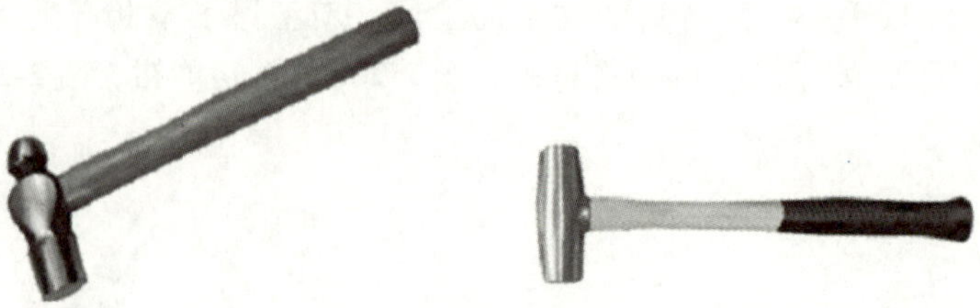

a) b)

图 2-21 锤子的种类

a）硬头锤子 b）软头锤子

挥锤方法有腕挥、肘挥和臂挥三种方法。

铜的硬度比钢、铁等金属要小，所以，在敲打的时候，工件所受到的瞬间冲击小，不容易变形，如果使用钢件敲打钢件，容易使工件变形，造成装配不合格。

5. 刮刀

刮刀又称镘刀，是刮削工作中的主要工具，根据不同的刮削表面，刮削示范如图 2-23 所示。

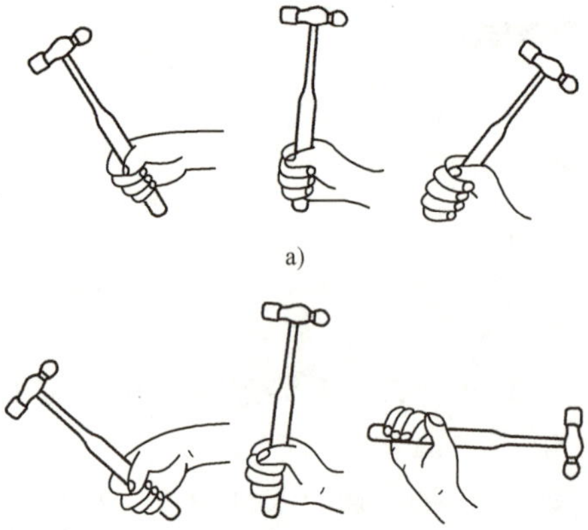

a)

b)

图 2-22 锤子的握法

a）紧握法 b）松握法

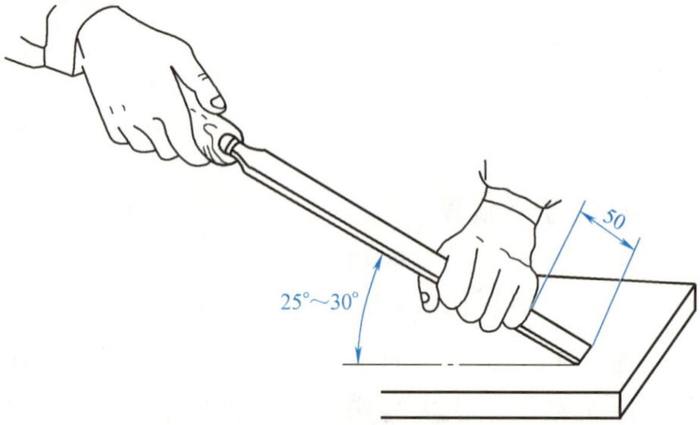

图 2-23 刮削示范

刮刀可分为平面刮刀和曲面刮刀两大类。

（1）平面刮刀 主要用来刮削平面，如平板、平面导轨、工作台等，刮削方法如图 2-23 所示。

平面刮刀也可用于刮削外曲面。按所刮表面精度要求不同，可分为粗刮刀、细刮刀和精刮刀三种，平面刮刀如图 2-24 所示。

图 2-24 平面刮刀

（2）曲面刮刀 主要用来刮削内曲面，如滑动轴承内孔等。曲面刮刀有多种形状，如三棱刮刀和蛇头刮刀等，如图 2-25 所示。

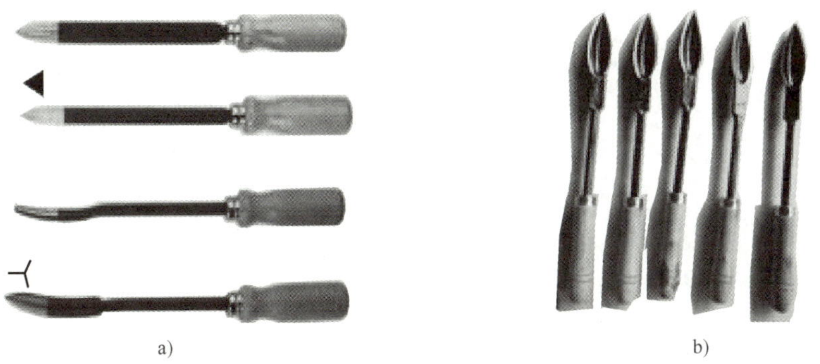

图 2-25 曲面刮刀

a）三棱刮刀 b）蛇头刮刀

6. 钻头

钻头是在实体材料上钻削出通孔或不通孔，并能对已有的孔扩孔的刀具，如图 2-26 所示，按加工孔的材料及尺寸选取。

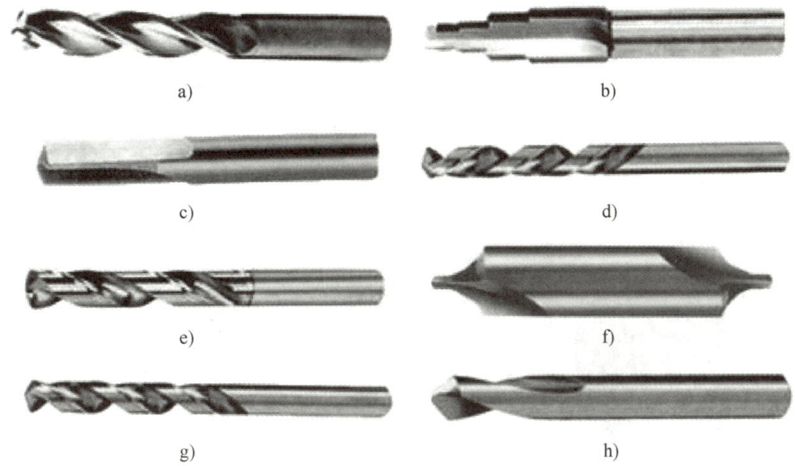

图 2-26 钻头

a）整体硬质合金三刃钻 b）整体硬质合金台阶钻头 c）整体硬质合金直槽钻 d）整体硬质合金左钻 e）整体硬质合金内冷钻头 f）整体硬质合金中心钻 g）整体硬质合金直柄麻花钻 h）整体硬质合金定心钻

7. 铰刀

铰刀是具有一个或多个刀齿，用以切除已加工孔表面薄层金属的旋转刀具；也是具有直刃或螺旋刃的旋转精加工刀具，如图 2-27 所示，一般用于扩孔或修孔，按所加工孔的公称尺寸及精度要求选取。

8. 其他装卸工具

其他装卸工具如图 2-28 所示。

（1）螺钉取出器 取出断头螺钉。

（2）手虎钳 夹持轻巧工件以便进行加工装配的手持工具。

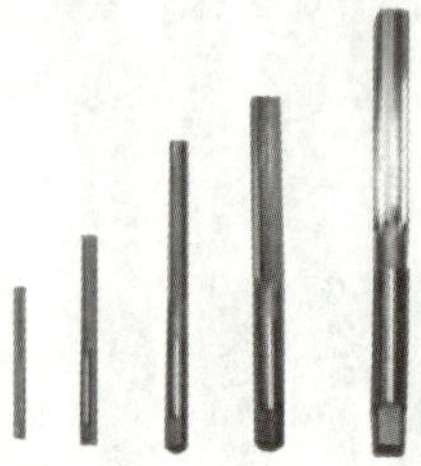

a) b) c)

图 2-27 铰刀

a）手铰刀 b）机铰刀 c）螺旋铰刀

a) b) c)

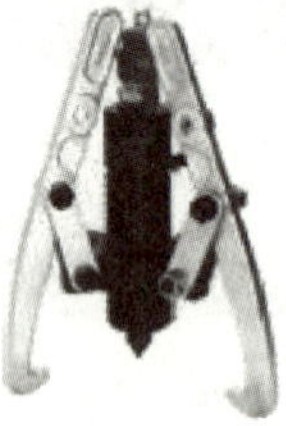

d) e) f)

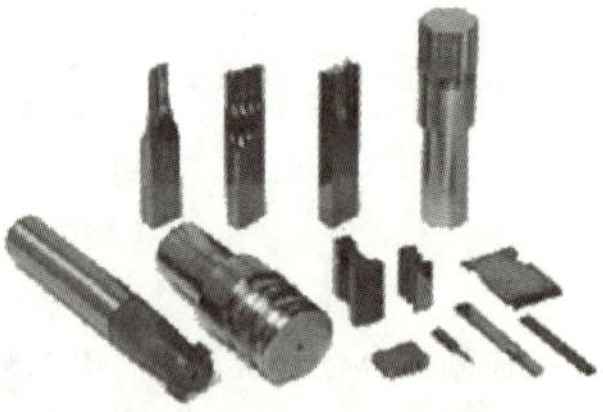

g) h)

i)

图 2-28 其他装卸工具

a）螺钉取出器 b）手虎钳 c）多用压管钳 d）胀管器 e）顶拔器 f）液压顶拔器 g）样冲 h）冲子 i）钢号码

（3）多用压管钳　维修液压油管用，压型、切断等。

（4）胀管器　扩胀管路和翻边等。

（5）顶拔器　拆卸带轮、轴承等。

（6）液压顶拔器　拆卸带轮、轴承等。

（7）样冲　钻孔前打凹坑，供钻头定位。

（8）冲子　用于非金属材料穿孔。

（9）钢号码　压印钢号。

2.5.2 电动工具

常用的电动工具有电钻、磁电钻、电动攻丝机、切割机、磨光机、电动胀管机、电动拉铆枪等，如图 2-29 所示。

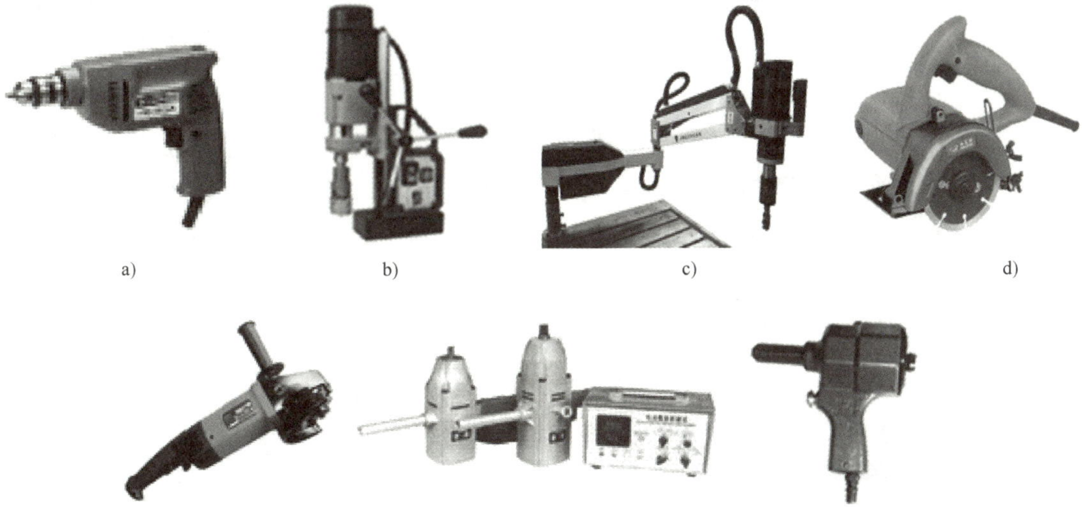

a)　b)　c)　d)

e)　f)　g)

图 2-29　常用的电动工具

a）电钻　b）磁电钻　c）电动攻丝机　d）切割机　e）磨光机　f）电动胀管机　g）电动拉铆枪

电动工具使用的安全要求如下：

1）使用Ⅰ类电动工具（带接地的，电缆插头是三插的）需加装漏电保护器、安全隔离变压器等。条件未具备时，应有牢固可靠的保护接地装置，同时使用者必须戴绝缘手套，穿绝缘鞋或站在绝缘垫上上班。尽量使用Ⅱ类（不带接地的，电缆插头是二插的）或Ⅲ类（不允许接地）电动工具。

Ⅰ类：在防止触电的保护方面除依靠基本绝缘外，还需接零保护的。

Ⅱ类：工具本身具有双重绝缘或加强绝缘，不需保护接地的。

Ⅲ类：由安全特低压电源供电，工具内部不产生比安全电源电压高的电压的。

2）使用前应例行检查电源电压是否和电动工具铭牌上所规定的额定电压相等。

3）电动工具在使用中不得任意调换插头，更不能不用插头，而将导线直接插入插座内。电缆线的长度一般应不小于 2m。插插头时，开关应在断开位置，以防突然起动。移动电动工具时，必须握持工具的手柄，不能用拖拉橡皮软线的方式来搬动工具，并随时注意防止橡皮软线擦破、割断和扎坏，以免造成人身事故。

4）使用电动工具时，操作者所使用的压力不能超过电动工具所允许的限度，切忌单纯求快而用力过大，致使电动机超负荷运转而损坏。另外，电动工具连续使用的时间也不宜过长，否则，微型电动机容易过热损坏，甚至烧毁。一般电动工具使用温度不能超过 60℃，达到 60℃应立即停止操作，待其自然冷却后再行使用。

5）操作人员应了解所用电动工具的性能和主要结构，操作时要集中注意力，站稳，使身体保持平衡，并不得穿宽大的衣服，不戴纱手套，以免卷入工具的旋转部分。

6）电动工具不适宜在含有易燃、易爆或腐蚀性气体及潮湿等特殊环境中使用和存放。长期搁置未用的电动工具，必须进行干燥处理。

2.5.3　气动工具

常用的有气钻、气动扳机、气动砂轮机、气动螺钉旋具、气动攻丝机、气动铆钉机和气动射钉枪等，如图 2-30 所示。

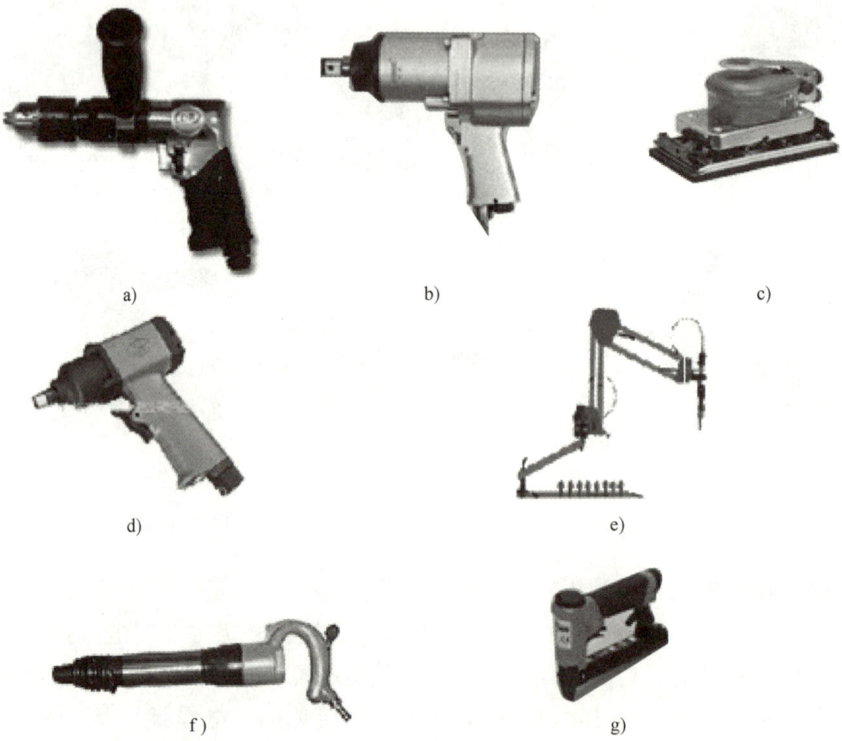

图 2-30　气动工具

a）气钻　b）气动扳机　c）气动砂轮机　d）气动螺钉旋具　e）气动攻丝机　f）气动铆钉机　g）气动射钉枪

气动工具使用的安全要求：

1）气动工具使用前，必须按照说明书规定的气压、排气量要求配备气动力源，严禁使用超过规定压力的气动力源。

2）气动工具和气动力源的连接导管接头必须连接牢固可靠。

3）气动工具使用时，要精力集中、紧握操作手柄，点动试验确认转向正确后，方可缓慢按动开启按钮进行工作。

4）使用结束，及时关闭气动力源；长期不用的气动工具要拆开各连接件，放到工具箱内妥善保存。严禁杂物灌入气管内，堵塞气源通道。

2.5.4　常用检测工具

1. 标准平板

标准平板如图 2-31 所示。用来检查较宽的平面。一般有火工平板、划线平板、刮研平板、钳工平板、研磨平板和铸铁平板。其中，铸铁平板使用较多。

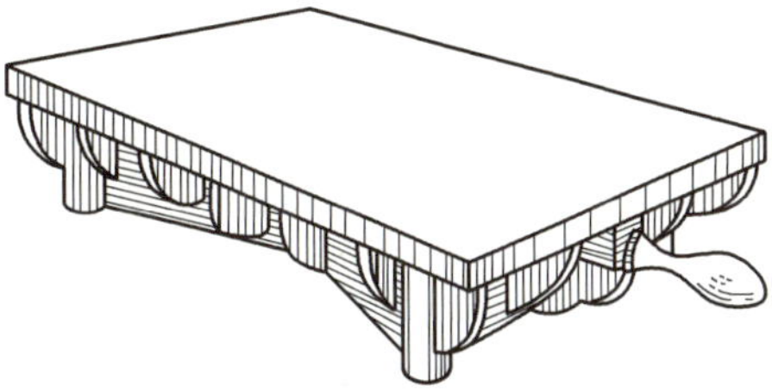

图 2-31　标准平板

2. 检验平尺

平尺按其结构分为桥形平尺、工形平尺和矩形平尺三种。桥形平尺是指侧面形状为弓形，且有两个支撑座支撑，具有一个上测量面的平尺；工行平尺是指截面的形状为工字形，具有上下两个测量面得平尺；矩形平尺是指截面形状为矩形，具有上、下两个测量面得平尺。

平尺按材质分为铸铁平尺、钢平尺和岩石平尺三种。

平尺按制造方法分为研磨面平尺和刮研面平尺两种。

平尺按其精度可以分为 0 级、1 级、2 级、3 级。

平尺用于检验狭长机床导轨、工作台等的平面精度检查、几何精度测量，精密部件的测量，刮研工艺加工等，也是精密测量的基准。常用平尺如图 3-32 所示。

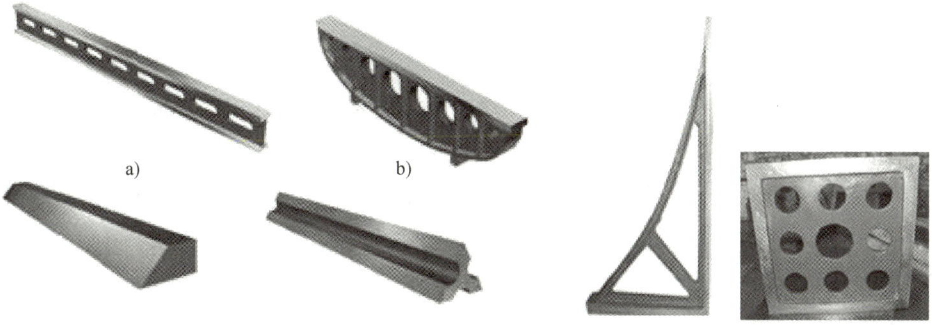

a)　b)　c)　d)　e)　f)

图 2-32　常用平尺

a）工字形平尺　b）桥形平尺　c）角度平尺　d）棱形平尺　e）直角平尺　f）铸铁方尺

（1）工字形平尺　用于检验机床上两个工作面的平面度和直线度，工字形平尺配合量块、千分尺、水平仪等仪器可以检验不等高。

（2）桥形平尺　桥形平尺的工作面采用刮研工艺，是用来测量工件的直线度和平面度的量具，使用温度为 205℃。用于机床导轨、工作台的精度检查和几何精度测量，以及精密部件的测量，刮研工艺加工等，是精密测量的基准。

（3）角度平尺　角度平尺是铸铁平尺中用来测量工件的直线度和平面度及导轨的检验

和修理的一种工具，角度平尺工作面采用刮研工艺。

(4) 棱形平尺　棱形平尺具有角度互为60°的三个测量面的刀口形直尺。材质多采用不锈钢、铸钢或镁铝材质，少数采用铸铁材质。

(5) 铸铁方尺　铸铁方尺有垂直平行的框式组合，适用于高精度机械和仪器检验及机床之间垂直度的检查，是用来检查各种机床内部件之间垂直度的重要工具。

3. 铸铁直角尺

直角尺的测量面和基面相互垂直，它是用于检验直角、垂直度和平行度误差的测量器具，又称90°角尺。

铸铁直角尺适用于机床、机械机电产品及零部件的垂直度检验、安装加工定位、划线等，是机械行业中的重要测量工具，它的特点是分度值高，稳定性好，便于维修。

想一想　机电产品装调时常用的工具有哪些？使用中应注意什么？

2.6 机电产品装调中常用量具及检测方法

2.6.1 常用测量工具的分类及检测内容

测量技术包括测量和检验。机电产品的装调主要是指对零件的几何形状参数的测量和检验，包括长度、角度、几何形状、相互位置、表面粗糙度等的测量和检验。机械制造中常用单位是mm，测量技术中常用μm。

2.6.1.1 常用测量工具分类

(1) 游标卡尺　游标卡尺主要用于测量外径、内径、长度、深度、槽深（宽）等。分度值为0.1~0.01mm。

常用卡尺有游标卡尺、游标深度卡尺、游标齿厚卡尺、带表卡尺、电子数显卡尺、内槽宽卡尺、内槽径卡尺和游标万能角度尺等。

(2) 千分尺　千分尺主要用于测量外径、内径、深度、螺纹中径等。分度值为0.1~0.01mm。

常用千分尺有外径千分尺、内径千分尺、尖头千分尺和深度千分尺。

(3) 百分表　百分表主要用于找正工件、找正主轴中心和刀架、夹具等的平行度。分度值为0.1~0.001mm。常用百分表有厚度百分表、深度百分表、内径百分表及杠杆百分表等。

(4) 螺纹规、塞规、高度规、深度规、样板、塞尺、寻边器等。

(5) 扭簧比较仪、杠杆比较仪、光学仪、测长仪、投影仪、干涉仪、激光准直仪、激光干涉仪、电感比较仪、电动轮廓仪、压力气动量仪、流量计式气动量仪　这些仪器精密度高。

(6) 三坐标测量仪、齿轮测量中心等　这些仪器精密度更高。

2.6.1.2 检测不同内容所需的测量工具

检测不同内容所需测量工具见表2-1。

表 2-1　检测不同内容所需测量工具

检测内容	检测所需计量器具
角度检测	角度块、游标万能角度尺、各类分度头和正弦规等
长度检测	游标卡尺类，千分尺类，百分表及量块、线纹尺等，除这些标准的量具外，还有很多根据客户需要专门定制的专用量具，如沟槽类卡尺等
几何公差检测	平晶、平尺、刀口形直尺和水平仪等。标准的几何公差量具比较少，检测参数比较单一，经常需要制作一些专用的非标准量具进行检测
表面质量检测	表面粗糙度比较样块
螺纹检测	螺纹样板、螺纹量规、量针、螺纹环规和螺纹千分尺等

想一想　测量发动机缸筒内径尺寸时，需选用的测量工具有哪些？（至少说出三种）

2.6.2　机电产品装调中常用的检测技术

在装调中，根据装调要求，通常需对结合面、装配关系、配合间隙、表面粗糙度、螺纹中径、角度和锥度等进行检测。常用检验的方法、工具、精度有如下内容。

2.6.2.1　几何公差方面的检测

1. 平面直线性检验

平面直线性检验见表 2-2。

表 2-2　平面直线性检验

检验方法	检验精度要求
涂色检验	用检验平板、检验平尺检验小于 2m 的基准件或配合件平面，看其接触的均匀性
平尺与塞尺检验	用检验平板、检验平尺、塞尺检验小于 2m 的基准件或配合件平面，检验精度达 0.02mm
水平仪检验	用水平仪检验长平面，水平仪在全长上移动，由各段角度偏差确定，精度达 0.02mm
平尺与内径量具检验	用检验平板、检验平尺、内径量具检验长平面，平尺可以水平移动并调整水平位置，精度达 0.01mm
平尺与百分表检验	用检验平尺、百分表对导轨等移动构件检验，精度达 0.01mm
平行光检验	用平行光管、反射镜检测 30m 的面长度，精度达 0.02mm

2. 曲面检验

曲面检验见表 2-3。

表 2-3　曲面检验

检验方法	检验精度要求
涂色检验	对圆柱面、圆锥面、用球面及其他素线为直线的曲面涂色，观察接触均匀性
样板检验	用样板、塞尺或薄纸条对各种曲面的截面检测，精度达 0.02mm

3. 平面平行度检验

平面平行度检验见表 2-4。

表 2-4　平面平行度检验

检验方法	检验精度要求
直接测量	用游标卡尺、千分尺、深度千分尺等检测元件的相对位置，精度达 0.01mm
间接测量	用平尺、平板、百分表、水平仪、内径量具等对移动元件进行检测，精度达 0.01mm

4. 平面垂直度检验

平面垂直度检验见表 2-5。

表 2-5　平面垂直度检验

检验方法	检验精度要求
标准量具检验	用检验角尺、塞尺、内径量具或百分表检测 1m 内的平面，精度达 0.02mm
平行光检验	用平行光管、反光镜、反射镜检测 1m 内的平面，精度达 0.02mm

5. 孔的同轴度检验

孔的同轴度检验见表 2-6。

表 2-6　孔的同轴度检验

检验方法	检验精度要求
张紧弦检验	用 ϕ0.2~0.3mm 的钢弦和张紧装置、电接触装置、听筒、内径量具检验孔距可达 10m，精度达 0.05mm
光学准直仪检验	用光学准直仪检验光靶、十字光靶或光电接收器可以检验孔距 100m，精度达 0.05mm
校验塞轴检验	用校验塞轴、百分表检验相距 1m 以内的孔，精度达 0.01mm

6. 轴心线平行度和同轴度检验

轴心线平行度和同轴度检验见表 2-7。

表 2-7　轴心线平行度和同轴度检验

检验方法	检验精度要求
转动检验	用转动装置、塞尺或百分表、检验塞轴检验孔间、轴间或者转子间的同轴度，精度达 0.01mm
通用量具检验	用检验塞轴、内径量具、水平仪、专用夹具检验两轴或者两孔轴线的平行度，精度达 0.01mm

另外，现在先进的测量机电产品有直线度检测仪、平面度检测仪、垂直度检测仪、圆度仪、圆柱度仪、同轴度仪、影像测量仪、三坐标测量仪、在线机器人检测等。

2.6.2.2　表面粗糙度的检测方法

表面粗糙度的检测方法见表 2-8。

表 2-8　表面粗糙度的检测方法

检测方法	粗糙度值范围
印模法	用印模检测，表面粗糙度值 *Ra* 为 50~0.05μm
目测法	用粗糙度比较样块检测，表面粗糙度值 *Ra* 为 50~0.1μm
光切法	用光切显微镜检测，表面粗糙度值 *Ra* 为 612.5~0.2μm
触觉法	用粗糙度比较样块检测，表面粗糙度值 *Ra* 为 6.3~0.8μm

（续）

检测方法	粗糙度值范围
电容法	用电容原理的仪器检测，表面粗糙度值 Ra 为 6.3～0.2μm
气动法	用气动原理的仪器检测，表面粗糙度值 Ra 为 3.2～0.025μm
针描法	用电动轮廓仪检测，表面粗糙度值 Ra 为 3.2～0.025μm
显微干涉法	用干涉显微镜检测，表面粗糙度值 Ra 为 0.1～0.05μm
光反射法	用反射测量原理的仪器检测，表面粗糙度值 Ra 为 0.1～0.005μm
表面粗糙度仪	最先进的测量粗糙度的仪器，表面粗糙度值 Ra 为 0.02～10μm，其中有少数型号的仪器还可测定更小的参数值

2.6.2.3 螺纹中径的测量方法

1. 螺纹千分尺测量法

测量中等精度的工作螺纹时，可采用螺纹千分尺直接测量。

2. 三针法

三针法如图 2-33 所示，将三根直径相同的量针放在工作螺纹的槽内，用外径千分尺或测量仪测量尺寸 M，根据 M、D、P 计算螺纹中径尺寸，即

$$d_2 = M - D + 0.866P$$

式中 M——千分尺测量的数值（mm）；

D——量针直径（mm）；

P——工件螺距或蜗杆齿距（mm）。

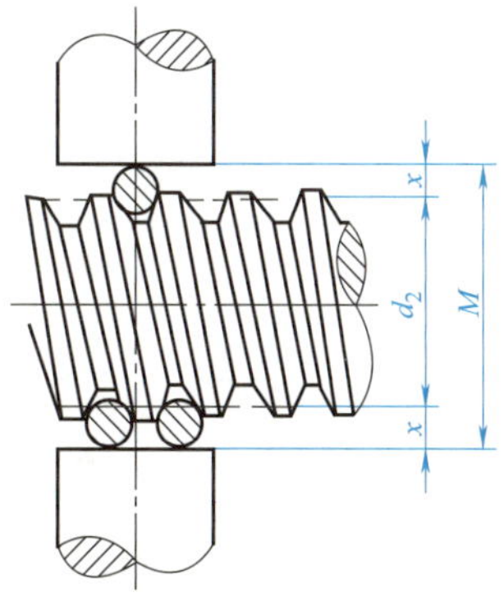

图 2-33 三针法

3. 其他测量方法

精度不高的双针法、单针法，以及精度较高的螺纹规测量法、内外螺纹测量仪测量法、螺纹坐标规测量法、螺纹深度规测量法、螺纹测试机测量法等方法。

2.6.2.4 角度和锥度的检测

1. 角度的测量方法

（1）直接测量法 用直角尺测量 90°的角度值，角度块测量不小于 10°的角度值，游标万能角度尺测量 0°～360°的角度值，专用样板或者仪器测量小于 10°的角度值。

（2）间接测量法 用圆柱、量块、量规测量计算，例如，图 2-34 所示 α 角，其值为

$$\alpha = \arcsin \frac{t}{d}$$

式中 d——圆柱直径。

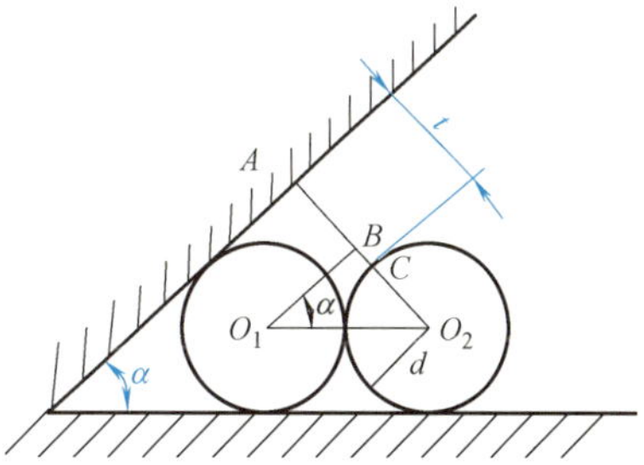

图 2-34 角度间接测量法

（3）其他方法 另外还有度盘、多齿分度盘、圆感应同步器、圆光栅、测角仪、坐标测量仪等方法。

2. 圆锥的测量方法

（1）正弦规测量法 $h = L\sin\alpha$，L 为正弦规两圆柱间的中心距，有 100mm 和 200mm 两种规格。圆锥角的偏差 $\Delta\alpha$ 按照下式计算

$$\Delta\alpha = 2\times105\frac{M_a + M_b}{L}$$

图 2-35 所示为正弦规测量法，把量块组放置在平板的工作面上，把被测工件安放在正弦规的工作面上，将正弦规一端的圆柱放在工作面上，另一端的圆柱用量块组垫起。然后，将被测圆锥最高的素线的两端分别取在距离圆锥两端约 3mm 的 a、b 两点，这两点的距离 L 用直尺测出。把百分表表架放在平板的工作面上，用百分表在 a、b 两点分别测出示值 M_a 和 M_b。重复测量两次，根据格式分别计算出 a、b 两点的两次示值的平均值 M_a（平均）和 M_b（平均）。根据测得的数据 M_a、M_b 和 L，计算出圆锥角的偏差 $\Delta\alpha$。

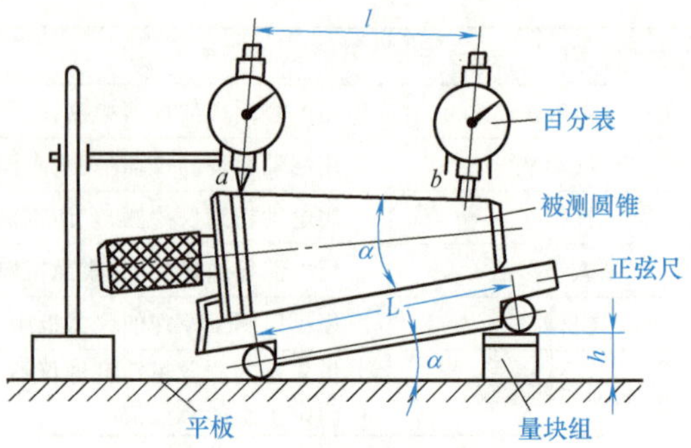

图 2-35　正弦规测量法

（2）圆锥量规测量法　对圆锥体的检验，是检验圆锥角、圆锥直径、圆锥表面形状要求的合格性。检测外锥用环规，检测内锥用塞规。圆锥量规的大端或小端有两条刻条，距离为 Z，该距离值 Z 代表被检测圆锥的直径公差 T 在轴向的量，如图 2-36 所示。被检测零件，若直径合格，其端面应在距离为 Z 的两条刻线之间。其接触精度常用涂色法来判定。

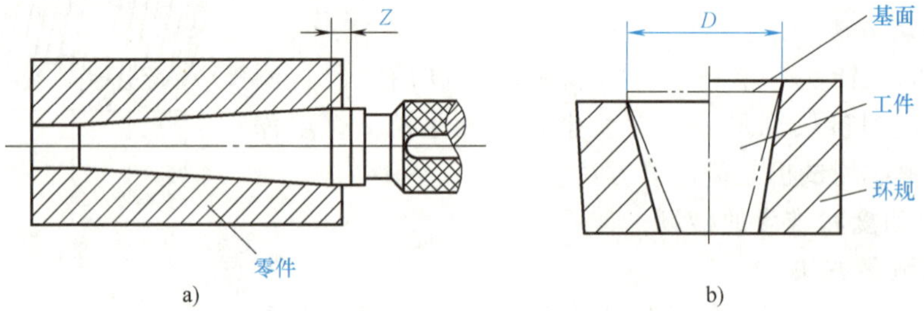

图 2-36　圆锥量规测量法

a）塞规测量内圆锥孔　b）环规测量外圆锥

（3）其他方法　如采用三坐标测量仪等先进的测试方法。

操作实训：用三针法检测外螺纹单一中径

1. 实训目的

1）掌握三针法检测外螺纹单一中径的原理。

2）掌握三针法检测普通螺纹、梯形螺纹单一中径的计算方法。

2. 实训工量具

三根量针、外径千分尺、被测螺纹塞规。

3. 实训操作步骤

1）擦拭工件和计量器具。

2）校对外径千分尺的零位。

3）把三根量针分别放入被测螺纹直径两边的沟槽中，用外径千分尺测出读数。

4）按图 2-33 所示三针法公式计算螺纹的单一中径。

5）求螺纹中径的极限偏差和极限尺寸。

6）判断螺纹的合格性。

4. 实训注意事项

1）选择合适的量针直径。

2）使用外径千分尺前先校零。

3）检测位置应合理。

4）多次读数避免有误。

5. 实训操作过程质量评价（见表 2-9）

表 2-9　评价表　　　　总得分__________

项次	项目	实训记录	配分	得分
1	工件量具的保洁		10 分	
2	外径千分尺的校零		10 分	
3	测量读数 3 次平均值		15 分	
4	计算中径尺寸		20 分	
5	中径极限偏差		20 分	
6	中径极限尺寸		15 分	
7	判断螺纹是否合格		10 分	

第3章 常用连接件的装调

学习目标

※掌握螺纹连接的工作原理、装配方法及装配要求
※掌握键连接的工作原理和装配方法
※掌握销连接的工作原理和装配方法
※了解管道连接的特点，掌握管道连接的装配方法
※掌握过盈连接的工作原理、装配方法及装配要求

装配时，零件连接的种类按照其连接方式的不同，可分为固定连接和活动连接两种。固定连接有可拆的连接（如螺纹、键、销等）与不可拆的连接（如铆接、焊接、压合、胶合、扩压等）；活动连接有可拆的连接（轴与滑动轴承、柱塞与套筒等间隙配合零件）与不可拆的连接（任何活动连接的铆合头）。

3.1 螺纹连接件的装调

3.1.1 螺纹连接的优点及分类

1. 螺纹连接的优点

螺纹连接是一种可拆的固定连接。螺纹连接具有如下优点。

1）结构简单。

2）连接可靠。

3）装拆方便，迅速。

4）装拆时不易损坏机件。

因而在机械固定连接中应用极为广泛。

想一想 日常生活及专业实习中接触到的螺纹哪些是右旋螺纹？哪些是左旋螺纹？

2. 螺纹连接的分类

螺纹连接的类型有螺栓连接、双头螺柱连接、螺钉连接、紧固螺钉连接，如图 3-1 所示。

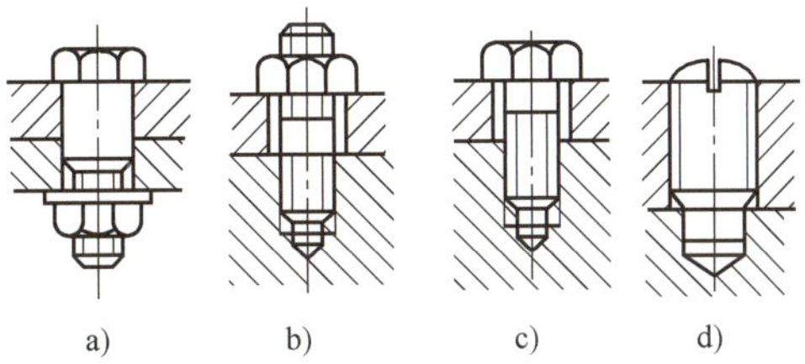

图 3-1　螺纹连接形式

a）螺栓连接　b）双头螺柱连接　c）螺钉连接　d）紧固螺钉连接

(1) 螺栓连接特点和应用　无须在连接件上加工螺纹，连接件不受材料限制。主要用于连接件不太厚，并能从两边进行装配的场合。

(2) 双头螺柱连接特点和应用　拆卸时只需旋下螺母，螺柱仍留在机体螺纹孔内，故螺纹孔不易损坏。主要用于连接件较厚而又需经常装拆的场合。

(3) 螺钉连接特点和应用　主要用于连接件较厚或结构上受到限制，不能采用螺栓连接，且不需经常装拆的场合。

(4) 紧固螺钉连接的特点和应用　紧固螺钉的末端顶住其中一连接件的表面或进入该零件上相应的凹坑中，以固定两零件的相对位置，多用于轴与轴上零件的连接，传递不大的力或转矩。

想一想

1. 螺纹连接由哪些标准件组成？
2. 生产和生活中，你所见过的螺纹连接可以归纳为哪几种类型？

3.1.2　螺纹连接的装配技术要求

1. 保证一定的拧紧力矩

为达到螺纹连接可靠和紧固的目的，螺纹连接装配时应有一定的拧紧力矩，使纹牙间产生足够的预紧力。对有预紧力要求的螺纹连接，其预紧力的大小可从工艺文件中查找。

2. 有可靠的防松装置

螺纹连接一般都具有自锁性，通常情况下不会自行松脱，但在冲击、振动或交变载荷下，为避免螺纹连接松动，螺纹连接应有可靠的防松装置。

3. 保证螺纹连接的配合精度

螺纹配合精度由螺纹公差带和旋合长度两个因素确定，分精密、中等和粗糙 3 种。

3.1.3　双头螺柱连接的装配方法及装配要点

1. 双螺母拧紧法

先将两个螺母相互锁紧在双头螺柱上，然后转动上面的螺母，即可把双头螺柱拧入螺孔，如图 3-2 所示。

2. 长螺母拧紧法

先将长六角螺母旋在双头螺柱上，再拧紧止动螺钉，然后扳动长螺母，即可将双头螺柱拧入螺孔，如图 3-3 所示。

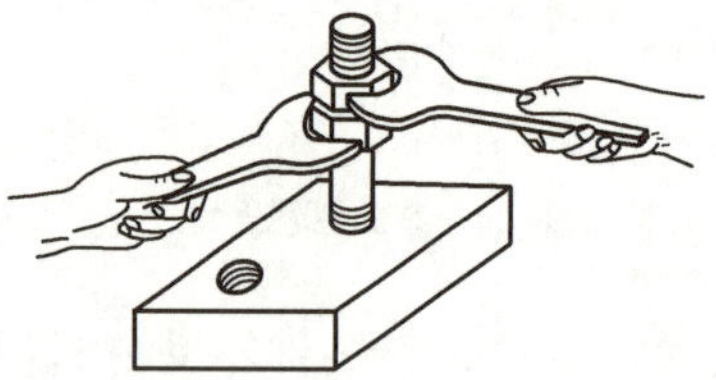

图 3-2　双螺母拧紧法

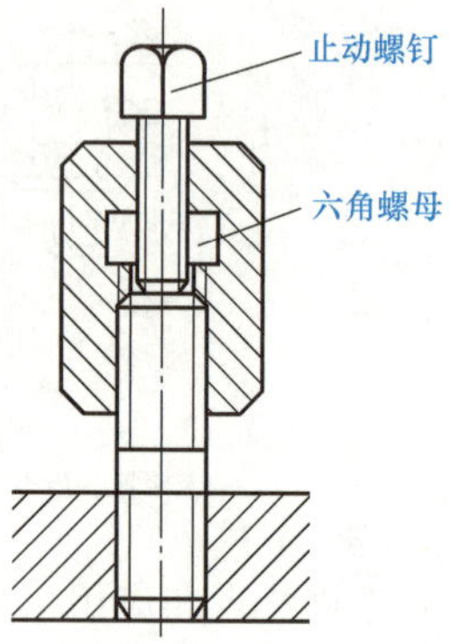

图 3-3　长螺母拧紧法

3. 装配要点

1）装入双头螺柱时，必须先用润滑油将螺栓、螺孔间隙润滑，以免拧入时产生咬住现象。

2）装入双头螺柱时，应保证双头螺柱与机体螺纹的配合紧固性。

3）装入双头螺柱时，应保证双头螺柱轴线与机体表面垂直。

做一做　用两把扳手对双头螺柱进行装拆。

3.1.4　螺栓、螺钉、螺母的装配方法

1）单独螺栓、螺钉、螺母的装配比较简单，首先零件装配处的平面应经过加工。装配前，要将螺栓、螺钉、螺母和零件的表面擦净，螺孔内的脏物应清理干净。

2）装配后螺栓、螺钉、螺母的表面必须与零件的平面紧密贴合，以保证连接牢固可靠。

3）一组螺栓、螺钉、螺母装配成直线形与长方形分布时，先将螺母分别拧到贴近零件表面，然后按图 3-4 所示的顺序，从中间开始，向两边对称地依次拧紧。

4）一组螺栓、螺钉、螺母装配成方形与圆形分布时，先将螺母分别拧到贴近零件表面，然后按图示的顺序，从中间开始，向两边对称地依次拧紧，如图 3-5 所示。

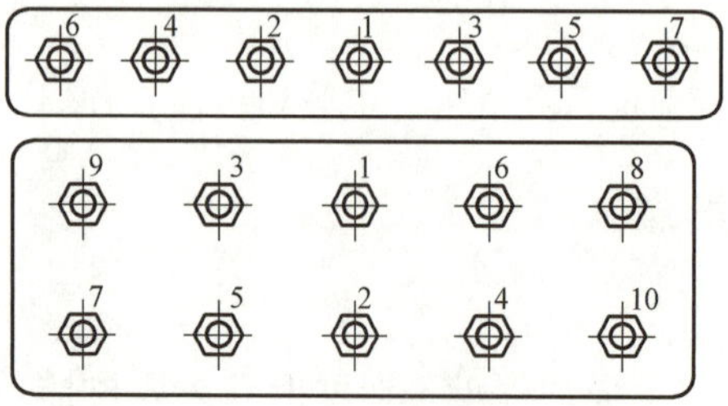

图 3-4　直线形与长方形

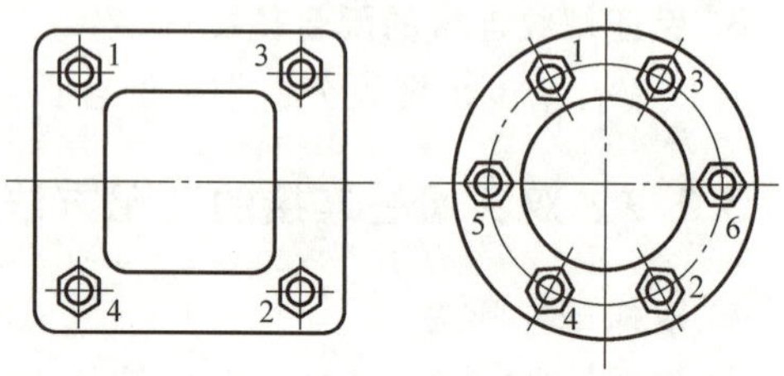

图 3-5　方形与圆形

拧紧成组螺母时要做到分次逐步拧紧，一般不少于三次，并且必须按一定的拧紧力矩拧紧。若有定位销，拧紧要从定位销附近开始。

想一想	为什么拧紧成组螺母时需要按一定的顺序逐次拧紧？

练一练	拆无棱角的螺钉连接。（方法自定）

3.2　键连接件的装调

键连接就是用键将轴与轴上零件连接在一起，用以传递转矩的一种连接方法。

键连接具有结构简单、工作可靠，装拆方便等优点，所以在机器装配中广泛应用。例如，齿轮、带轮、联轴器等与轴多采用键连接。

想一想	1. 键起什么作用？ 2. 不同形状和结构的键的使用特点有何不同？

3.2.1　松键连接的装配方法

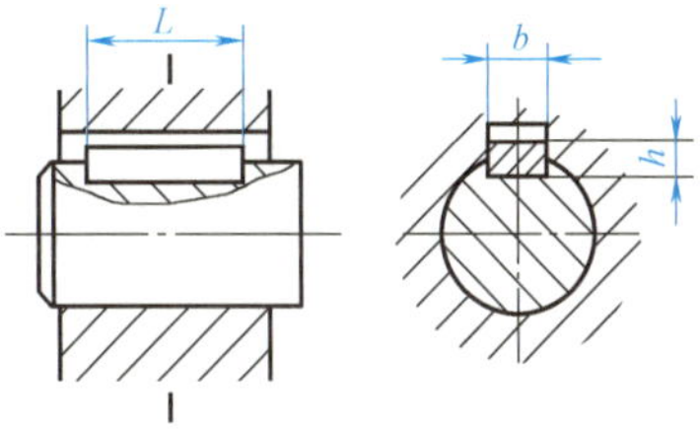

图 3-6　普通平键

1）装配前要清理键和键槽的锐边、毛刺，以防装配时造成过大的过盈。

2）对重要的键连接，装配前应检查键的直线度、键槽对轴线的对称度和平行度。

3）对平键和导向平键（见图 3-6 和图 3-7），用键头与轴槽试配松紧，应能使键紧紧地嵌在轴槽中。键的顶面与轴槽之间应有 0.3～0.5mm 的间隙。

4）锉配键长，键宽与轴键槽间应留 0.1mm 左右的间隙。

5）在配合面涂上润滑油，用铜棒或台虎钳（钳口上应加铜皮垫）将键压装在轴槽中，直至与槽底面接触。

6）试配并安装套件，安装套件时要用塞尺检查非配合面间隙，以保证同轴度要求。

7）对于导向平键和滑键，装配后应滑动自如，为了拆卸方便，设有起键螺孔，但不能摇晃，以免引起冲击和振动，如图 3-7 所示。

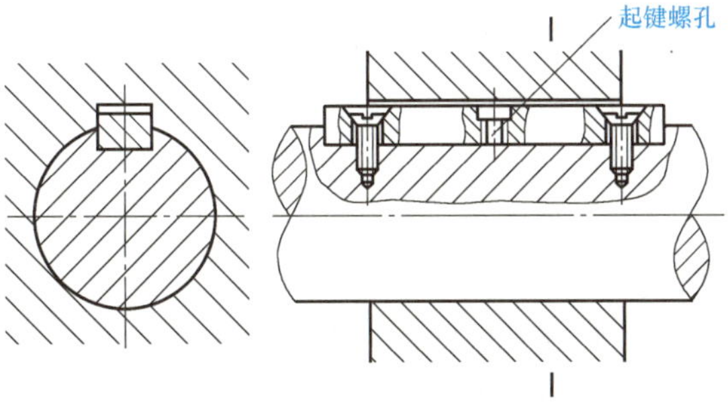

图 3-7　导向平键连接

想一想 键连接中，键在传递动力时，工作表面是哪个？产生何种形式的变形？

3.2.2 紧键连接的装配方法

1）先去除键与键槽的锐边、毛刺。

2）将轮装在轴上，并对正键槽。

3）键上和键槽内涂润滑油，用铜棒将键打入，两侧要有一定的间隙，键的底面与顶面要紧贴。

4）配键时，要用涂色法检查斜面的接触情况。若配合不好，则可用锉刀、刮刀修整键或键槽。普通楔键连接如图 3-8 所示。

5）对于钩头紧键，不能使钩头贴紧套件的端面，必须留有一定的距离，以便拆卸，如图 3-9 所示。

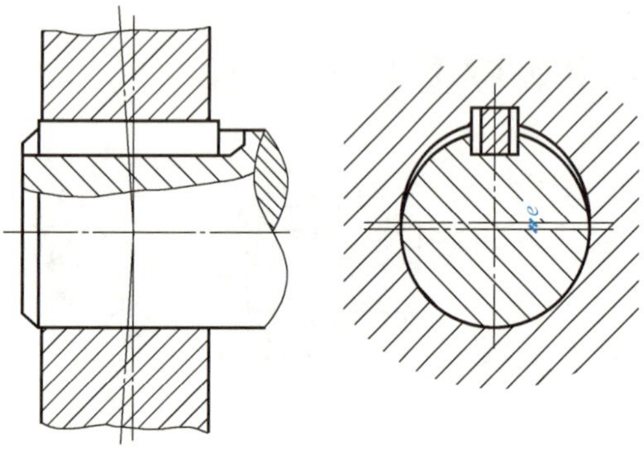

图 3-8 普通楔键连接

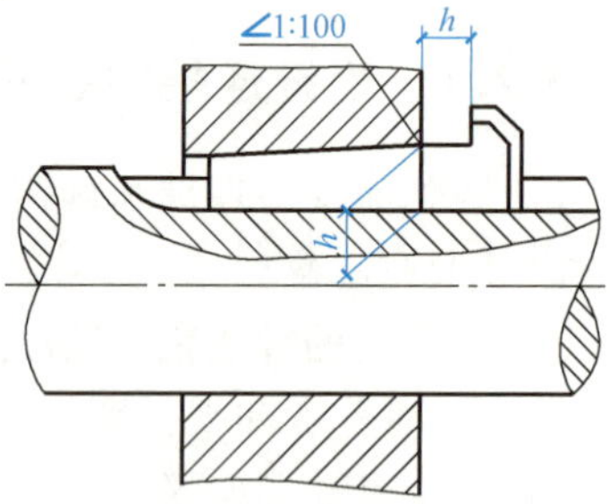

图 3-9 钩头紧键连接

想一想 楔键在传递动力时，工作表面是哪个？

3.2.3 花键连接的装配方法

花键有静连接花键和动连接花键两种类型。

1. 静连接花键的装配方法

1）检查轴、孔的尺寸是否在允许过盈量的范围内。

2）装配前必须清除轴、孔锐边和毛刺。

3）装配时可用铜棒等软材料轻轻打入，但不得过紧，否则会拉伤配合表面。

4）过盈量要求较大时，可将花键套加热（80~120℃）后再进行装配。

2. 动连接花键的装配方法

1）检查轴、孔的尺寸是否在允许的间隙范围内。

2）装配前必须清除轴、孔锐边和毛刺。

3）用涂色法修正各齿间的配合，直到花键套在轴上能自动滑动，没有阻滞现象，且不应感觉有明显的周向间隙。

4）对经过热处理后的花键孔，应用花键推刀修整后再进行装配。

想一想	生产和生活中，你所见过的键连接分别属于哪一种？

3.3 销连接件的装调

销连接具有结构简单、连接可靠和装拆方便等优点。

常用的销有圆柱销、圆锥销、开口销、安全销等。

练一练

1. 开口销的断面呈__________形。

A. 圆形　B. 半圆形　C. 梯形　D. 矩形

2. 以下__________不是销的主要功能。

A. 储存能量　B. 传递小动力　C. 防松　D. 定位

3.3.1 圆柱销的装配方法

1）圆柱销一般多用于各种机件的定位（如夹具、各类冲模等）。所以装配前应检查销与销孔是否有合适的过盈量。一般过盈量在0.01mm左右较适宜。

2）为保证连接质量，应将连接件两孔一起钻铰。

3）装配时，销上应涂机油润滑。

4）装入时，应用软金属垫在销的端面，然后用锤子将销打入孔中，也可用压入法装入。

5）往不通孔中压入时，为便于装配，销上必须钻一通气小孔或在侧面开一道微小的通气小槽，供放气用。

3.3.2 圆锥销的装配方法

1）将被连接工件的两孔一起钻铰。

2）边铰孔，边用锥销试测孔径，以销能自由插入销长的80%为宜。

3）销插入后，销子的大头一般以露出工件表面或使之平齐为宜。

4）不通锥孔内应装带有螺孔的锥销，以免取出困难。

做一做	用圆锥销定位两块钢板。（圆锥孔配作）

3.4 管道连接的装调

管道是用来输送液体或气体的，如金属机床上用管道来输送切削液和润滑油；液压传动系统中用来输送液压油；空气压缩站输送压缩空气；还有输送蒸汽等。这些管道连接常用的管子有钢管、有色金属管、橡胶管和尼龙管等。

管道装置可分为可拆卸的连接和不可拆卸的连接。可拆卸的连接由管子、管接头、连接盘和衬垫等零件组成；不可拆卸的连接用焊接的方法连接而成。

想一想　生活中常用到的管子分别是用什么材料制成的？

3.4.1　管道连接的装配方法

1）管道的选择应该根据压力和使用场所的不同来进行。要保证有足够的强度，内壁光滑、清洁、无砂眼、无锈蚀、无氧化皮等缺陷。

2）对有腐蚀的管道，在配管作业时要进行酸洗、中和、清洗、干燥、涂油、试压等工作，直到合格才能使用。

3）管子切断时，断面要与轴线垂直。

4）管子弯曲时，不能把管子压扁。

5）管道每隔一定的长度要有支撑，用管夹头牢固固定，以防振动。

6）管道在安装时，应保证压力损失最小。

7）在管路的最高部分应装设排气装置。

8）管道系统中，任何一段管道或者元件都能单独拆装，而且不影响其他元件，以便于修理。

9）安装好管道后，应再拆下来，经过清洗干燥、涂油及试压，再进行二次安装，以免污物进入管道。

3.4.2　管道接头的装配方法

1. 扩口薄管接头的装配方法

对于有色金属、薄钢管或尼龙管都采用扩口薄管接头的装配。装配时先将管子端部扩口套上管套和管螺母，然后装入管接头。一般在管接头螺纹上涂上白胶漆或者用密封胶带包裹在螺纹外，拧入螺孔，以防泄漏，如图3-10和图3-11所示。

2. 球形管接头的装配方法

把凹球面接头体和凸球面接头体分别和管子焊接，再把连接螺母套在球面接头体上，然后拧紧连接螺母，使其松紧度适当。也可以采用法兰接头，如图3-12和图3-13所示。

3. 高压胶管接头的装配方法

将胶管接头处剥去一定长度的外胶皮，在剥离处倒角15°，剥去外胶皮时不能损坏钢丝层，然后装入外套内，把接头心拧入外套及胶管中，如图3-14所示。

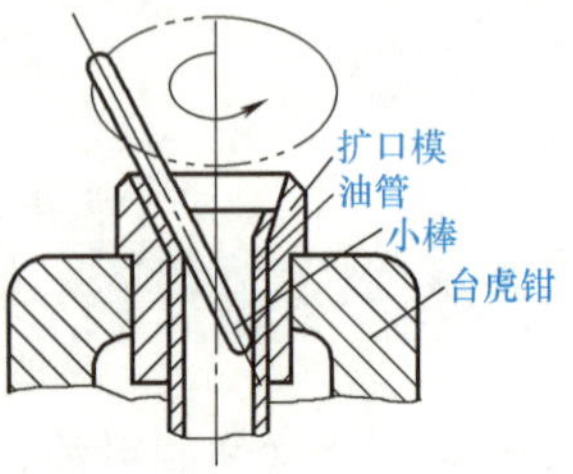

图3-10　手动滚压扩口

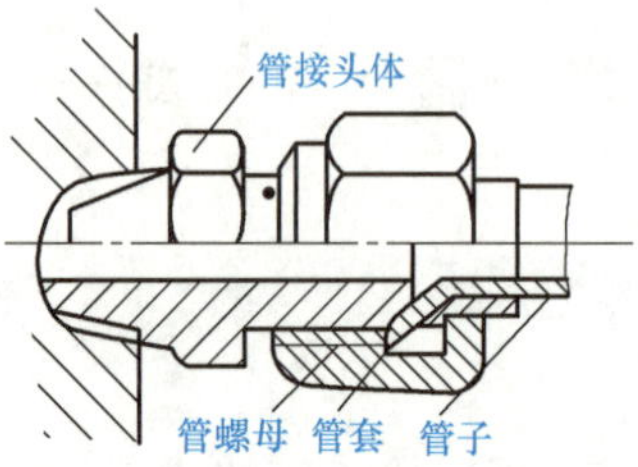

图3-11　扩口薄管接头

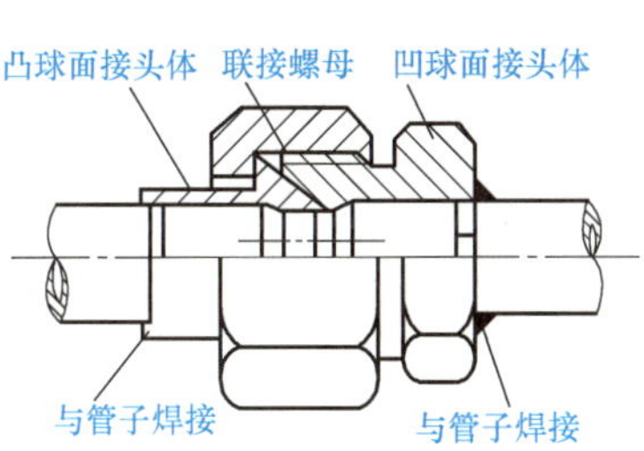

图 3-12 球形管接头

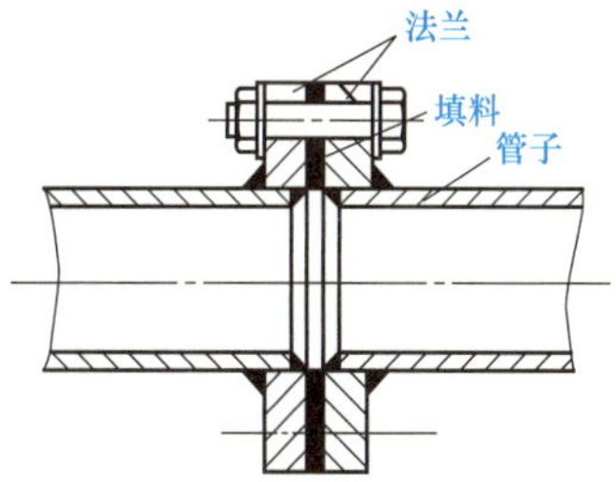

图 3-13 法兰接头

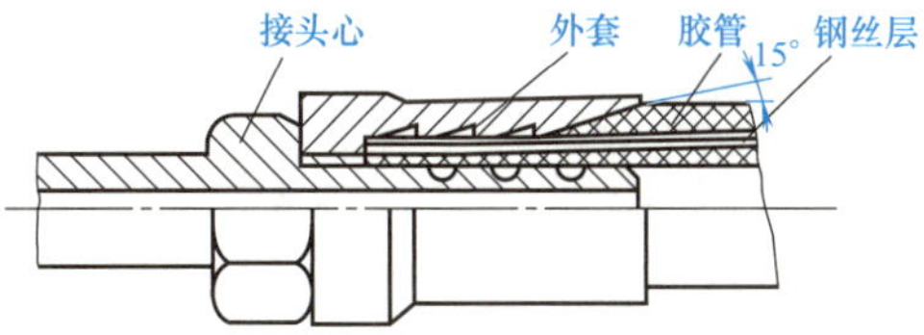

图 3-14 高压胶管接头

想一想	扩口薄管接头在装配时应注意些什么?

3.5 过盈连接的装调

包容件（孔）和被包容件（轴）利用过盈来达到紧固连接的目的称为过盈连接。过盈连接具有结构简单，对中性好，承受能力强，能承受变载和冲击力等优点。由于过盈配合没有键槽，因而可避免机件强度的削弱，但配合面加工精度要求较高，加工麻烦。

3.5.1 圆柱面过盈连接的装配方法

1. 压入法

适用于配合要求较低或配合程度较短的场合。此法多用于单件生产，常用的压入方法及设备如图 3-15 所示。

采用压入配合法应注意以下几点：

1）配合表面应有较高的精度和较小的表面粗糙度值，包容件和被包容件的进入端应有倒角。

2）在压入时，配合表面用油润滑，以免拉伤配合表面。

3）压入速度适中，常用 2~4mm/s，不宜超过 10mm/s，并需准确控制压入行程。

4）压入时不允许有歪斜现象，最好采用专用的导向工具。

5）成批生产时，最好选用分组选配法装配，可以放宽零件加工要求，而得到较好的装配质量。

压入法工艺简单，但因装配过程中配合表面被擦伤，因而减少了过盈量，降低连接强度，故不宜多次拆装。

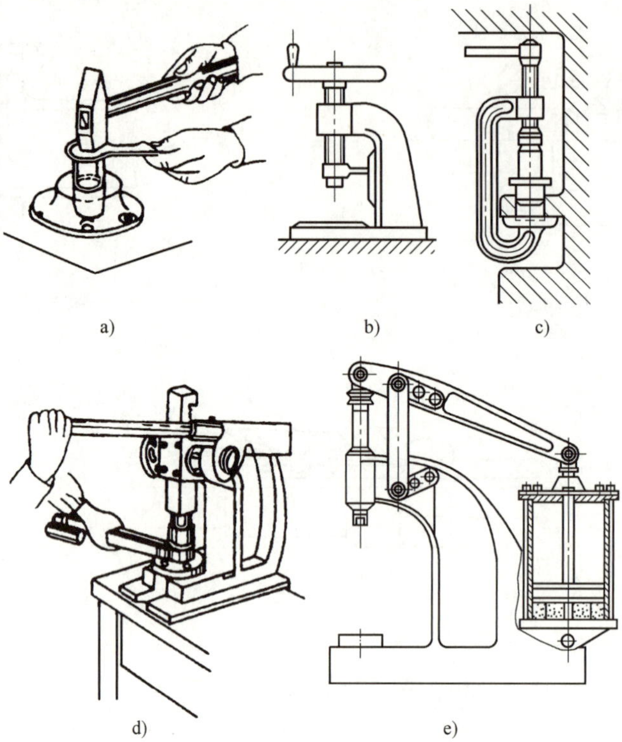

图 3-15　压入方法及设备

2. 热胀配合法

利用金属材料热胀冷缩的原理，方法是先将包容件加热，使之胀大，然后将被包容件装入到配合位置，从而达到装配的要求。一般适用于大型零件，而且是过盈量较大的场合。

3. 冷缩配合法

利用金属材料热胀冷缩的原理，方法是先将被包容件用冷却剂冷却，使之缩小，然后再装入包容件到配合位置，从而达到装配的要求。冷缩配合法和热胀配合法相比，收缩变形量较大，因而多用于过渡配合，有时也用于轻型静配合。

4. 液压套合法

一般适用于将轴、轴套一起进行压入的场合。

（1）利用液压装拆圆锥面过盈连接的注意事项

1）严格控制压入行程，以保证规定的过盈量。

2）开始压入时，压入速度要小。

3）达到规定行程后，应先消除径向油压后消除轴向油压，否则包容件常会弹出而造成事故。

（2）拆卸时的注意事项

1）拆卸时的油压比安装时要低。

2）安装时，配合面要保持洁净，并涂上过滤后的轻质润滑油。

想一想　过盈连接时常采用哪些装配方法？各适用于什么场合？

3.5.2　圆锥面过盈连接的装配方法

圆锥面过盈连接是利用包容件和被包容件，相对轴向位移相互压紧而获得过盈结合的。特点是压合距离短，装拆方便，装拆时不容易擦伤配合面，可用于多次装拆的场合。

圆锥面过盈连接的装配方法有如下两种。

1）用螺母压紧圆锥面的过盈连接，一般多用在轴端部，如图 3-16 所示。

2）液压装拆圆锥面过盈连接，装配时用高压泵由包容件上的油孔和油槽压入配合面，使包容件的内径胀大，被包容件的内径缩小，同时还要施加一定的压力使孔轴互相压紧。当压紧到预定的位置时排出高压油就形成过盈连接，如图 3-17 所示。

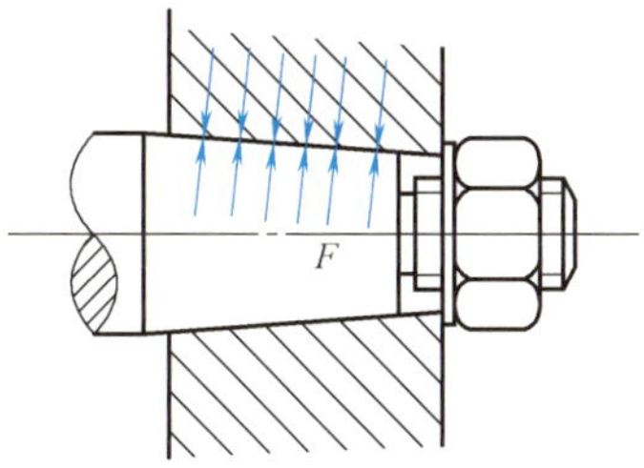

图 3-16　用螺母压紧圆锥面的过盈连接

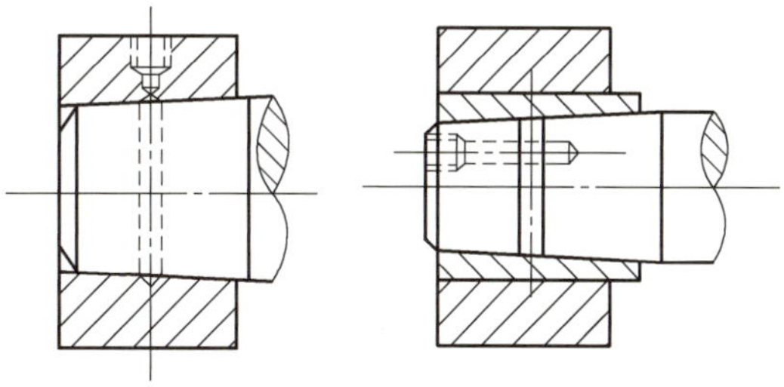

图 3-17　液压装拆圆锥面过盈连接

3.5.3　过盈连接的装配要点

1）相配合的表面粗糙度应符合要求。

2）相配合的表面要求十分清洁。

3）为了便于装配，包容件的孔端和被包容件的进端都要适当倒角（一般为 5°～10°）。

4）经加热或冷却的配合件在装配前要擦拭干净。

5）装配时配合表面必须用润滑油，以免装配时擦伤表面。

6）装压过程要保持连续，速度不宜太快，一般 2～4mm/s 为宜。

7）压入时，特别是开始压入阶段必须保持轴与孔的中心线一致，不允许有倾斜现象。

8）细长的薄壁件（如管件）要特别注意检查其过盈量和几何公差，装配要尽量采用垂直压入，以防变形。

9）装配后最小的实际过盈量，要能保证两个零件相互之间的准确位置和一定的紧密度。

想一想

1. 过盈连接的拆卸可采用什么方法？
2. 过盈连接如何修复？

操作实训：平键连接的拆装

1. 实训目的

1）明确平键连接的结构特点（见图 3-18）。

2）掌握平键连接的拆装方法。

2. 实训工量具（见表 3-1）

表 3-1 实训工量具

序号	名称及说明	数量
1	锉刀(300mm)、刮刀、锤子、铜棒	各 1
2	游标卡尺、千分尺、内径百分表	各 1
3	台虎钳、软钳口	各 1
4	机械油、红丹粉	适量
5	拆卸键连接的专用工具	1

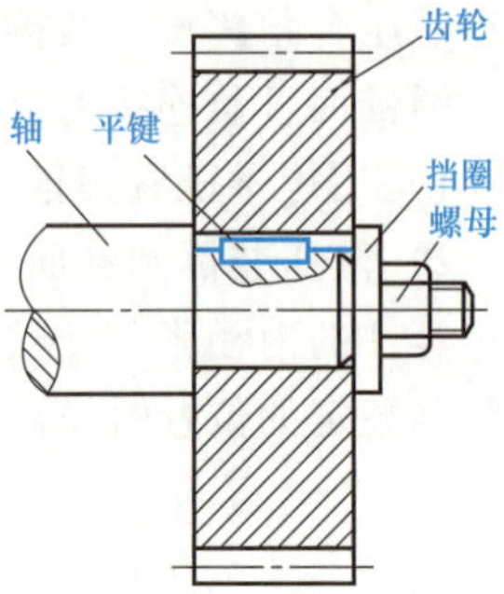

图 3-18 平键连接的装配结构图

3. 实训操作步骤

1）读懂键连接的装配结构图，了解装配关系。

2）拆卸时，用扳手松开螺母，取下挡圈，将齿轮用拉卸工具拆下。

3）选择 300mm 的锉刀、刮刀各 1 把，铜棒 1 根，锤子 1 把。

4）选择游标卡尺、千分尺各 1 把，内径百分表 1 块。

5）用游标卡尺、内径百分表检查轴和配合件的配合尺寸。若配合尺寸不合格时，应经过磨、刮、铰削加工修复至合格（见图 3-19）。

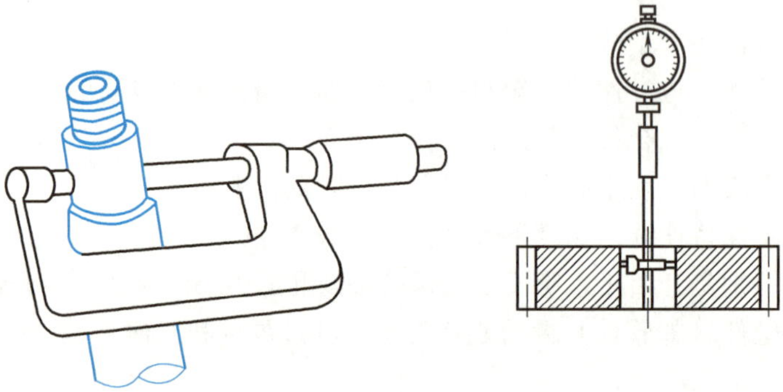
图 3-19 轴和齿轮孔的测量方法

6）按照平键的尺寸，用锉刀修整轴槽和轮毂槽的尺寸。平键与轴槽的配合要求稍紧，键长方向上，键与轴槽留有 0.1mm 左右间隙；平键与轮毂槽的配合，以用手稍用力能将平键推过去为宜（见图 3-20）。然后去除键槽上的锐边，以防装配时造成过大的过盈。

7）装配时，先不装平键，将轴与轴上配件试装，以检查轴和孔的配合状况，避免装配时轴与孔配合过紧。

8）在平键和轴槽配合面上加注机械油（N32），将平键安装于轴的键槽中，用放有软钳口的台虎钳夹紧或用铜棒敲击，把平键压入轴槽内，并与槽底紧贴。测量平键装入的高度，测量孔与槽的上极限尺寸，装入平键后的高度尺寸应小于孔内键槽尺寸，公差允许在 0.3~

0.5mm 范围内（见图 3-21）。

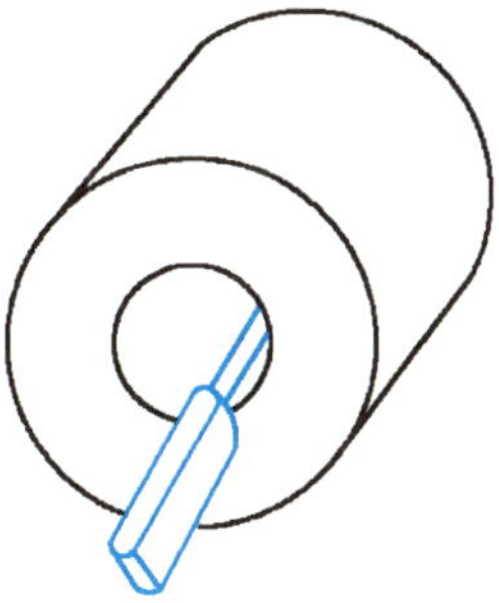

图 3-20 用锉刀修整键槽

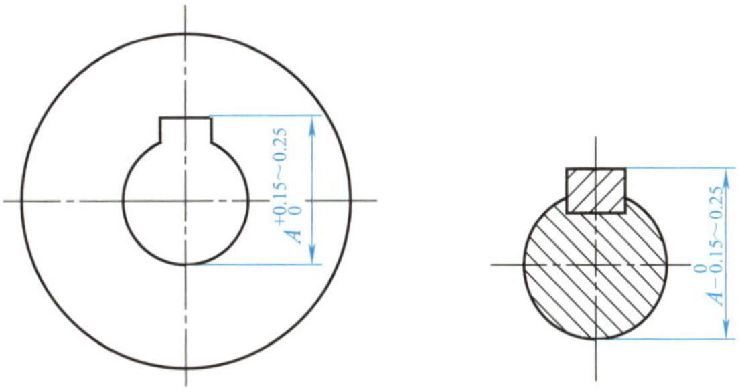

图 3-21 测量孔与槽的上极限尺寸及测量平键装入的高度

9）将装配完平键的轴，夹在钳口带有软钳口的台虎钳上，并在轴和孔表面加注润滑油。

10）把齿轮上的键槽对准平键，以目测齿轮端面与轴的轴线垂直后，用铜棒、手锤敲击齿轮，慢慢地将其装入到位。

11）装上垫圈，旋上螺母。

4. 实训注意事项

1）清理键及键槽上的毛刺，以防配合后产生过大的过盈量而破坏配合的正确性。

2）对于重要的键连接，装配前应检查键的直线度和键槽对轴心线的对称度及平行度等。

3）用键的头部与轴槽试配，应能使键较紧地嵌在轴槽中（对普通平键和导向平键而言）。

4）锉配键长时，在键长方向上键与轴槽有 0.1mm 左右间隙。

5）在配合面上加润滑油，用铜棒或台虎钳（钳口应加软钳口）将键压装在轴槽中，并与槽底接触良好。

6）试配并安装套件（齿轮、带轮等）时，键与键槽的非配合面应留有间隙，以求轴与套件达到同轴度要求，装配后的套件在轴上不能左右摆动，否则，容易引起冲击和振动。

5. 实训操作过程质量评价（见表 3-2）

表 3-2 评价表

总得分__________

项次	项目和技术要求	实训记录	配分	得分
1	装配顺序正确		10 分	
2	平键与轴槽和轮毂槽的配合性质符合要求		15 分	
3	键长方向上键与轴槽有 0.1mm 左右的间隙		10 分	
4	装入平键时，配合面上必须用油润滑		10 分	
5	平键与槽底接触良好		10 分	
6	平键与键槽的非配合面应留有间隙		15 分	
7	装配后的齿轮在轴上不能左右摆动		15 分	
8	拆卸方法、顺序正确，零件无损坏		15 分	

第4章 典型零部件的装调

学习目标

※掌握轴的装配
※掌握滑动轴承和滚动轴承的特点、主要结构和应用，会正确安装、拆卸轴承
※掌握联轴器的装配方法
※掌握离合器的装配方法
※了解直线导轨的间隙的调整方法
※了解直线滚动导轨副的装配工艺与技术
※了解圆柱型滚动直线导轨套副的装配工艺与技术
※掌握密封件的装调

4.1 轴的装调

轴是机械中的重要零件，所有带孔的传动零件（如齿轮、带轮、蜗轮和叶轮等）都要装到轴上才能工作。轴、轴上零件与两端支承的组合称轴组。

（1）装配前的准备工作　用条形磨石或整形锉对轮毂和轴装配部位进行修整，如棱边倒角、去毛刺、除锈、擦伤处理等。

（2）清洗所有零件

（3）检查轴的精度　按图样要求，检查轴的圆度、同轴度、径向圆跳动等精度，如图4-1和图4-2所示。

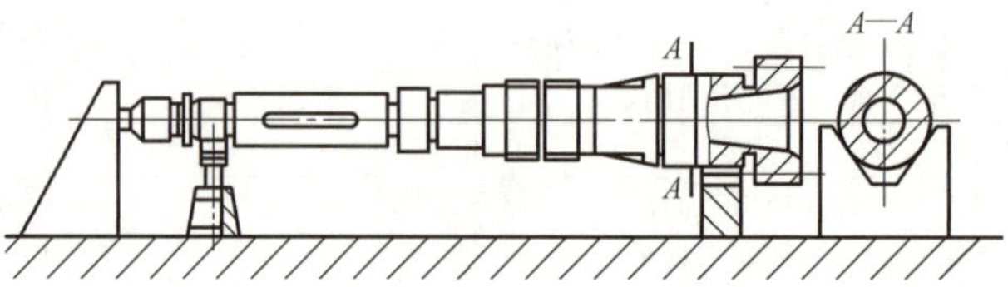

图4-1　在V形架上检查轴的精度

（4）轴的预装　由于轴类零件一般都要经过高频感应加热、淬火等热处理，轴的尺寸和形状会产生变化，所以要先进行修整。

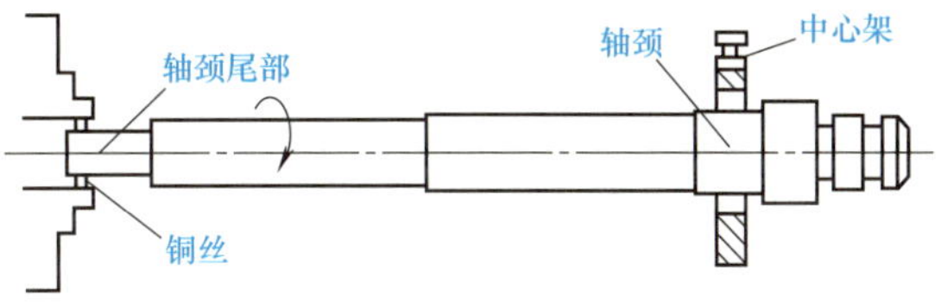

图 4-2　在车床上检查轴的精度

（5）着色法修整　轮和轴的试装多采用着色法修整。将轮固定于台虎钳上，两手将轴托起，找到一个方向使得轴上轮的修复量最小，同时在轮和轴上做相应标记，以免下次试装时变换方向。在轮的键槽上涂色，将轴用锤子轻轻敲入，如图 4-3 所示。将轴退出后，根据色斑分布来修整键槽的两肩，反复数次直至合格为止。轴能在轮中沿轴向滑动自如，不忽紧忽松，且沿径向转动轴时不应感到有间隙，即为合格，然后清洗。

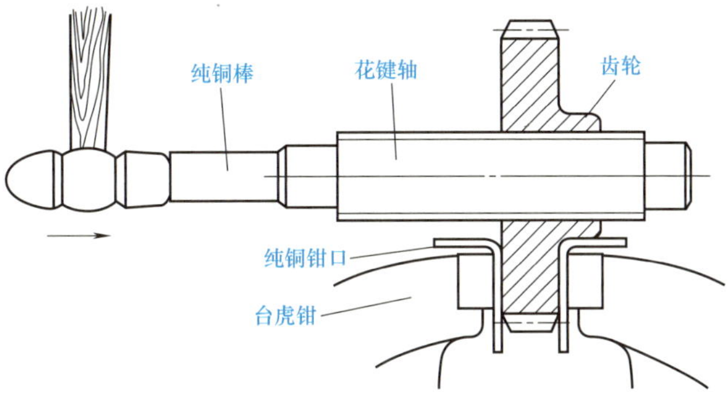

图 4-3　轴的试装

（6）装配　如果在齿轮上装有变速用的滑块或拨叉（见图 4-4a），还要将滑块或拨叉预先放置好，如图 4-4b 所示。在装配过程中，如果阻力突然增大，应该立即停止装配，检查一下是否存在产生该现象的原因。

1）轴与轴承开始接触。由于轴与轴承内环之间的过盈配合所造成阻力增大，属正常情况。

2）齿轮键槽和轴的键槽没对正。此时可用手托起齿轮，以克服齿轮自重并缓慢转动齿轮，使键槽对正，然后继续装配。

3）拨叉和滑块的位置不正。可用手推动或转动滑块，看是否移动，如图 4-4a 所示。如果能动，说明不是滑块产生的阻力；如果不能动，则考虑是否由于滑块或拨叉的尺寸过大，以及是否滑块或拨叉的支撑过长，而造成尺寸 L 不正确，如图 4-4b 所示，此时如果修正滑块，应该尽量修正平面，不要修正曲面，除非曲面接触情况太差。

滑块或拨叉的位置装配合适后，扳动手柄，轴上的齿轮应滑动自如，手感受力均匀。

（7）检查　装配时，持锤子的手应感到锤有很大的回弹力，敲击时应发出清脆的回声。装配到位后，扳动手柄，齿轮尖滑动自如，手转动齿轮感觉受力均匀。再检查轴承内环与轴肩贴合是否紧密，手柄的定位，齿轮的啮合是否完全正确等。

由于轴的装配精度直接影响整个机器的质量，所以在装配过程中对各因素都要考虑周密，并且需要格外细心。

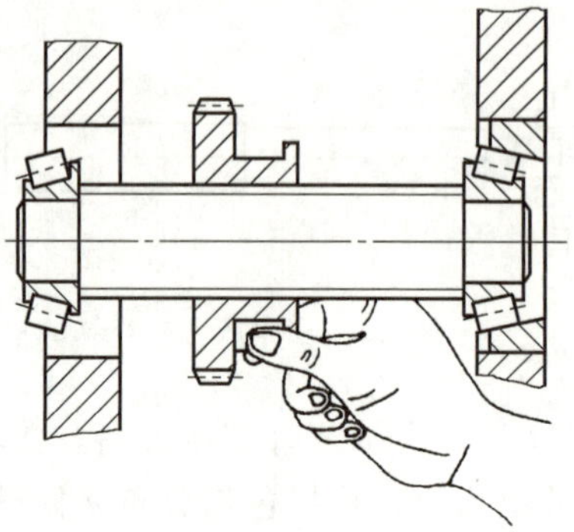

图 4-4 轴的装配

a）手感确定滑块位置 b）滑块或拔叉尺寸过大造成装配困难

想一想	影响主轴部件旋转精度的因素主要有哪些？

练一练	1. 轴和其上零件装配后运转平稳是（　　）的装配要求。 A. 轴组　B. 机器　C. 轴承　D. 齿轮轴 2. 在轴装配前，先检查轴的______、______、______等精度。

4.2 轴承的装调

用来支承轴或轴上旋转零件的部件称为轴承。

想一想	生活中哪些地方用到轴承？

4.2.1 滑动轴承的装调

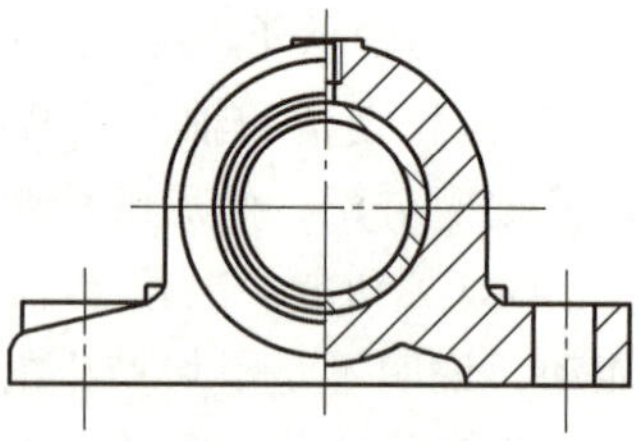

图 4-5 整体式滑动轴承

滑动轴承是在滑动摩擦下工作的轴承。滑动轴承工作平稳、可靠、无噪声，如图 4-5 所示。

1. 整体式向心滑动轴承的装调

（1）检查尺寸 装调前应检查机体内径与轴套外径尺寸是否符合规定要求。

（2）修整 要仔细地对两配合件进行倒棱，并去毛刺。

（3）清洗 清洗配合件。

（4）润滑 装配前对配合件要涂润滑油。

（5）压入轴承套 轴承套压入机体中时，若过盈量较小，在放入机体的轴承套端部，加垫用锤子或心棒敲入；若过盈量较大，可用压力机或压紧工具压入。用压力机压入时要防止轴套歪斜，压入开始时可用导向环或导向轴导向，对承受较大负荷的滑动轴承的轴套，还要用紧定螺钉或定位销固定，如图 4-6 所示。

(6) 定位　负载较大的滑动轴承压入后，还要安装定位销或紧定螺钉定位。

(7) 再次修整　修整压入后轴套孔壁，消除装压时产生的内孔变形，如内径缩小、椭圆形、圆锥形等。

(8) 按规定的技术要求检验轴套内孔

1) 用内径百分表在孔的两三处相互垂直方向上检查轴套的圆度误差。

2) 用塞尺检验轴套孔的轴线与轴承体端面的垂直度误差。

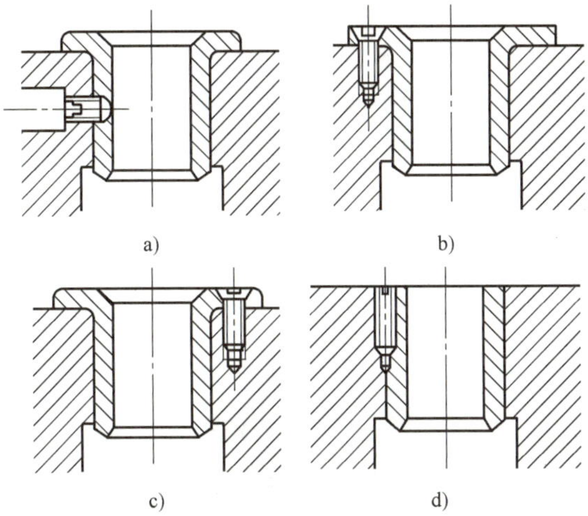

图 4-6　轴套的定位方式

(9) 其他处理　在水中工作的尼龙轴承，安装前应在水中浸煮一定时间（约一小时）再安装，使其充分吸水膨胀，防止内径严重收缩。

2. 剖分式滑动轴承的装调

(1) 清理　清理轴承座、轴承盖、上瓦和下瓦的毛刺、飞边。

(2) 涂色检查并修整　用涂色法检查轴瓦外径与轴承座孔的贴合情况。对于不贴合或贴合面积较少的，应锉销或刮研至着色均匀。

(3) 检查轴瓦剖分面　压入轴瓦后，应检查轴瓦剖分面的高低，轴瓦剖分面应比轴承体的剖分面略高一些，一般略高出 0.05~0.1mm。

(4) 压入轴瓦　压入轴瓦时，应在对合面上垫木板轻轻锤入。

(5) 刮削轴瓦　刮削轴瓦如图 4-7 所示，按接触点来考虑，刮削时需要注意以下几点：

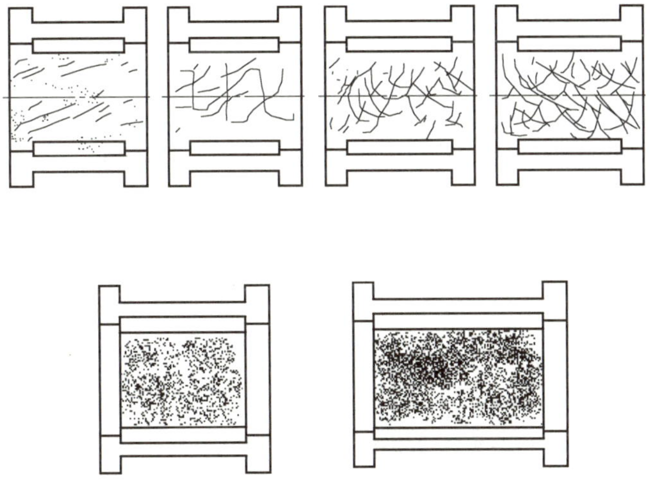

图 4-7　刮削轴瓦

1) 一般用与其相配合的轴来研点。

2) 通常先刮下瓦（因下瓦承受压力大），后刮上瓦。

3）刮瓦显点时，最好将显示剂涂在轴瓦上。

4）在合瓦显点的过程中，螺栓的紧固程度以能转动轴为宜。

5）研点配刮轴瓦至规定间隙及触点为止，接触点为点/(25mm×25mm)。

(6) 清洗轴瓦　装配前，对刮好的瓦应进行仔细清洗后再重新装入座、盖内，如图 4-8 所示。

(7) 安装并固定　垫好调整垫片，瓦内壁涂润滑油后细心装入配合件，按规定拧紧力矩均匀地拧紧锁紧螺母。

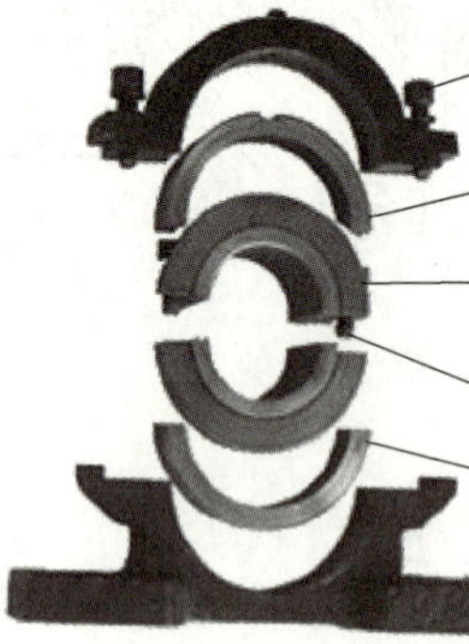

a)

b)

图 4-8　剖分式滑动轴承的装配图

a）结构图　b）实物图

3. 锥形表面滑动轴承的装调

(1) 内柱外锥式轴承的装配方法及步骤

1）将轴承外套压入箱体孔中，并达到配合要求。

2）修刮轴承外套的内孔（用专用芯棒研点），接触点数要达到规定要求。

3）在轴承上钻销进、出油孔，注意与油槽相接，如图 4-9 所示。

4）以外套的内孔为基准，研点配刮内轴套的外锥面，接触点数要达到规定的要求 [点/(25mm×25mm)]。

5）把主轴承装入外套孔内，并用螺母来调整主轴承的轴向位置。

6）以轴为基准，配刮轴套的内孔，接触点数要达到规定要求 [点/(25mm×25mm)]。

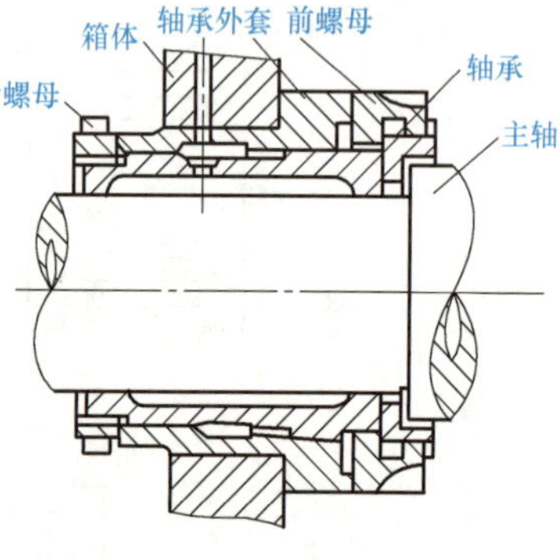

图 4-9　内柱外锥式动压轴承

7）清洗轴套和轴颈，并重新安装和调整间隙，达到规定要求 [点/(25mm×25mm)]。

(2) 内锥外柱式轴承的装配方法

内锥外柱式轴承的装配方法和步骤与外锥内柱式轴承的装配方法大体相同，其不同点是：

1）以相配合的轴为基准，只需研刮内锥孔。

2）由于内孔为锥孔，所以研点时需将箱体竖起来，这样轴在研点时能自动定心。

3）研点时要用力将轴推向轴承，不使轴因自重而向下移动（这是指箱体不能竖起来的情况而言）。

4. 液体静压轴承的装调

利用外界的油压系统供给一定压力的润滑油，将轴颈浮起，使轴与轴颈达到润滑的目的，这种润滑方式称液体静压润滑。利用这种润滑原理制造的轴承，称为液体静压轴承，如图 4-10 所示。

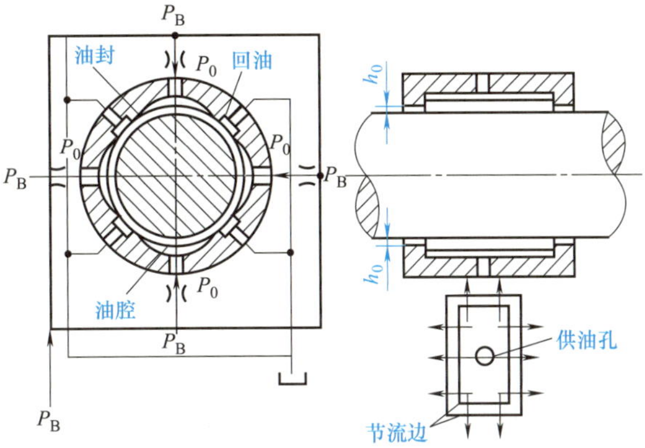

图 4-10 液体静压轴承

根据轴承的类型与配合性质，采用不同的方法进行装配，其步骤是：

1）装配前，必须将全部零件及液压管路系统同种液压油彻底清洗，不允许用棉纱等擦洗，防止纤维物质堵塞节流孔。

2）仔细检查主轴与轴承间隙，一般双边间隙为 0.035～0.04mm。然后将轴承压入壳体中。

3）轴承装入壳体孔后，应保证其前、后轴承的同轴度要求和主轴与轴承的间隙。

4）试车前，液压系统需运行 2h，然后清洗过滤器，最后接入静压轴承中正式试车。

4.2.2 滚动轴承的装调

在支承负载和彼此相对运动的零件间做滚动运动的轴承，它包括有滚道的零件和带或不带隔离或引导件的滚动体组，可承受径向、轴向或径向与轴向的联合负载。

装配前应详细检查轴承内孔、轴、外环与外壳孔所配合的实际尺寸，符合要求后才能进行装配。用同种液压油清洗轴承与轴承相配合的零件。

（1）根据轴承的类型与配合性质采用不同的方法进行装配

1）轴承内圈与轴配合较紧，而外圈与壳体配合较松时，可先将轴承装在轴上，然后把轴承与轴一起装入壳体中。

2）当轴承外圈与壳体配合较紧，而内圈与轴配合较松时，可将轴承先压入壳体中。

3）当轴承内圈与轴、外圈与壳体孔都是紧配合时，可将轴承同时压入轴上与壳体中

4）对于角接触球轴承，因其外圈可分离，可以分别把内圈装入轴上，外圈装在壳体中，再调整游隙。

5）轴承内环与轴配过盈量较大时，除用压力机压入外，还可将轴承内环在油中加热至80~100℃，然后与轴装配。过盈量较小时，可加热至80~100℃，加垫用铜棒打入，用铜棒打入时，应注意使周边受力均匀，如图4-11所示。

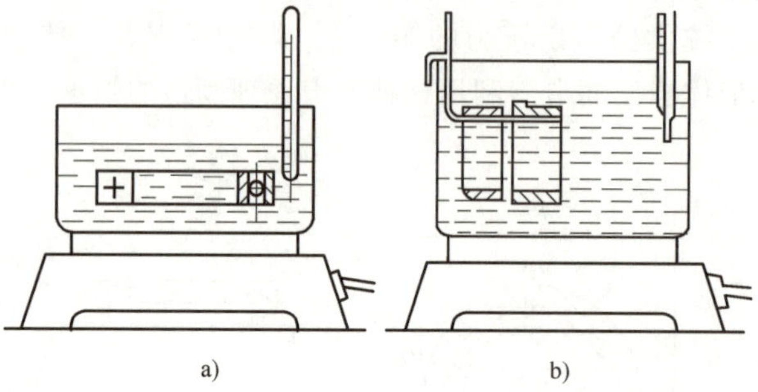

图4-11 轴承内环在油中加热

（2）滚动轴承装配时的注意事项

1）轴承打号的端面一般朝外，以便更换时检查号码。

2）装配好的轴承端面，应与轴肩或孔的支承面贴靠，用手转动应无卡阻现象。

3）在装配轴承的过程中，应严格保持清洁，防止杂物进入轴承内。

4）装配好的轴承在运转的过程中应无噪声，工作温度不超过50℃。

做一做 用同种液压油清洗轴承与轴承相配合的零件，并将轴承及零件分组，根据轴承的类型与配合性质，采用不同的方法进行滚动轴承装配。

4.3 联轴器的装调

4.3.1 联轴器装调的技术要求

无论哪种形式的联轴器，装配的主要技术要求是保证两轴的同轴度，否则被连接的两轴在转动时将产生附加阻力和增加机械的振动，严重时还会使联轴器和轴变形或损坏。对于高速旋转的刚性联轴器，这一要求尤为重要。因此，装配时应用百分表检查联轴器的圆跳动和两轴的同轴度误差，如图4-12所示。

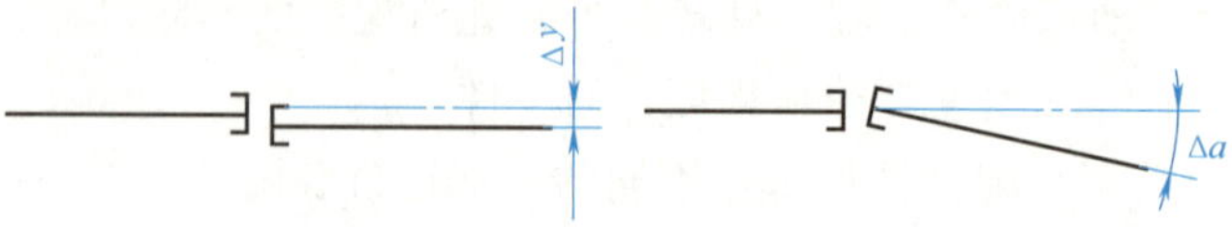

图4-12 两轴的同轴度误差

对于挠性联轴器（如弹性圆柱销联轴器和齿套式联轴器），由于其具有一定的扰性作用和吸振能力，其同轴度要求比刚性联轴器要低一些。

4.3.2 联轴器的装调方法

图4-13所示为较常见的弹性套柱销联轴器，其装配要点如下：

1）先在轴 1、轴 2 上分别装平键和半联轴器 1 和 2，并固定齿轮箱。按要求检查其径向和端面圆跳动。

2）将百分表固定在半联轴器 2 上，使其检测头触及半联轴器的外圆表面，找正两个半联轴器 1 和 2，使之符合同轴度要求。

3）将橡胶弹性套的柱销装入半联轴器 2 的圆柱孔内。

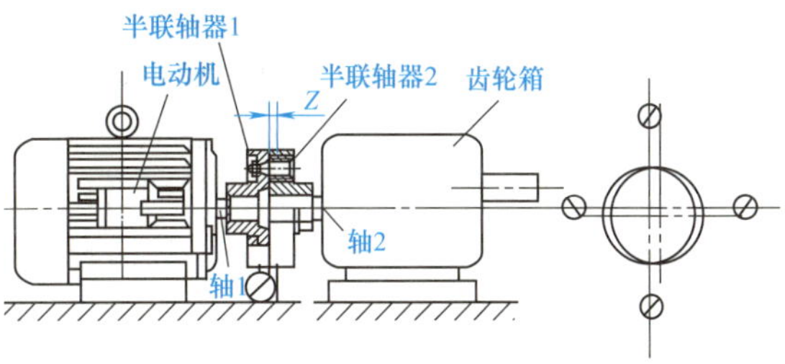

图 4-13　弹性套柱销联轴器

4）移动电动机，使半联轴器 2 橡胶弹性套的柱销带锥度小端进入半联轴器 1 的销孔内。

5）转动轴 2，用螺母拧紧橡胶弹性套的柱销来调控间隙 Z 沿圆周方向均匀分布。然后移动电动机，使两个半联轴器靠紧，固定电动机，再复检一次同轴度。

6）在半联轴器 1 内，用螺母拧紧橡胶弹性套柱销，使橡胶弹性套柱销的弹力达到要求。

想一想　弹性套柱销联轴器的装配顺序是什么？

4.4　离合器的装调

4.4.1　离合器装调的技术要求

1）接合和分开时动作要灵敏。

2）能传递足够的转矩。

3）工作平稳。

4）对摩擦离合器，应解决发热和磨损补偿问题。

4.4.2　离合器的装调方法

1. 牙嵌离合器（见图 4-14）**的装调方法及步骤**

1）先在主动轴上装平键与并且将半离合器压在主动轴上。

2）对中环（导向环）固定在主动轴端的半离合器上。

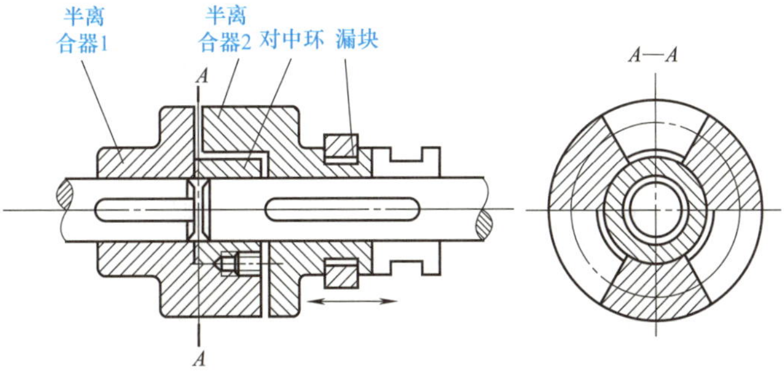

图 4-14　牙嵌离合器

3）把两个滑键用沉头螺钉固定在从动轴上。

4）配装离合器，应能轻快地沿轴向移动。

5）将滑环安装在从动轴的离合器上。

6）将轴装入对中环的孔内，使其能自由转动。

2. 摩擦片式离合器（见图 4-15）的装配方法及步骤

要求装配后离合器分开的时候，间隙要适当。如间隙太大，操纵时会造成压紧不够，使内、外摩擦片打滑，传递转矩不够；摩擦片也容易发热、磨损。如间隙太小，操纵压紧费力，使离合器失去保险作用；停机时，摩擦片不易脱开，严重时可导致摩擦片烧坏。

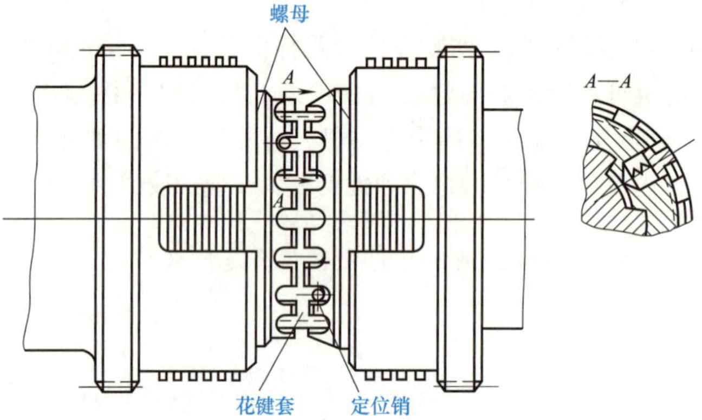

图 4-15　摩擦片式离合器

调整图 4-15 所示摩擦片式离合器的间隙时，先将定位销压入螺母的缺口下，然后转动螺母调整间隙。调整后，要取出定位销，以防止在工作中松脱。

4.5 直线导轨副的装调

导轨副由运动部件（如工作台）上的动导轨和固定部件（如床身、机架）上的支承导轨组成。

想一想　导轨的作用是什么？

4.5.1 平导轨间隙的调整方法

平导轨副间隙常利用平镶条和斜镶条来进行调整，如图 4-16 所示。

1. 平镶条调整间隙

平镶条是一块矩形截面的板条，常用塑料制造，也可用青铜材料制造。

（1）用螺栓调整间隙　在平镶条的长度方向设置三个螺栓，中间拉紧螺栓为紧固螺栓，拧动它，将平镶条向外拉；两端的螺栓为压紧螺栓，拧动它，将平镶条向导轨压紧，从而使平镶条产生弯曲。弯曲越厉害，导轨与导向滑块间的间隙就越小，如图 4-17a 所示。为避免平镶条的局部导向现象，可在每一个压紧螺栓附近都安装一个拉紧螺栓，使平镶条不产生弯曲，并且可以使平镶条在整个长度范围内都与导轨接触，如图 4-17b 所示。

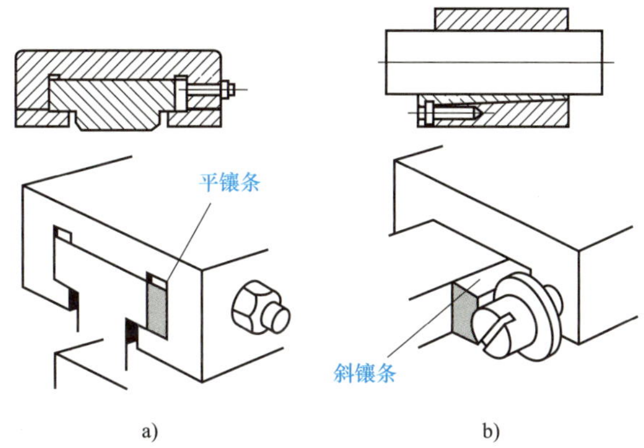

图 4-16 平导轨副间隙的调整方法

a）平镶条调整 b）斜镶条调整

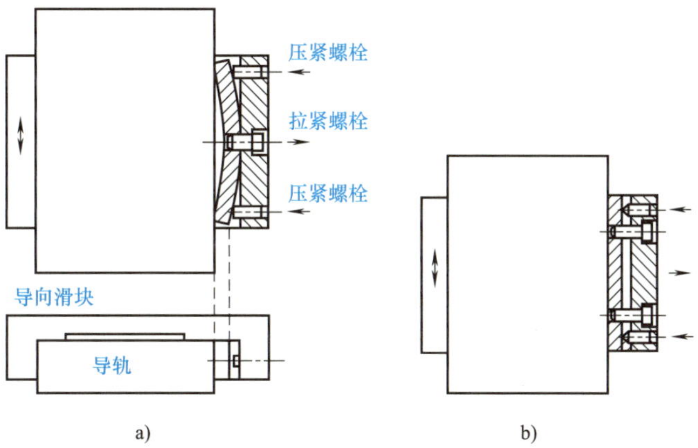

图 4-17 平镶条调整间隙的方法

（2）用调节螺钉调整间隙 在导向滑块上配有一定数量的调节螺钉，导向滑块越长，调节螺钉就越多。从导向滑块两端向中间对称且均匀地拧紧调节螺钉时，间隙就会变小，如图 4-18 所示。

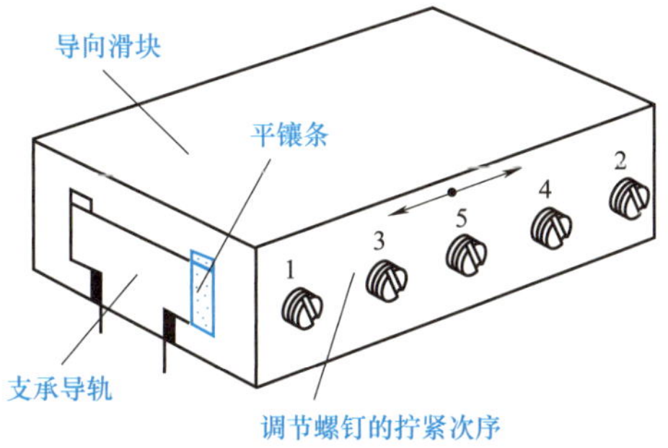

图 4-18 用调节螺钉调整间隙

练一练 用调节螺钉调整间隙时，为什么对称且均匀地拧紧调整螺钉时，间隙越来越小。

2. 斜镶条间隙调整

斜镶条的间隙调整方法比平镶条更好，调整的精度更高。斜镶条的斜度一般为 1∶100~1∶60，导向滑块越长，斜度越小。拧紧带肩螺栓时，斜镶条就会向前推进，从而使间隙变小，如图 4-19a 所示。

为了准确地确定用来安装调节螺栓的槽口位置，在制作斜镶条时，其原始长度应当比所需的长度长一些。在槽口的位置确定后，再将斜镶条切割到所需的长度，如图 4-19b 所示。

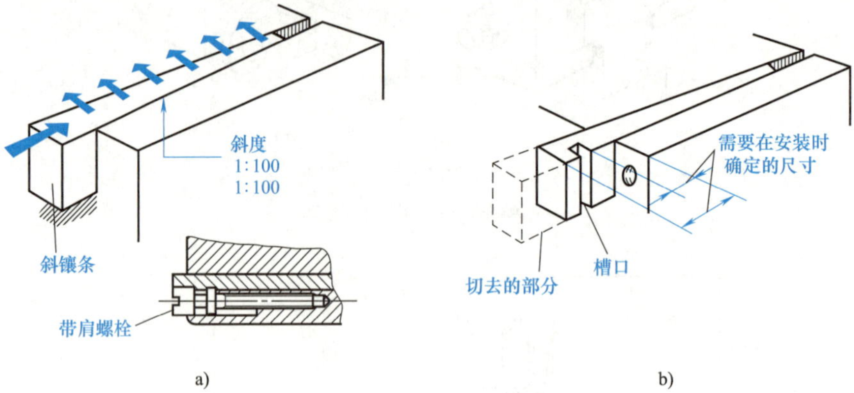

图 4-19 用斜镶条调整间隙

想一想	导轨和导向滑块之间的间隙是如何测量的？

4.5.2 燕尾导轨的间隙调整

燕尾导轨由导轨与滑块两部分组成，滑块依靠与导轨之间的配合可以在导轨上做往复直线运动，如图 4-20 所示。但磨损后不能自动补偿间隙。

可调节的燕尾导轨间隙可以利用平镶条、梯形镶条和斜镶条进行调节。

1. 用平镶条调整

平镶条的形状与导轨及滑块之间的空隙相同。松开锁紧螺母，拧紧调节螺钉，使平镶条压向导轨的一侧，调整导轨间的间隙至要求后拧紧锁紧螺母。缺点是平镶条与调节螺钉之间存在一定的角度，如图 4-21 所示。

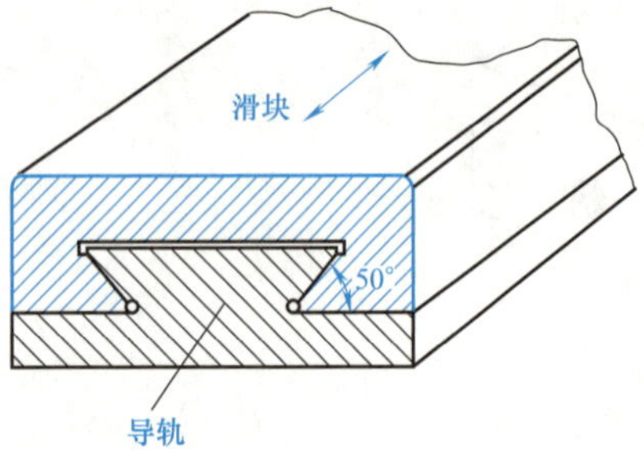

图 4-20 燕尾导轨

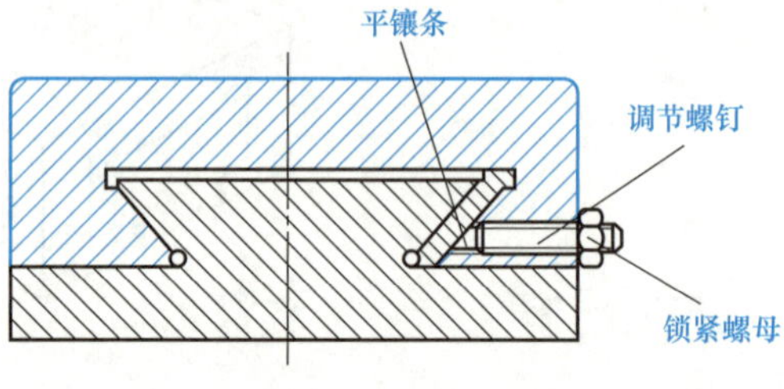

图 4-21 用平镶条调整间隙

想一想	为何说平镶条与调节螺钉之间存在一定的角度是缺点？

2. 用梯形镶条调整

在燕尾导轨的长度方向设置 1~2 个调节螺钉（短燕尾导轨设置 1 个，长燕尾导轨设置 2 个），拧紧调节螺钉，使梯形镶条压向导轨的一侧，导轨间的间隙减小。梯形镶条基本上不会发生弯曲，与调节螺钉之间没有角度，所以调节比平镶条稳定，如图 4-22 所示。

想一想

1. 梯形镶条与平镶条相比，结构发生了什么变化？
2. 比较用两者调整的性能。

3. 用斜镶条调整

拧紧带肩螺钉，使斜镶条向滑块和导轨内推进，使斜镶条可以压紧在滑块和导轨之间，从而使间隙变小，如图 4-23 所示。

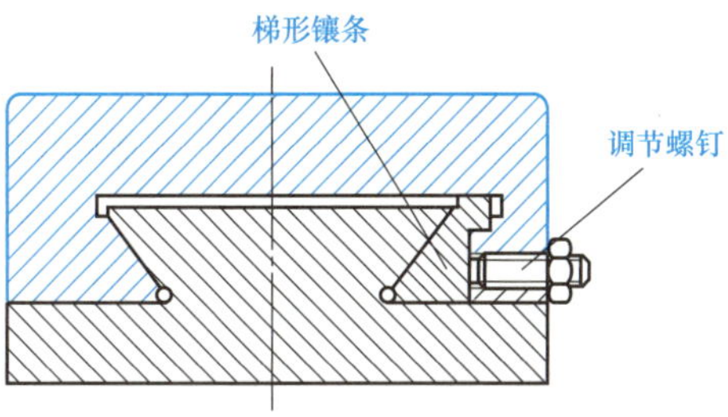

图 4-22 梯形镶条调整间隙

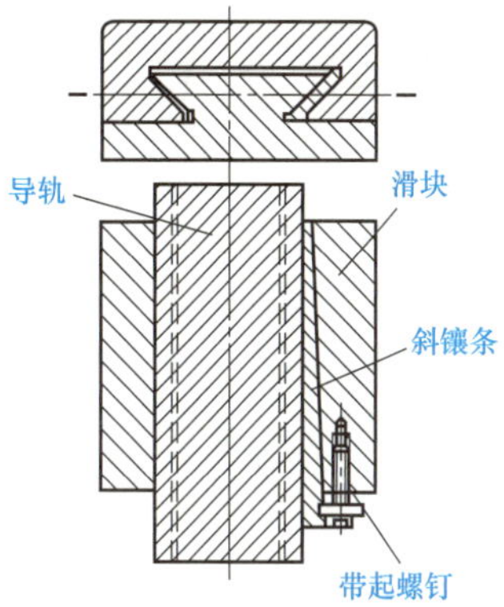

图 4-23 用斜镶条调整间隙

4.5.3 直线滚动导轨副的装调工艺与技术

直线滚动导轨副有类双圆弧型（见图 4-24）和滚柱型（见图 4-25）、微型及单圆弧型。

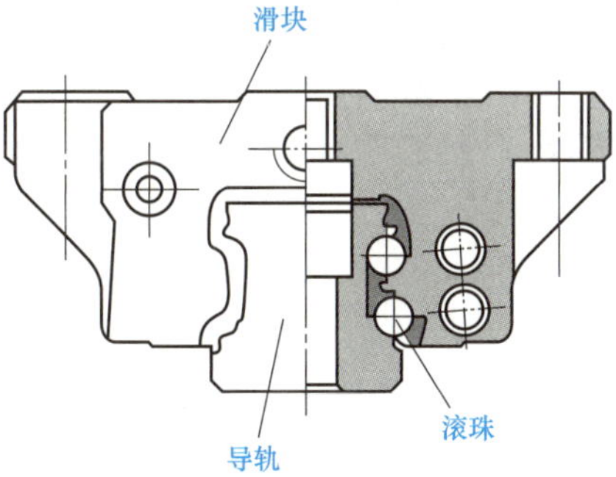

图 4-24 类双圆弧型直线滚动导轨副

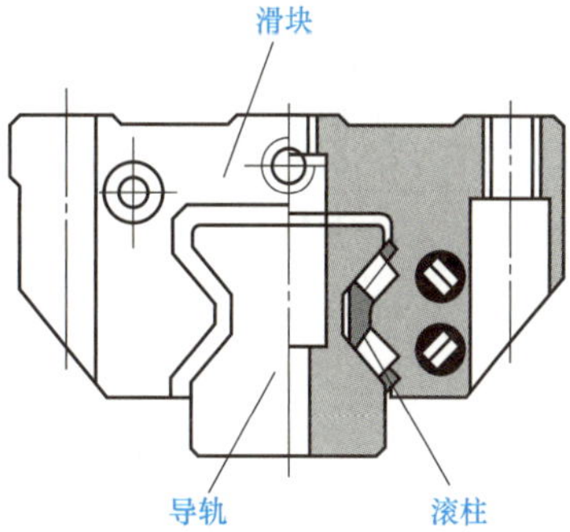

图 4-25 滚柱型直线滚动导轨副

想一想

类双圆弧型直线滚动导轨和滚柱型直线滚动导轨各自有什么特点。

1. 直线滚动导轨副的装调要求

1）导轨副要轻拿轻放，以免磕碰影响其直线精度。检查导轨有否被碰伤或锈蚀，将碰伤处修正达到精度要求，用防锈油清洗干净，清除装配表面的毛刺、污物等。不允许将滑块拆离导轨或超过行程又推回去。

2）正确区分基准导轨副与非基准导轨副。基准导轨副在产品编号标记最后一位（右端）加有字母“J”，如图 4-26a 所示；同时，在导轨轴和滑块座实物上的同一侧面均刻有标记槽或“J”字样，如图 4-26b 所示。

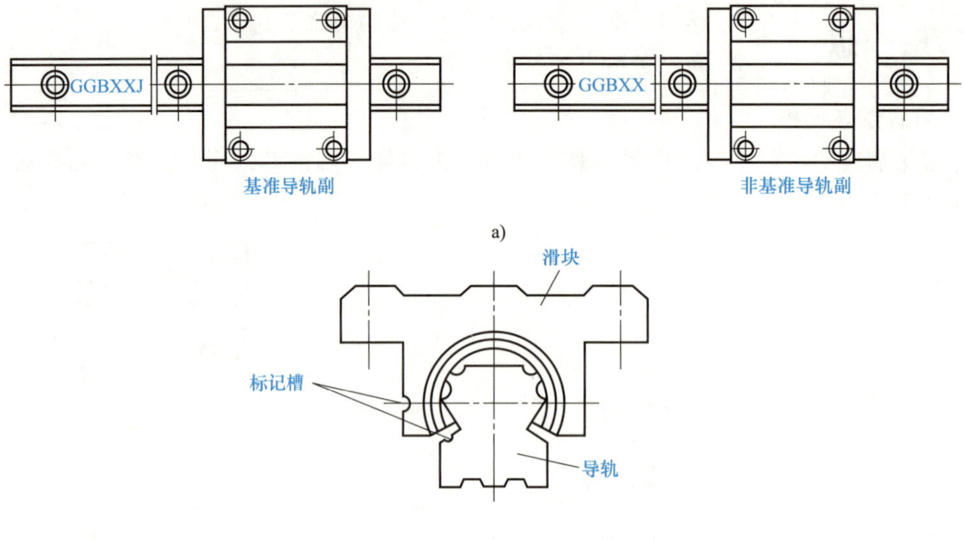

图 4-26 导轨副的基准面的识别

3）认清导轨副安装时所需的基准侧面。导轨副安装时所需的基准侧面的区分如图 4-27 所示。

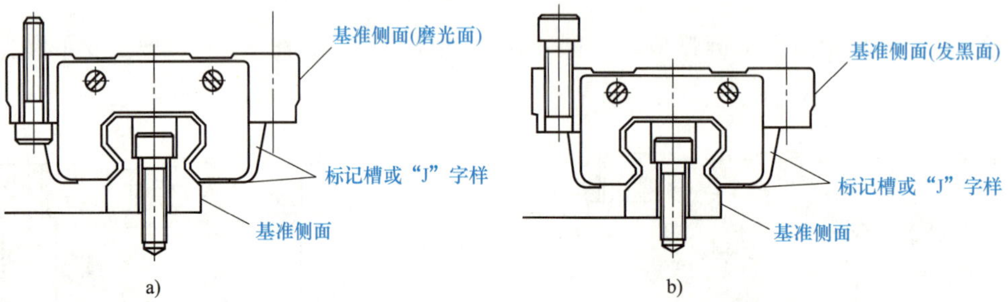

图 4-27 导轨副安装时的基准侧面

a）基准导轨副 b）非基准导轨副

练一练 在安装时如何判断导轨副的基准侧面？

4）安装导轨。在同一平面内平行安装两根导轨时，如果振动和冲击较大，精度要求较高，则两根导轨侧面都要定位，如图 4-28 所示。否则，只需一根导轨侧面定位，如图 4-29 所示。

5）直线滚动导轨的校准。需要高精度运行的导轨一般采用两根导轨使运行比较稳定。但是两根导轨必须互相平行，而且在整个长度范围内具有相同的高度，如图 4-30 所示。

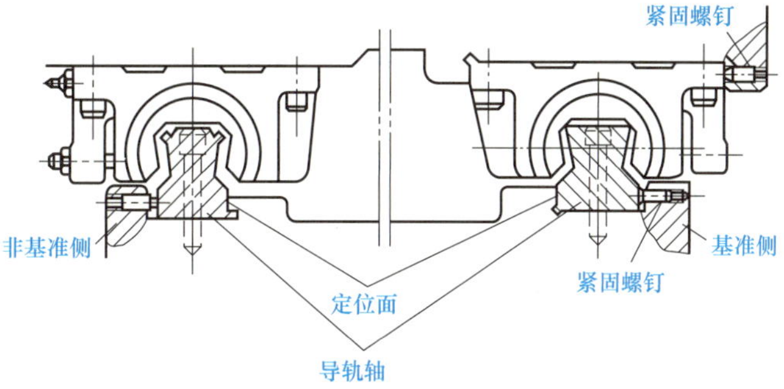

图 4-28　双导轨定位

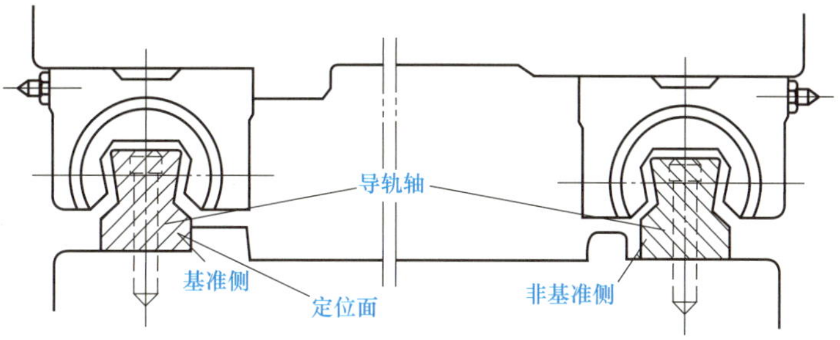

图 4-29　单导轨定位

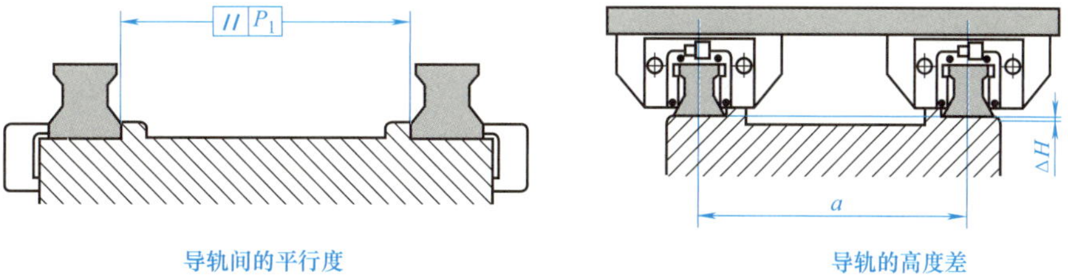

图 4-30　导轨的校准

2. 直线滚动导轨副双导轨侧面都定位的装调工艺

1）保持导轨、机器零件、测量工具及安装工具干净和整洁。

2）先检查装配面，将基准导轨副的侧基准面（刻有小沟槽的一侧）与安装台阶的基准侧面相对，对准螺孔，然后在孔内插入螺栓，如图 4-31 所示。

3）利用内六角扳手拧紧所有的螺栓。此处的“用手拧紧”是指拧紧后导轨仍然可以利

a)　　b)　　c)

图 4-31　基准侧面的对准

用塑料锤轻敲导轨侧面微量移动。

4）利用U形夹头使导轨轴的基准侧面紧紧靠贴安装台阶的基准侧面，然后在该处用固定螺栓拧紧（建议采用配攻螺孔），由一端开始，依次将导轨固定，如图4-32a所示。当无安装台阶时，将导轨一端固定后，按图4-32b所示方法将表针靠在导轨的基准侧面，以直线量块为基准，自导轨的一端开始读取指针值校准直线度，并依次将导轨固定。

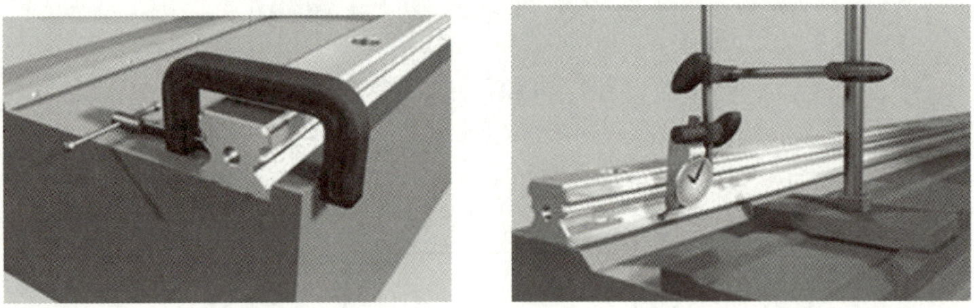

a) b)

图4-32 利用U形夹头对准基准侧面

想一想 什么是配攻螺孔？

5）用扭力扳手按图示的拧紧顺序将螺栓旋紧，如图4-33所示。建议扭力扳手按表4-1推荐力矩值进行选用。

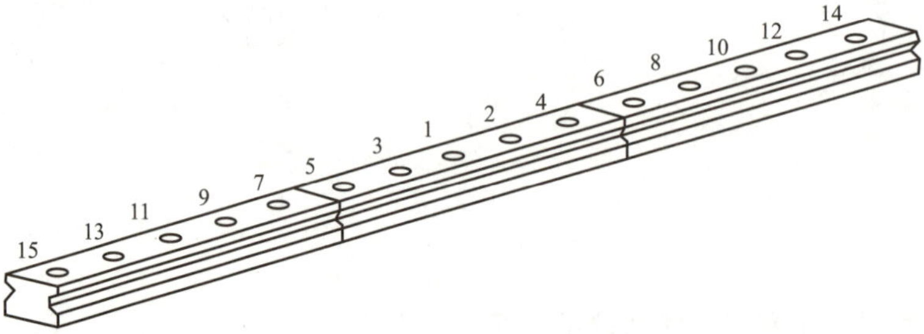

图4-33 导轨紧固螺栓的拧紧顺序

表4-1 推荐力矩值 （单位 N·m）

公称尺寸	M4	M5	M6	M8	M10	M12	M16
力矩	2.6~4.0	5.1~8.5	8.7~14	21.6~30.5	42.2~67.5	73.5~118	178~295

想一想 导轨安装前必须要做哪些准备工作？这些准备工作有没有必要？

3. 直线滚动导轨副单导轨侧面定位的装调工艺

1）保持导轨、机器零件、测量工具及安装工具的干净和整洁。

2）将基准导轨副基准面（刻有小沟槽）的一侧，与安装台阶的基准侧面相对，对准安装螺孔，然后在孔内插入螺栓。

3）利用内六角扳手用手拧紧所有的螺栓。并用多个U形夹头，均匀地将导轨轴的基准侧面紧紧靠贴安装台阶的基准侧面。

4）用扭力扳手将螺栓旋紧。

5）非基准导轨轴对准安装螺孔，用手拧紧所有的螺栓。采用相应的平行度检测工具和方法，调整非基准侧导轨轴，直到达到规定平行度要求后，用扭力扳手逐个拧紧安装螺栓。

练一练　如何调整非基准侧导轨轴？

4.5.4　圆柱型滚动直线导轨套副的装调工艺与技术

1. 圆柱型滚动直线导轨套副概述

圆柱型滚动直线导轨套副是由球轴承、球轴承支座、导轨轴和导轨轴两端支承座等组成，如图 4-34 所示。

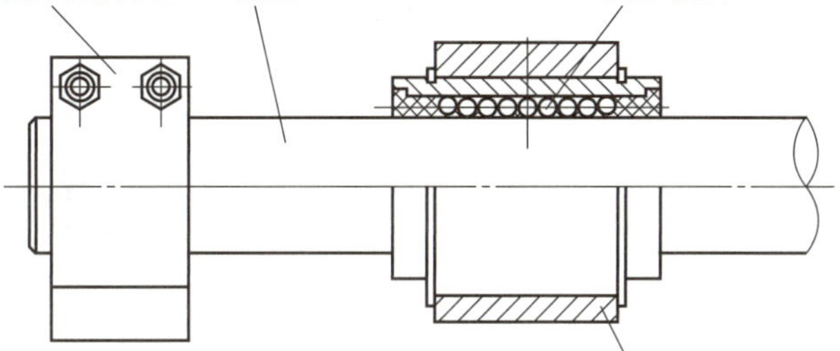

图 4-34　直线滚动导轨套副

由于结构上的原因，圆柱型滚动直线导轨套副只能在导轨轴上作轴向直线往复运动，而不能旋转。圆柱型滚动直线导轨套副的类型见表 4-2。

表 4-2　圆柱型滚动直线导轨套副的类型

形式	结构类型	主 要 用 途
GTA	开放式滚珠直线导轨套副	应用最广，能配多个导套轴支承座，适合于大行程场合
GTAt	特型开放式滚珠直线导轨套副	应用广，能配多个导套轴支承座，适合于大行程场合
GTB	封闭式滚珠直线导轨套副	应用很广，不能配两个以上导套轴支承座，多用于短行程场合
GTBt	特型封闭式滚珠直线导轨套副	应用广，不能配两个以上导套轴支承座，多用于短行程场合

想一想　圆柱型滚动直线导轨套副不同类型的适用在什么场合？

2. 圆柱型滚动直线导轨套副的装调工艺

1）区分和识别基准圆柱型滚动直线导轨套副和非基准圆柱型滚动直线导轨套副，方法与直线滚动导轨副相同（字母 J 和小沟槽）。

2）先安装基准圆柱型滚动直线导轨套副，然后安装非基准圆柱型滚动直线导轨套副。安装方法参照直线滚动导轨副的装配。

3）支承座与工作台的装配。工作台与支承座用螺钉固定后，应进行拖动力变化、工作台移动直线度、工作台移动对工作台面平行度的检查。

4.6 密封件的装调

在机械设备中，密封件是必不可少的零件，它主要起着阻止介质泄漏和防止污物侵入的作用。密封件安装与保存的好坏，不仅影响密封效果，也直接影响到机床的性能。密封件可分为两大主要类型，即静密封件和动密封件（见图 4-35）。静密封件用于被密封零件之间无相对运动的场合，如密封垫和密封胶。动密封件用于被密封零件之间有相对运动的场合，如油封和机械式密封件。

4.6.1 装调前的注意事项

1）密封件不得有飞边、裂痕、切边、气孔及疏松等缺陷。

2）密封件的外形尺寸和精度必须达到标准要求，橡胶密封件的材料性能必须达到设计规定密封材料的要求。

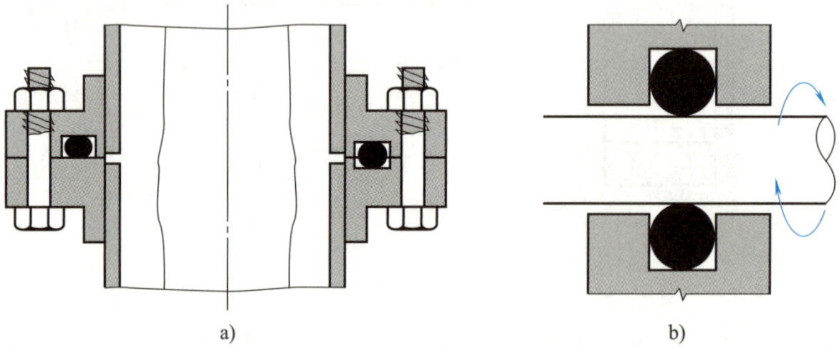

图 4-35 静密封件和动密封件

a）静密封件 b）动密封件

3）密封件、密封部位及其所经过的零件表面应清洁干净。

4）零件密封部位的沟、槽、面的加工尺寸和精度、表面粗糙度应严格符合规范要求。

5）装配前应在密封件和装配密封件时经过的零件表面上，涂上足够的合适型号的干净润滑油或与工作介质相溶的润滑油、润滑脂，以便于装配和保护密封件。

6）装密封圈的零件一般应有 15°~30°的导入角（最好不大于 20°），如图 4-36 所示。

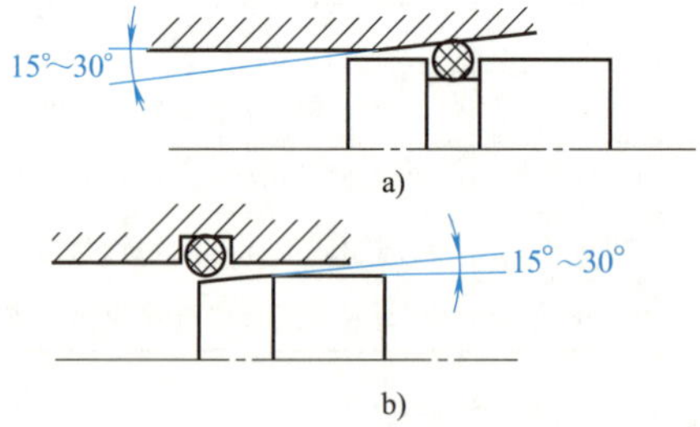

图 4-36 导入角

a）孔口倒角 b）轴端倒角

想一想 为什么装密封圈的零件，一般应有 15°~30°的导入角，而且最好小于 20°？

7）密封件经过零件的螺纹、锐边与键槽等部位时，要将密封件套在专用的薄套筒上进行装配，如图 4-37 所示。

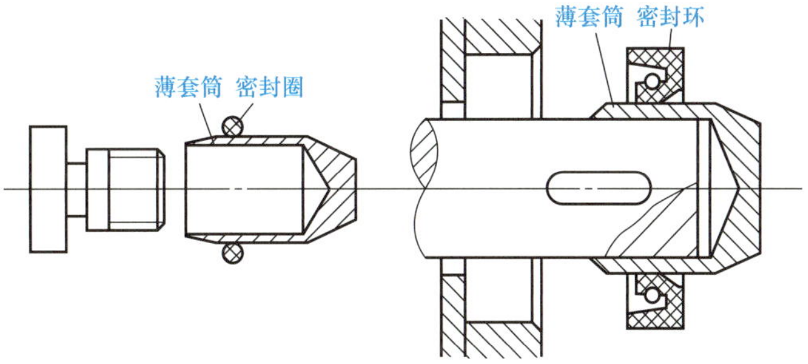

图 4-37　用专用薄套筒装配密封件

a）带螺纹零件　b）带键槽零件

想一想　为什么密封件经过零件的螺纹、锐边与键槽等部位时，要将密封件套在专用的薄套筒上进行装配？

8）密封件经过零件的孔口时，要将孔口堵死或孔口倒角，如图 4-38 所示。

9）安装结构复杂的密封装置时，最好用压力机压入或用橡胶锤轻轻敲入。

10）液压、润滑及冷却系统中螺塞、管接头体等与部件的连接密封件是垫圈时，经常发生以下装配不当的现象。

a）加工螺纹的中心线与密封面不垂直（见图 4-39），装配后的密封垫圈不起密封作用。改进措施：使密封面通过加工与螺纹中心线垂直。

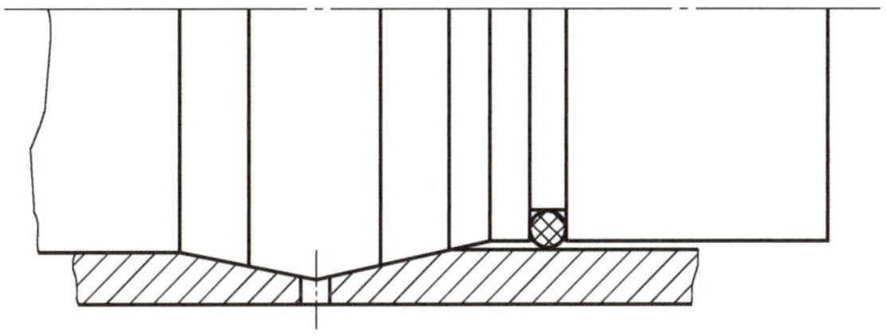

图 4-38　密封件经过零件孔口

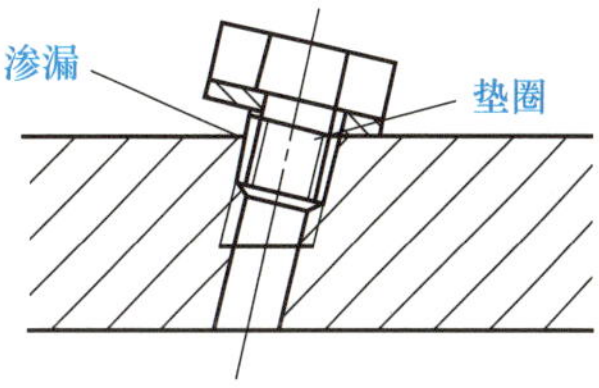

图 4-39　加工螺纹的中心线与密封面不垂直

b）接口螺纹倒角设计不合理，造成组合密封圈中的部分或全部密封部位失效（见图 4-40），起不到密封的作用。改进措施：加深密封面，减小倒角。

c）管接头装配时易出现垫圈偏心（见图 4-41），不能确保密封。改进措施：使连接部件的凹陷部分尺寸略大于垫圈外径尺寸；或在管接头细颈部位加一旧密封圈，以防止垫圈偏心。

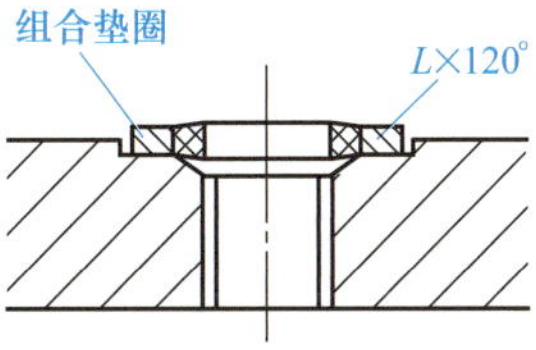

图 4-40　接口螺纹倒角设计不合理

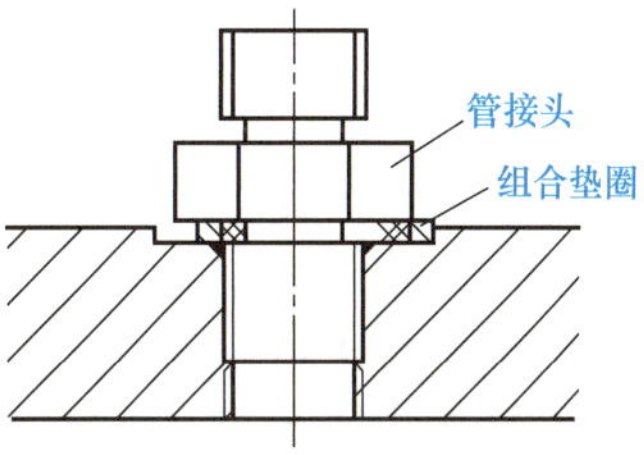

图 4-41　管接头装配时易出现垫圈偏心

4.6.2　O 形密封圈的装调

O 形密封圈是截面形状为圆形的密封元件，如图 4-42 所示。O 形密封圈是一种标准件，在多数情况下，安装在沟槽内工作，如图 4-43 所示。

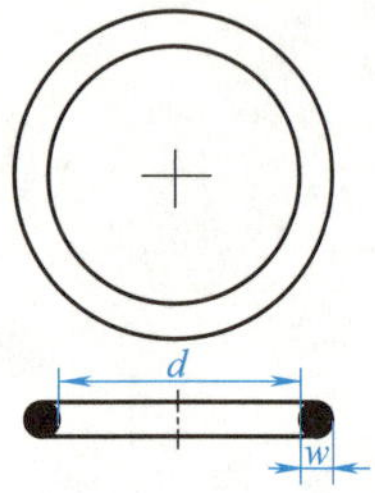

图 4-42　O 形密封圈

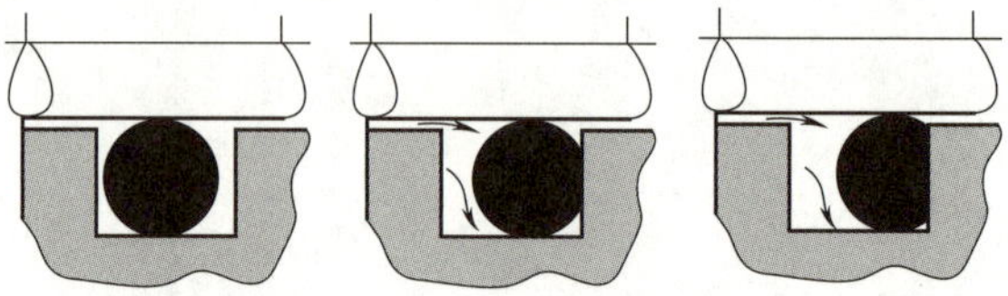

图 4-43　O 形密封圈的密封

想一想　什么是自封能力？O 形密封圈怎么实现自封能力？

1. O 形密封圈常用的拆装工具

在实际应用中，O 形密封圈的装配和拆卸成了难题。大多数是 O 形密封圈的位置难以接近或者尺寸太小，因此必须有一套专门的工具，如图 4-44 所示。

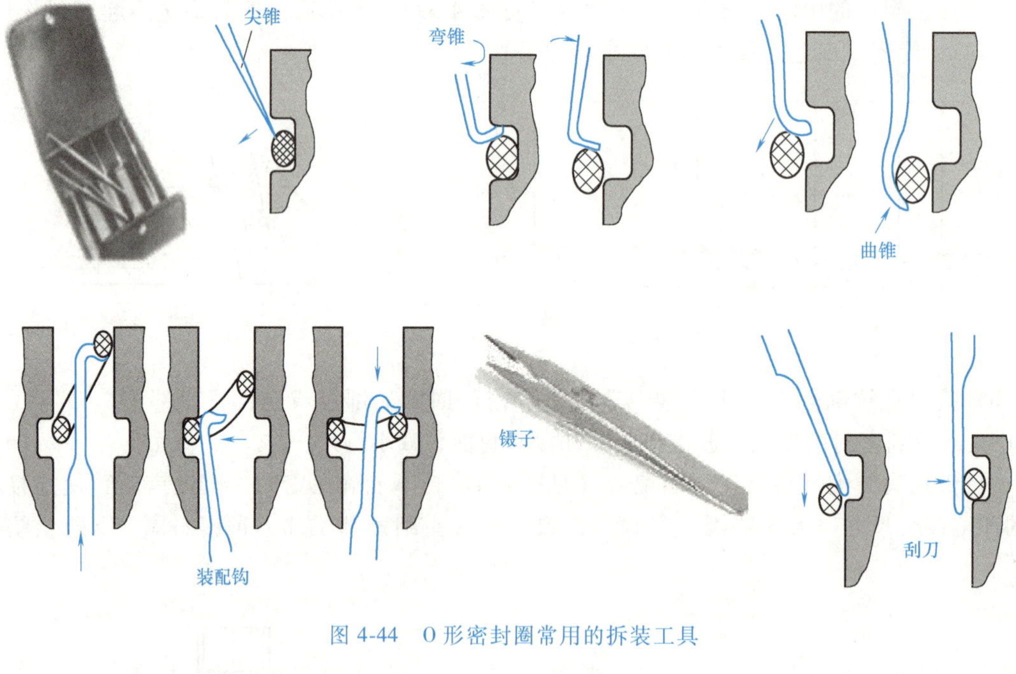

图 4-44　O 形密封圈常用的拆装工具

（1）尖锥　用于将小型 O 形密封圈从难以接近的位置拆卸下来。

（2）弯锥　用于将 O 形密封圈从难以接近的位置拆卸下来。

（3）曲锥　用于将 O 形密封圈从沟槽中拆卸下来或将 O 形密封圈拉入沟槽内。

（4）装配钩　用于将 O 形密封圈放入沟槽内。

（5）镊子　用于将 O 形密封圈浸入液体润滑剂中，并将其送至需密封的地方。

(6) 刮刀　用于拆卸接近外表面处的 O 形密封圈或将 O 形密封圈放入沟槽中和向已安装的 O 形密封圈添加润滑剂。

想一想　这些专用工具各自的功能有哪些?

2. O 形密封圈的装调要点

1) 检查被密封表面，应无缺陷。

2) 对各棱边倒角或倒圆，并去除毛刺。

3) 清洁装配表面，若安装路径上有螺纹、毛刺时，需用专用薄套筒安装。

4) 选用硬度高的橡胶 O 形密封圈或用挡圈来阻止密封圈被挤入缝隙，如图 4-45 所示。

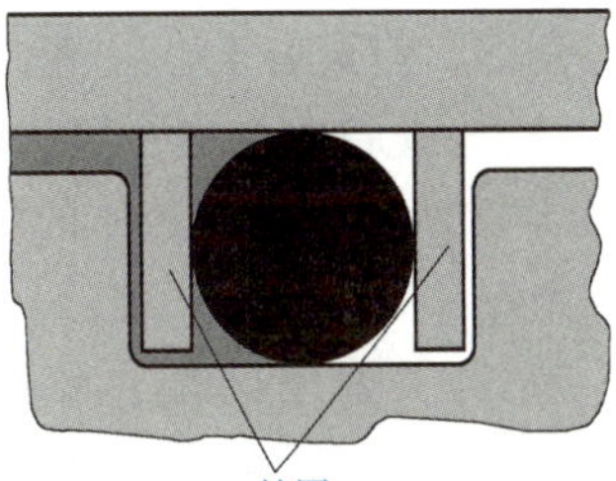

图 4-45　O 形密封圈的挡圈

5) 手动安装时，不可使用尖锐工具，但应采用专用工具，以保证 O 形密封圈不扭曲。

6) 装配时，O 形密封圈和金属零件必须有良好的润滑。所有以矿物油、动物油、植物油或脂为基础的润滑剂都不适用，常用惰性润滑剂润滑。

7) 禁止过分拉伸 O 形密封圈。由密封带制成的 O 形密封圈，禁止在其连接处进行拉伸。

8) 若进行自动安装，须做好充分准备。例如，为便于安装，可在 O 形密封圈的表面涂钼、石墨、敷上滑石粉或用聚四氟乙烯涂覆。

4.6.3　油封的装调

1. 油封的结构及类型

旋转轴所用的唇形密封圈，一般简称为油封，其结构及唇口接触应力如图 4-46 所示。

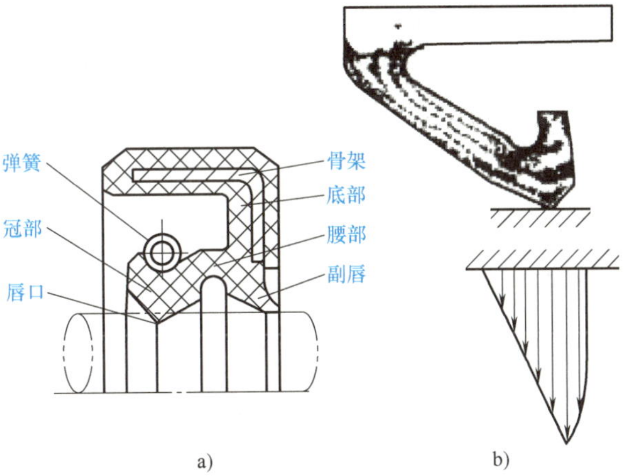

图 4-46　油封的结构及唇口接触应力示意图

a) 结构图　b) 唇口接触应力分布图

想一想　油封的唇口应该如何安排?

2. 油封的装调工艺要点

1）对油封、轴以及孔进行严格的清洗。橡胶油封不能用汽油、柴油、煤油清洗，如果油封上有油及赃物，应用干净的棉纱擦拭干净。

2）为了使油封易于套装到轴上，必须事先在轴和油封上涂抹润滑油或脂。

3）装配前，检查油封各部位尺寸是否与轴及腔体尺寸相符；检查油封的唇口有没有损伤、变形，弹簧有没有脱落、生锈。确保油封清洁和完好无损。

4）检查腔体与轴各部分尺寸是否正确，尤其是内倒角不能有坡度，其角度为30°~50°，如图4-47所示；轴与腔体的端面要加工光洁，装配倒角处不应有损伤、毛刺、沙子、铁屑等杂物。

5）为了方便装配，腔体孔口至少有2mm长的倒角，其角度应为15°~30°，如图4-48所示。

6）当轴上有键槽、螺纹或其他不规则形状时，为防止密封圈唇口沿着轴表面滑动而损坏油封，轴的这些部分必须事先包裹起来，如图4-48所示。

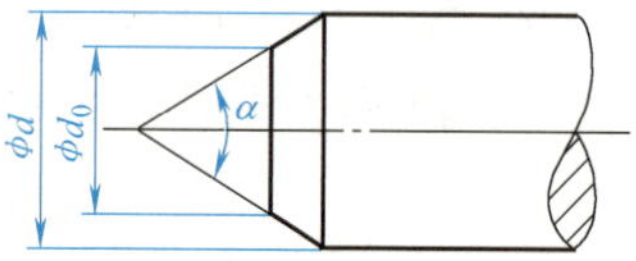

图4-47 轴端倒角

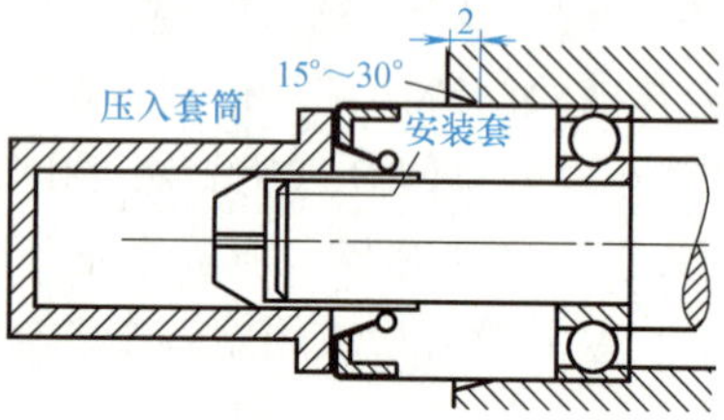

图4-48 套筒与安装套

7）油封要平装，不能有倾斜的现象。一般采用油压设备或套筒工具安装，通过将密封件压进到与腔体内孔前端面相齐或抵住腔体内孔肩底端面来达到安装垂直度要求。安装时，压力不要太大，速度要均匀、缓慢，以防止弹簧脱落。

8）安装过程中，密封圈唇口滑过的任何表面应光滑无损伤。如果密封圈要滑过带有花键、键槽或孔口时，应使用专用安装工具。专用工具不应采用软金属制作，也不允许使用带缺口的安装工具。

9）骨架油封安装时应注意唇边朝向压力油的一边。

10）密封圈在冬天或低温环境下安装时，可将密封圈在低于50℃的与其密封介质相同的干净液体中放置10~15min，以恢复密封圈唇口的弹性。

4.6.4 密封垫的装调

密封垫广泛用于管道、压力容器以及各种壳体接合面的静密封中。密封垫有非金属密封垫、非金属与金属组合密封垫（半金属密封垫）、金属密封垫三大类。制作密封垫的材料通常以卷装和片装形式出售，并可用各种形状的密封垫制作工具切割成密封垫片，如图4-49所示。

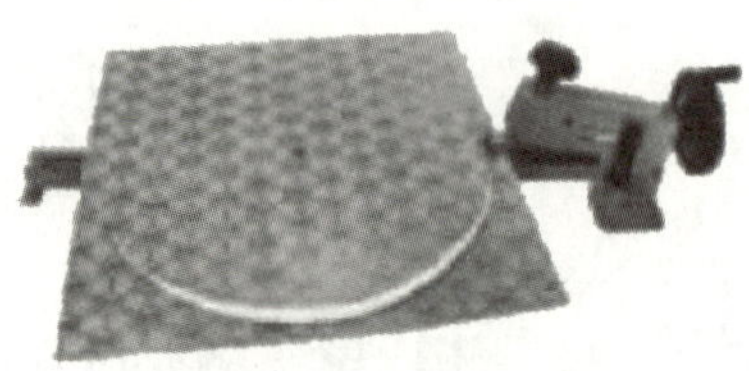
图4-49 密封垫片的制作

密封垫的装调工艺要点如下：

1）将两个被密封表面清洗干净。密封面间不得有任何影响连接密封性能的划痕、斑点、杂物等。

2）检查被密封表面是否平直，是否损坏。

3）在密封面、垫片、螺纹及螺栓螺母旋转部位稍微涂上一层石墨粉或石墨粉用机油（或水）调合的润滑剂。

4）确定预紧力，在保证试压不漏的情况下，尽量减小。

5）用定力矩扳手或扭力扳手参照螺纹连接中螺栓的拧紧方法拧紧全部螺栓或螺母，如图 4-50 所示，以便密封垫片应力分布均匀。

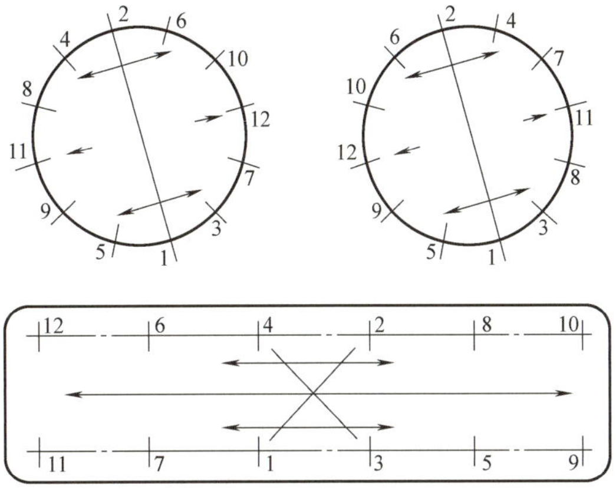

图 4-50　螺栓拧紧顺序

6）密封垫片安装在密封面上要对中、正确，不能偏斜，不能伸入阀腔或搁置在台肩上。

7）密封垫片上紧后，应保证连接件有预紧的间隙，以备密封垫片泄漏时有预紧的余地。

8）检验所安装的密封垫片是否达到密封要求。

做一做　用指针式扭力扳手按照图 4-51 所示顺序拧紧密封垫的螺栓。

4.6.5　压盖填料的装填

压盖填料结构主要用作动密封件。压盖填料是通过填料与轴间的“轴承效应”和“迷宫效应”对运动零件进行密封，防止液体泄漏。

压盖填料合理装填的步骤：

1）用填料螺杆（见图 4-51）清除结构中原有的旧压盖填料，包括填料盒底部的环，如图 4-52 所示。

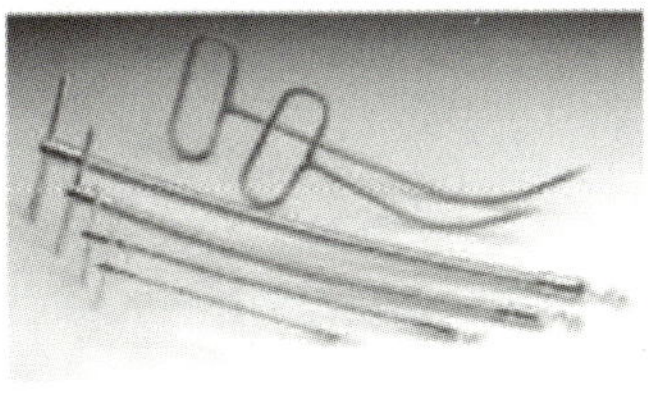

图 4-51　螺杆

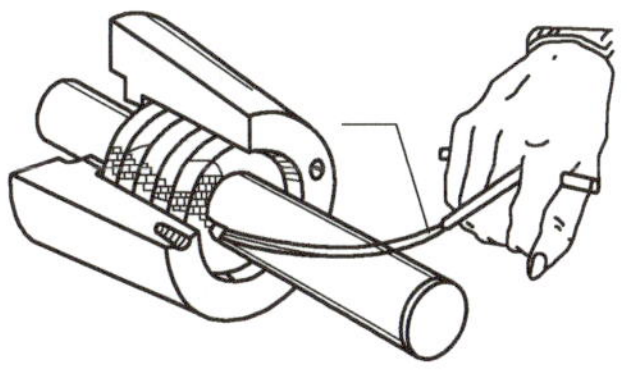

图 4-52　填料螺杆的使用

2）清洗轴、杆，做到填料腔表面清洁、光滑。

3）检查全部零件功能是否正常，如检查轴表面是否有划伤、毛刺等现象。并用百分表检查轴在密封部位的径向圆跳动量，其公差应在允许范围内。

4）用游标卡尺测量填料盒的孔径 D，轴的直径 d，计算确定填料的厚度 $S=(D-d)/2$，如图 4-53 所示。

5）修正尺寸小的或过大的填料。较小的尺寸偏差可用圆杆或管子在较硬的平面上滚压来纠正，如图 4-54 所示，但严禁用锤击来纠正尺寸，以防破坏填料的结构。

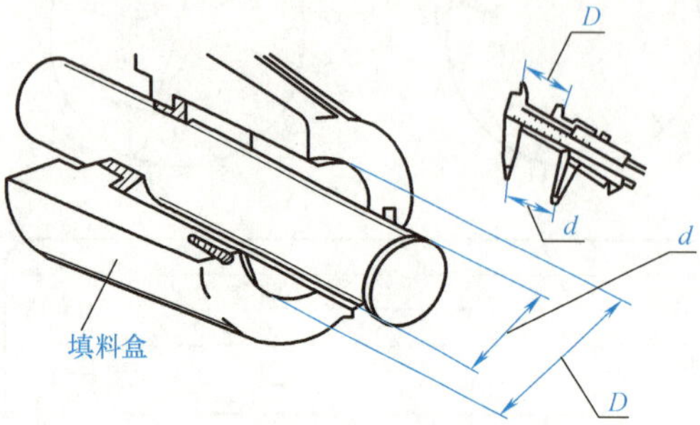

图 4-53 填料厚度的确定

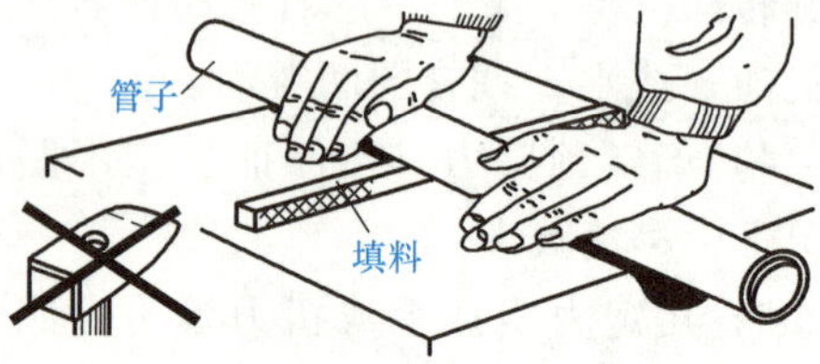

图 4-54 填料的尺寸修正

操作实训：密封圈的装拆

O 形密封圈装配图如图 4-55 所示。

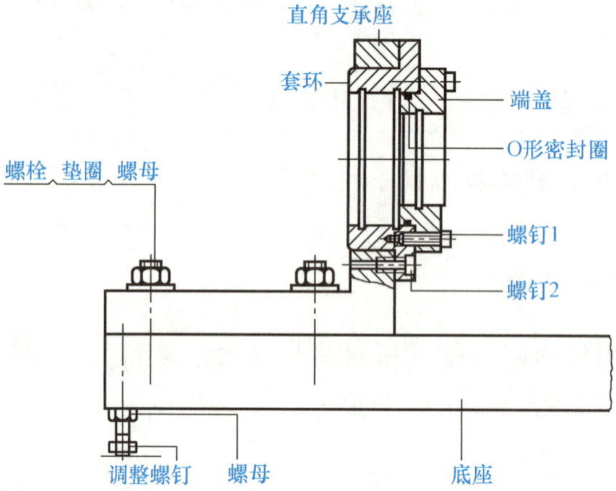

图 4-55 O 形密封圈装配训练项目装配图

1. 实训目的

1）了解 O 形密封圈的用途。

2）掌握 O 形密封圈的装配和拆卸技术。

3）正确地选择和使用 O 形密封圈的装配与拆卸工具。

4）说出 O 形密封圈的若干用途。

2. 实训工量具

O 形密封圈装配和拆卸专用套件、无酸凡士林、清洁布。

3. 实训操作步骤

（1）装配 O 形密封圈

1）用无酸凡士林或其他润滑脂润滑 O 形密封圈，这样可使 O 形密封圈更易于装入，同时使其良好润滑，防止磨损。

2）将 O 形密封圈放入端盖的沟槽内，并防止 O 形密封圈发生扭曲变形。

3）请指导教师检查 O 形密封圈的装配是否正确。

4）将端盖装入套杯的圆柱孔中，并用螺钉将其旋紧。注意应均匀地拧紧螺钉，因为只有这样才可使密封圈正确地滑入圆柱孔内。

5）请指导教师进行全面检查。

（2）拆卸 O 形密封圈

1）用内六角扳手拆卸三个螺钉。

2）拆卸端盖，如果端盖难于从孔中退出，可以用两个螺钉拧入另外两个起盖螺孔中从而将端盖从孔中顶出。

3）用 O 形密封圈拆卸工具将 O 形密封圈从沟槽中取出。

4. 实验注意事项

1）选择正确的装拆工具。

2）装拆过程不能损害密封圈。

5. 实训操作过程质量评价（见表 4-3）

表 4-3 评价表

总得分________

项次	项目	实训记录	配分	得分
1	正确使用 O 形密封圈拆卸工具		15 分	
2	安装 O 形密封圈顺序正确		25 分	
3	拆卸 O 形密封圈顺序正确		25 分	
4	检查 O 形密封圈		15 分	
5	安全文明操作		20 分	

第5章 常用传动机构的装调

学习目标

※掌握 V 带带轮安装的方法和要求
※会正确安装、张紧、调试和维护 V 带传动机构
※会正确安装、张紧、调试和维护链传动机构
※掌握齿轮传动机构的装调
※了解蜗杆传动机构的装调
※了解螺旋传动机构的装配

5.1 带传动机构的装调

带传动由主动轮、从动轮和传动带组成，靠带与带轮间的摩擦力来传递运动和动力，是一种常用的机械传动。

带传动可分为平带传动、V 带传动、圆形带传动和同步带传动等。其中，V 带传动应用较多。

5.1.1 V 带带轮的装调方法和要求

1）装配前对轴的键槽、孔的键槽和键进行修配，除去安装面上污物并涂润滑油。

2）采用圆锥轴轴头配合的带轮装配，只要先将键装到轴上的键槽里，然后将带轮孔的键槽对准轴上的键套入，在端部拧紧轴向固定螺母和垫圈即可。

3）圆柱形轴头上可用平键、花键、斜键、轴肩、挡圈、垫圈及螺母等固定，对直轴配合的带轮，装配前将键装在轴的键槽上，用木锤或螺旋压力机等工具，将带轮徐徐压到轴上，如图 5-1 所示。

4）若带轮工作表面的表面粗糙度值过小，则造成加工费用高，而且容易打滑；但带轮表面过粗则会加快带的磨损。一般选表面粗糙度 *Ra* 为 3.2μm。

5）对有内套的带轮，应使用压力机装配。装配时空转带轮，先将轴套或滚动轴承压在

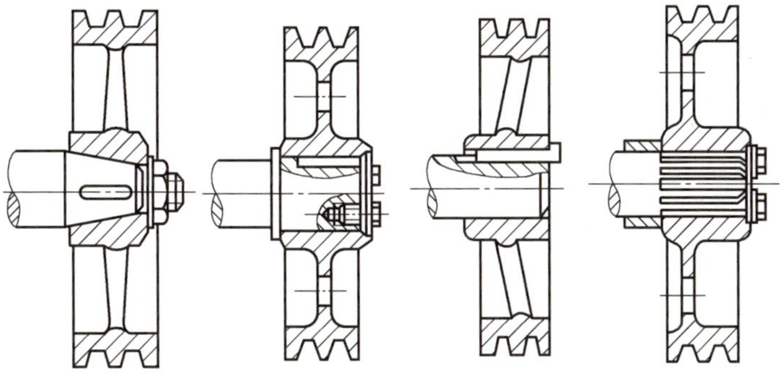

图 5-1　带轮与轴的装配

轮孔中，靠近过盈面，并且通过轴心，不要敲击带轮边，如图 5-2 所示。

6）带轮装在轴上后，检查带轮在轴上安装的正确性，即用划针盘或百分表检查带轮的径向圆跳动和轴向圆跳动误差是否在规定值范围内，如图 5-3 所示。通常径向圆跳动量为 $(0.0025 \sim 0.005)D$，轴向圆跳动量为 $(0.0005 \sim 0.001)D$。

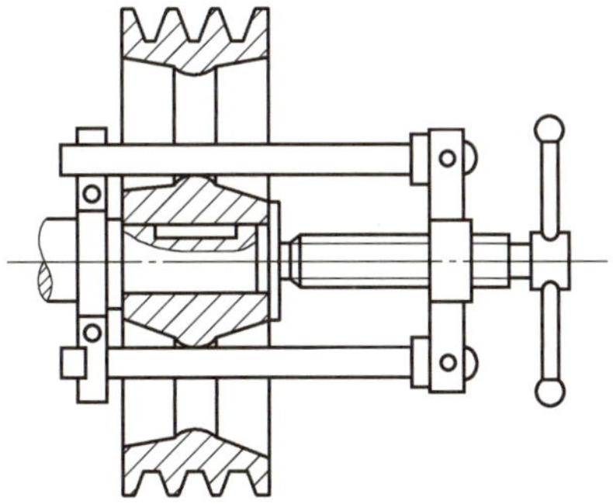
图 5-2　螺旋压入工具

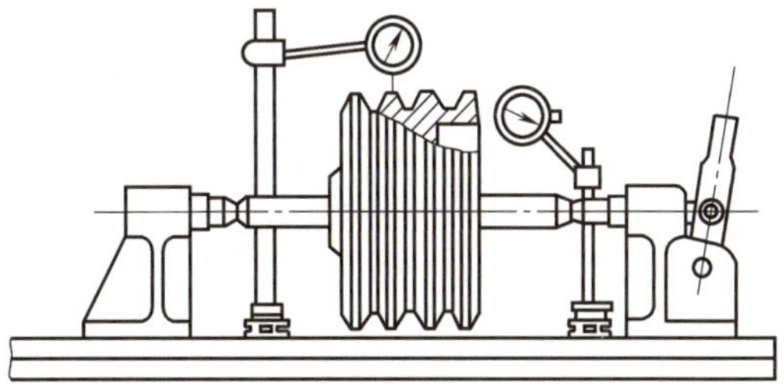
图 5-3　带轮的径向圆跳动和端面圆跳动误差的检查方法

7）检查一组带轮相互位置正确性，如图 5-4 所示。当两轮中心距小于 1000mm 时，可以用直尺紧靠在大带轮端面上，检查小带轮端与直尺的距离。当两轮中心距大于 1000mm 时，用测线法来进行找正。方法是把测线的一端系在大带轮的端面处；然后拉紧测线，小心地贴住带轮的端面。当它接触到大带轮端面上的点时，停止移动测线，再测量小带轮的距离。

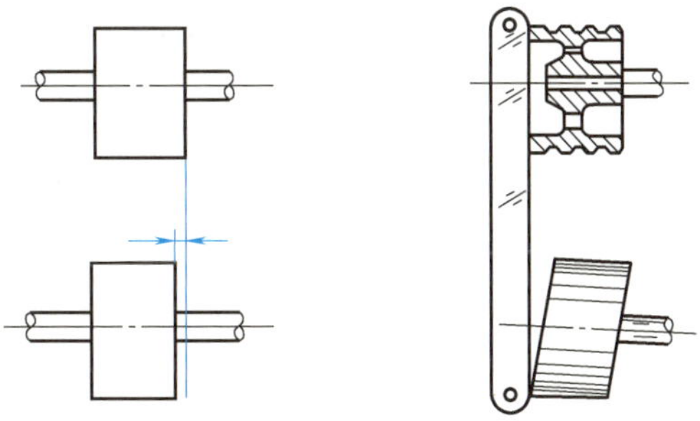
图 5-4　带轮相互位置正确性的检查

5.1.2　V 带传动的装调方法及注意点

1. 安装传动带的方法

1）将传动带套在小带轮槽中。

2）转动大带轮，并用螺钉旋具将传动带拨入大带轮槽中。

2. 安装传动带的注意事项

1）V带在槽中的位置应正确。

2）传动带不宜在阳光下曝晒。

3）防止矿物质、酸、碱等与带接触。

4）带的张紧力要适当，一般用手感法或者测力法来控制。

5）带在带轮上的包角不能小于120°。

练一练

1. 为了使带传动可靠，一般要求小带轮的包角 $\alpha_1 \geq$ (　　　)。

A. 90°　　B. 120°　　C. 150°

2. V带传动常用的张紧方法有______和________。

5.2 链传动机构的装调

链传动是由带齿的主动链轮、从动链轮和一条封闭的传动链构成的。工作时，主动链轮转动，依靠链条的链节和链轮齿的啮合将运动和动力传递给从动链轮。

链条按结构可分为滚子链条（见图5-5）、套筒链条、输送链条、多板链条（如齿形链条，见图5-6）和其他结构链条。

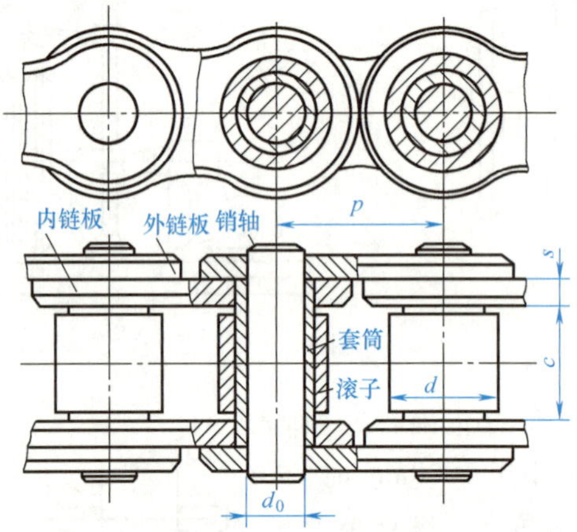

图5-5　滚子链条

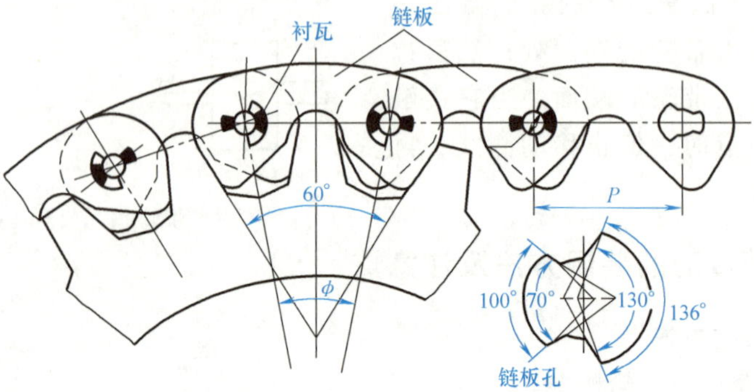

图5-6　齿形链条

按用途的不同，链条可分为传动链、曳引链、输送链和专用特种链。

5.2.1 链传动机构装调的主要技术要求

1）链轮的两轴线的平行度误差应在允许的范围内。

2）链轮之间的轴向偏移量必须在规定的范围内。一般当中心距小于 500mm 时，允许偏移量 a 为 1mm；当中心距大于 500mm 时，允许偏移量 a 为 2mm。

3）链轮在轴上固定之后，径向圆跳动和端面圆跳动误差必须符合要求。

4）链的下垂度应适当，一般下垂度 f 为两轮中心距 L 的 20%，如图 5-7 所示。

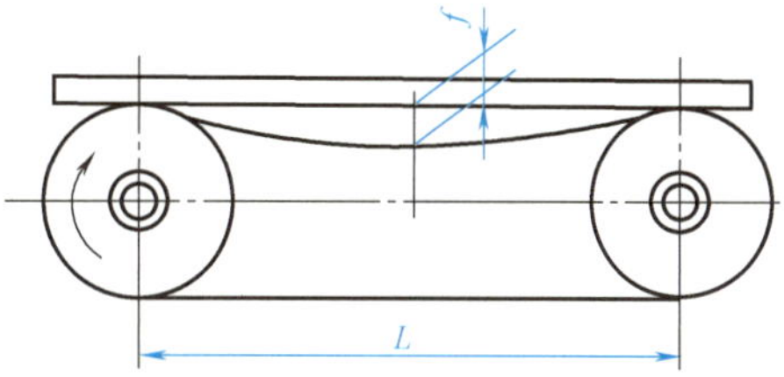

图 5-7 链的下垂度的检查方法

5.2.2 链条两端装调的连接方式及适用场合

1）开口销连接。适用于链节数为偶数的大节距链条。

2）卡簧片连接。适用于链节数为偶数的小节距链条。用卡簧片将活动销轴固定时，必须使其开口端的方向与链的速度方向相反，以免运转中受到撞碰而脱落。

3）过渡链节连接。适用于链节数为奇数的链条。过渡链节的柔性较好，具有缓冲和吸振作用，但链板会受到弯曲作用。

4）在链轮上装链条，对于链轮均在两轴端，且两轴中心距可以调节时，可以预先在工作台上接好，再装到链轮上。如果结构不允许链条预先将接头连好，则必须先将链条套在链轮上，再利用专用的拉紧工具进行连接，如图 5-8 所示。

5.2.3 链传动机构的装配方法

1. 链轮的安装方法

链轮在轴上的安装方法，有用键连接后，再用紧定螺钉固定安装的（见图 5-9a），也有用圆锥销固定连接安装的（见图 5-9b）。链轮的装配方法与带轮的装配方法基本相同。

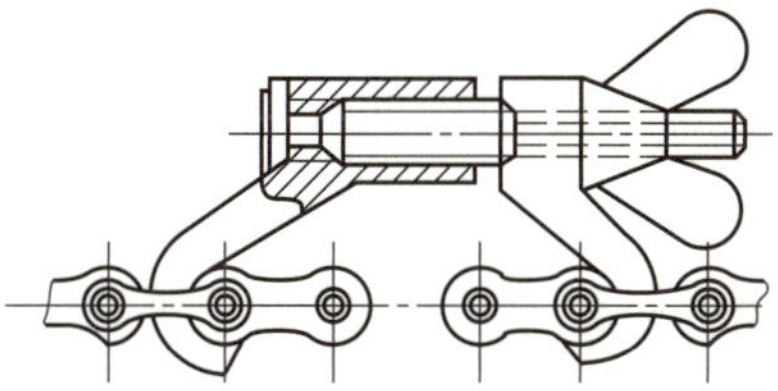

图 5-8 链条专用的拉紧工具

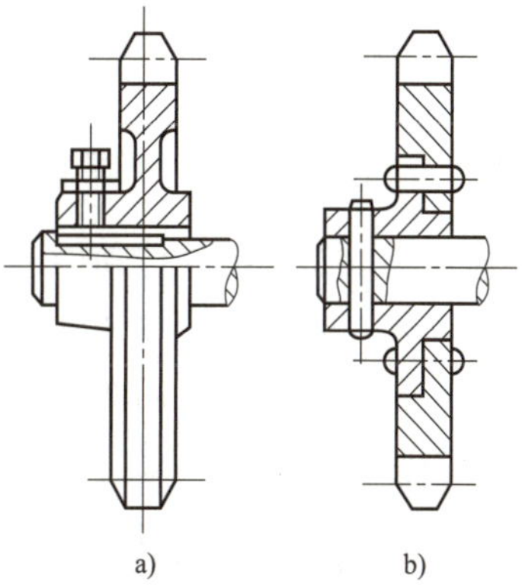

图 5-9 链轮在轴上的固定方法

2. 链条的安装方法

安装链条时，套筒滚子链应按其不同的接头方式进行安装，如图 5-10 所示。

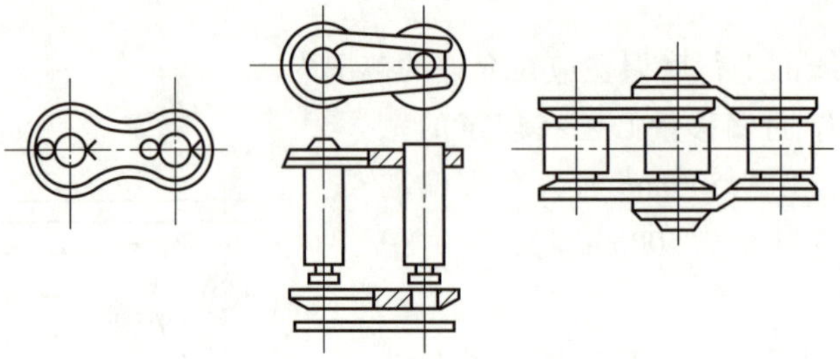

a)　　　b)　　　c)

图 5-10　套筒滚子链的接头方式

a）开口销　b）弹簧夹　c）过渡链接

1）开口销连接的可先安装销轴口、外连板，再安装开口销。

2）用卡簧连接的应先安装两轴，再装上外连板，最后安装卡簧。

3）有的也可以直接采用铆合形式。

练一练

1. 链条在连接时，其链条节数最好取（　　）。

A. 偶数　　　B. 奇数

2. 拉紧链条的方法有______和______。

做一做

拆装套筒滚子链。

5.3 齿轮传动机构的装调

齿轮传动用于传递任意两轴间的运动和动力。齿轮传动具有传递功率大、速度范围广、效率高、结构紧凑、寿命长、传动准确可靠，且能实现恒定的传动比的优点，是现代机械中应用最广的传动方法。

其缺点是传动噪声大，传动平稳性比带传动差，制造和安装精度要求高，成本高，且不宜用于中心距较大的传动。

5.3.1　对齿轮制造精度的要求

1）接触精度是用齿轮传动中的齿面接触斑点和接触位置来评定的。

2）运动精度是指齿轮在转动一周中最大转角误差。

3）工作平稳性是指瞬间的传动比变化。

4）齿侧间隙是指相互啮合的一对齿轮在非工作齿面所留出的一定间隙。

5.3.2　齿轮传动机构的装调要求

1）齿轮孔与轴配合要适当，无偏心或歪斜等现象。

2）中心距和齿侧隙要正确。如果侧隙过小，则齿轮传动不灵活，热胀时会卡齿，从而加剧齿面磨损；反之，如果侧隙过大，则换向时空行程大，易产生冲击和振动。

3）相啮合的两齿应有一定的接触面积和正确的接触部位。

4）高速传动的齿轮，在轴上装配后应做平衡试验。

5）滑动齿轮不应有啃住和阻滞现象。

6）在变换机构中应保证齿轮准确的定位，其错位量不得超过规定值。

齿轮装在轴上常会出现偏心、歪斜和端面未紧贴轴肩等误差，如图 5-11 所示。

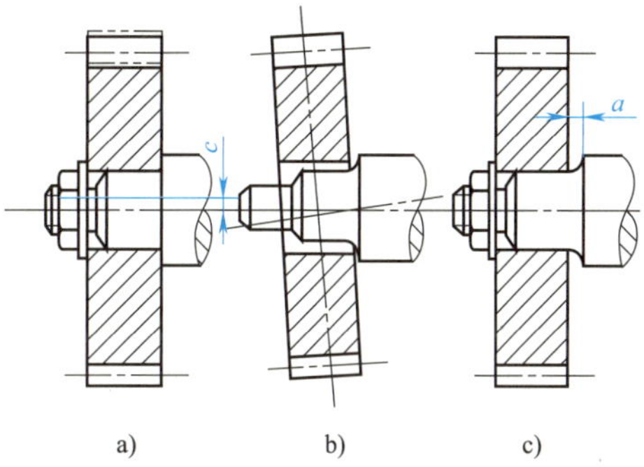

图 5-11　齿轮装在轴上的安装误差
a）偏心　b）歪斜　c）端面未紧贴

当轴旋转时，齿轮可能产生径向圆跳动或端面圆跳动。齿轮的圆跳动会直接影响机器的运动精度和工作平稳性，所以要对装在轴上的齿轮进行圆跳动检查。

一般采用将齿轮轴支持在等高的 V 形架或两顶尖上，把圆柱规放在齿轮的轮齿间，并将百分表的测头抵在圆柱规上测得一个读数，再将齿轮转动，每隔 3~4 个齿重复进行一次检查，百分表最大与最小读数之差就是齿轮的径向圆跳动误差。

轴向圆跳动的检查方法是用顶尖将轴顶起，将百分表的测头抵在齿轮的端面上，转动轴就可以测出齿轮轴向圆跳动误差。

对于齿轮与轴为锥面结合的，装配前，可用涂色法检查内、外锥面的接触情况，贴合不良的可用三角刮刀对齿轮内孔进行修正；装配后，轴端与齿轮端应有一定的间隙，如图 5-12 所示。

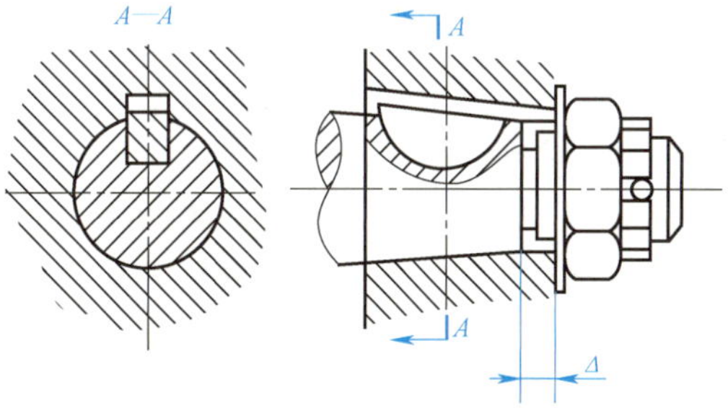

图 5-12　齿轮与轴为锥面结合

5.3.3　圆柱齿轮的装调方法

装配圆柱齿轮传动机构时，一般是先把齿轮装在轴上，再把齿轮轴部件装入箱体中。

1. 装配前的检查

检查齿轮表面质量，检查齿轮表面毛刺是否除干净，倒角是否良好，测量齿轮内孔与轴的配合是否适当，检查键与键槽的配合是否适当。

2. 装配后用涂色法检查齿轮的啮合情况

检查时转动主动轮，对从动轮加载使其轻微制动。双向工作的齿轮正反方向都应进行检查。正常接触印痕应在齿面中部。如果接触点偏上，表明中心距偏大；接触点偏下，表明中心距偏小；接触点偏在一端，表明中心距歪斜，如图 5-13 所示。

出现以上状况时必须进行调整。调整修正接触面积时，可采用齿轮相互研磨的方法。如果是齿轮轴孔的中心距不对和歪斜，应进行修正。

侧隙的检查方法如图 5-14 所示。

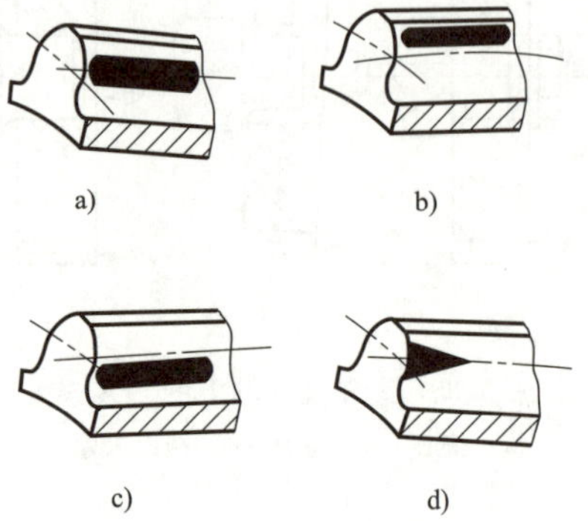

图 5-13 齿轮的啮合情况
a）正确的 b）中心距太大 c）中心距太小 d）歪斜

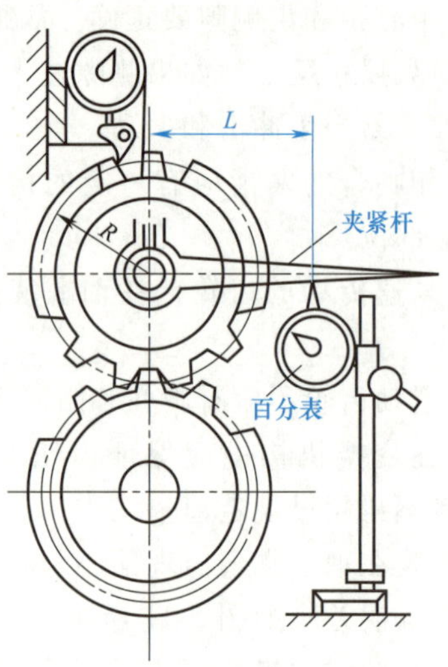

图 5-14 侧隙的检查方法

3. 齿轮在轴上结合方法

齿轮与轴的结合可以是空转、滑移或固定连接。齿轮在轴上结合方法如图 5-15 所示。

在轴上空转或滑移的齿轮，与轴为间隙配合，装配后的精度主要取决于零件本身的加工精度。这类齿轮的装配比较方便，装配后齿轮在轴上不得有晃动现象。

在轴上固定的齿轮，通常与轴为过渡配合或少量过盈的配合，装配时需加一定外力。在装配过程中要避免齿轮歪斜和产生形变等。若装配的过盈量较小，可用手工工具敲击压装；若装配的过盈量较大，可用压力机压装或采用热装法进行装配。

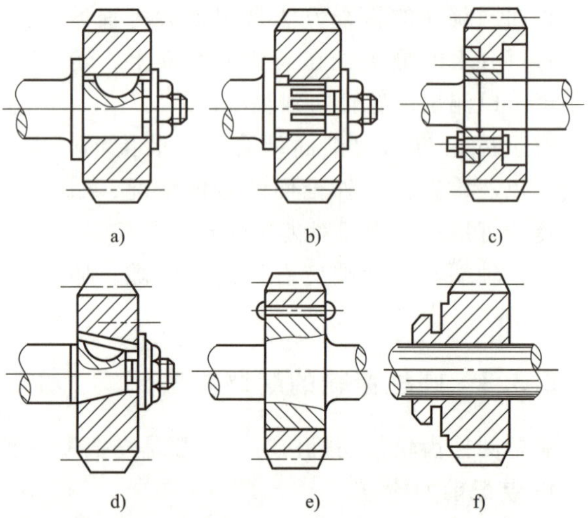

图 5-15 齿轮在轴上结合方法
a）半圆键 b）花键 c）螺栓法兰 d）锥轴颈和半圆键 e）固定铆钉 f）花键

4. 将齿轮轴部件装入箱体

装配方法应该根据轴在箱体中的结构特点而定。为了保证质量，装配前应检验箱体的主要部件是否达到规定的技术要求。检验内容主要有孔和平面的尺寸精度及几何精度、孔和面的表面粗糙度及外观质量、孔和面的相互位置精度。

5. 非剖分式箱体内的齿轮装调

对于安装在非剖分式箱体内的传动齿轮，如果将齿轮先装在轴上但不能安装进箱体，则齿轮与轴的装配是在装入箱体的过程中同时进行的。

想一想 如何测出齿轮端面圆跳动误差？

5.3.4 直齿锥齿轮的装调方法

直齿锥齿轮传动机构的装配方法与圆柱齿轮传动机构的装配方法相似。装配时，应保证两个节锥的顶点重合在一起，安装孔的交角一定要达到图样要求。装配时要适当调整轴向位置，以保证得到正确的齿侧隙，如图 5-16 所示。

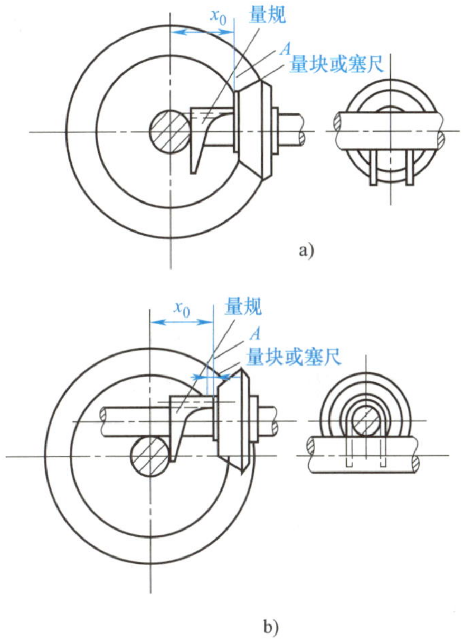

图 5-16 小齿轮的轴向定位

a）小齿轮安装距离的测量

b）小齿轮偏置时安装距离的测量

5.3.5 直齿锥齿轮装调后的检查

1）侧隙的检查方法和圆柱齿轮基本相同。

2）接触斑点的检查。直齿锥齿轮接触斑点位置应在齿宽的中部稍偏小端。目的是防止齿轮重载时，接触斑点移向大端，使大端应力集中，造成齿轮过早磨损。一般情况下，在齿轮的高度上接触斑点应不小于 30%～50%；在齿轮的宽度上应不小于 40%～70%（具体随齿轮的精度而定）。

5.3.6 齿轮传动机构装调后的磨合

磨合可以消除机械加工或热处理产生的变形，能进一步提高齿轮的接触精度和降低噪声。对于高转速重载荷的齿轮传动副，磨合就显得更为重要。

磨合的方法有加载磨合和电火花磨合。

1）加载磨合。在齿轮副的输出轴上加一力矩，使齿轮接触表面相互磨合（需要时加磨料）。用这种方法磨合需要的时间较长。

2）电火花磨合。在接触区域内通过脉冲放电，把先接触的部分金属去掉，再使接触面积扩大，达到要求的接触精度。

无论用哪一种方法磨合，磨合合格后，应将箱体进行彻底清洗，以防磨料、铁屑等杂质残留在轴承等处。对于个别齿轮传动副，若磨合时间太长，还需进一步重新调整间隙。

5.4 蜗杆传动机构的装调

蜗杆传动主要由蜗杆和蜗轮组成，如图 5-17 所示。它用于传递交错轴之间的运动和力，通常轴交角 $\Sigma=90°$。蜗杆传动一般用于减速传动，其中，蜗杆为主动件。

蜗杆传动按照蜗杆的外形可分为圆柱蜗杆传动（见图 5-17）、圆环面蜗杆传动和锥面蜗杆传动。

图 5-17 蜗杆和蜗轮传动

想一想

机械设备装配时，蜗轮蜗杆传动机构的不足之处为（ ）。

A. 传动比小　　B. 传动效率低

C. 传动不平稳、噪声大　　D. 不具备自锁功能

5.4.1 蜗杆传动机构装调的技术要求

1）蜗杆传动副的运动精度是限制齿圈的径向圆跳动。

2）蜗杆传动副的接触精度是要保证蜗杆轴线与蜗轮轴线相互垂直，蜗杆的轴线应在蜗轮齿圈的对称平面内，要具有正确的啮合中心距。

3）要求有适当的啮合侧隙，按国家标准 GB/T 10089—2018 中规定蜗杆传动的侧隙共分 a、b、c、d、e、f、g 和 h 八种。最小法向侧隙值以 a 为最大，其他依次减小，一直到 h 为零。选择时应根据工作条件和使用要求合理选用传动的侧隙种类。

4）正确的啮合接触面。蜗杆副的接触斑点要符合规定要求。一般正确的接触斑点位置应在中部稍偏蜗杆旋出方向。

想一想

蜗杆传动的正确啮合条件有哪些？

5.4.2 蜗杆传动机构的装调方法

在安装蜗杆传动机构时按其结构不同，有的先装蜗轮后装蜗杆，有的则相反。一般情况下先装配蜗轮。

1）将蜗轮齿圈压装在轮毂上并用螺钉加紧以固定，如图 5-18 所示。

2）将蜗轮装在轴上，其安装及检验方法与圆柱齿轮相同。

3）把蜗杆装入箱体，蜗杆轴线的位置一般是由箱体安装孔所确定的。再将蜗轮轴装入箱体，蜗轮的轴向位置可通过改变调整垫圈厚度或其他方式进行调整，使蜗杆轴线位于蜗轮轮齿的对称中心平面内。

装配蜗杆传动过程中可能产生的三种误差：一是两轴线不是异面 90°（见图 5-19a）；二是两轴心距和安装中心距不等（见图 5-19b）；三是不对称（见图 5-19c）。

另外，为了确保蜗杆传动机构的装配要求，装配前，先要对蜗杆孔轴线与蜗轮孔轴线中心距误差和垂直度进行检查，即对蜗杆箱体的检验，如图 5-20 和图 5-21 所示。

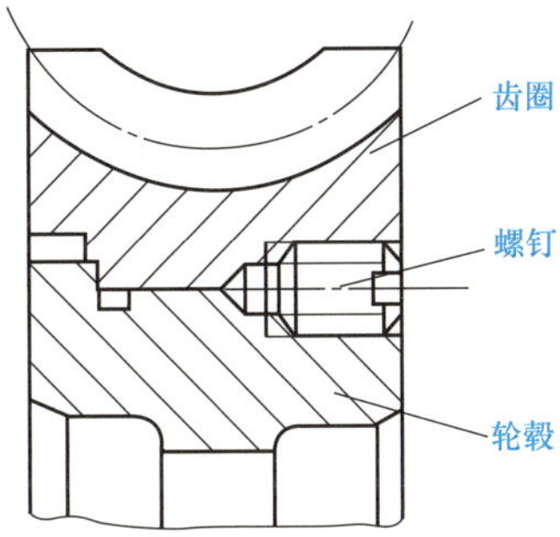

图 5-18　组合式蜗轮

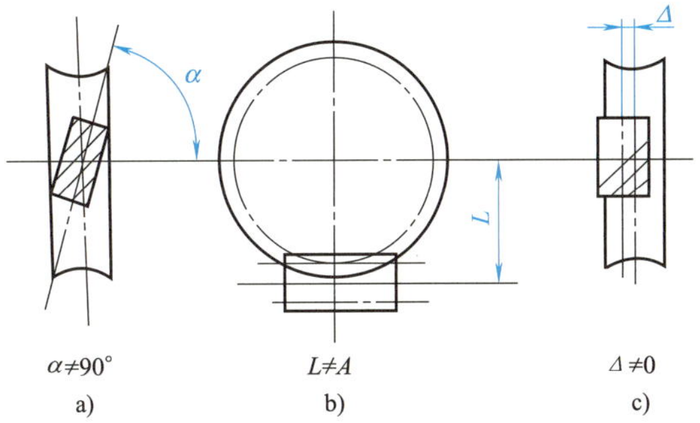

图 5-19　装配蜗杆传动产生的三种误差

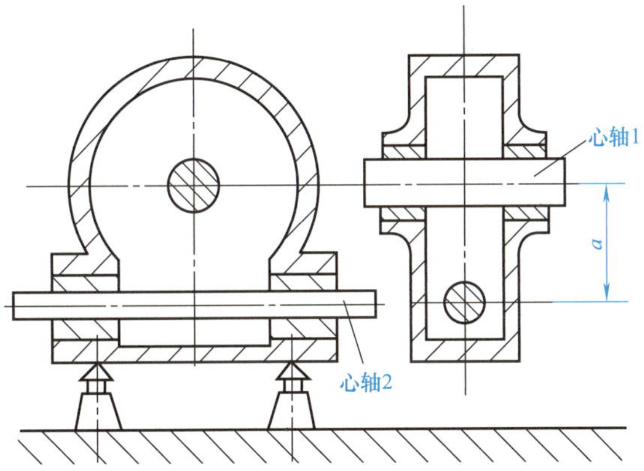

图 5-20　蜗杆箱体的中心距检查

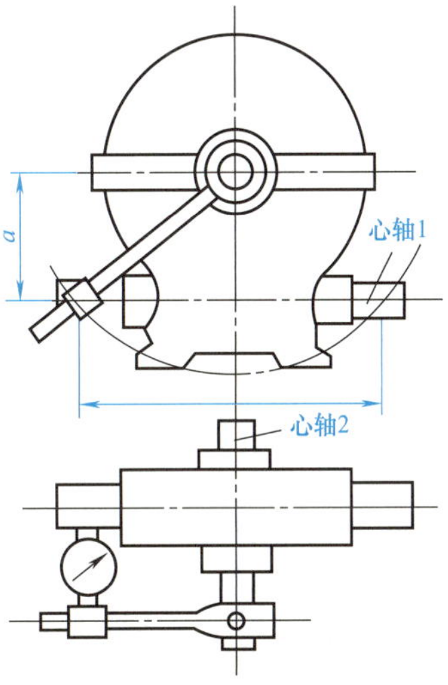

图 5-21　蜗杆箱体的轴线垂直度检查

5.4.3　蜗杆传动机构安装后的检查调试

1. 蜗轮的轴向位置及接触斑点的检查调试

采用涂色检验法进行检验。先将红丹粉涂在蜗杆的蜗旋面上，并转动蜗杆，可在蜗轮轮齿上获得接触斑点。正确接触时，其接触斑点应在蜗轮中部，如图 5-22 所示。

如果偏于蜗杆旋出方向表示蜗轮轴向下位置不对，应通过配垫片来调整蜗轮的轴向位置。

2. 齿侧间隙检验调试

根据蜗杆传动机构的结构特点，一般用百分表进行测量，如图 5-23 所示。在蜗杆轴上固定一带量角器的刻度尺，百分表测头抵在蜗轮齿面上。转动蜗杆，在百分表指针不动的条件下，用刻度盘相对固定指针的最大转角判断侧隙大小。如百分表直接与蜗轮面接触有困难时，可在蜗轮轴上装一测量杆，如图 5-23 所示。对于不重要的蜗杆机构，也可以转动蜗杆，根据空程量的大小判断侧隙的大小。

3. 其他检查调试

装调的蜗杆传动机构，还要检查其转动的灵活性。蜗轮在任何位置上，旋转蜗杆所需要的转矩均应相同，没有咬住现象。

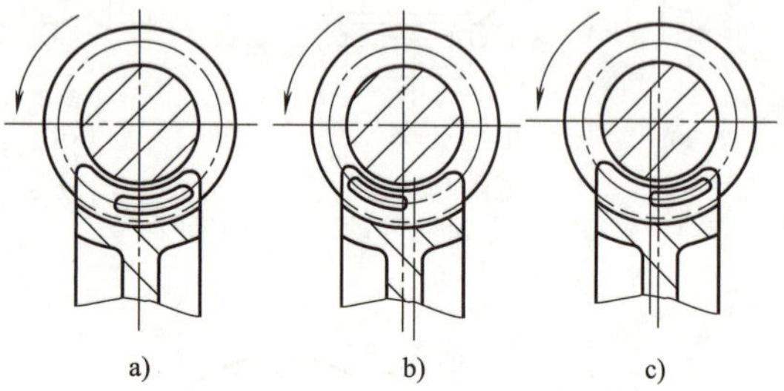

图 5-22 涂色法检验蜗轮齿面接触斑点

a）正确 b）蜗轮偏右 c）蜗轮偏左

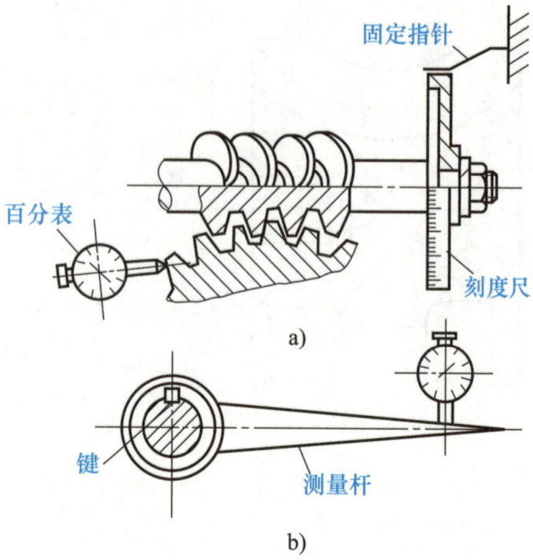

图 5-23 蜗杆传动机构齿侧间隙的检验

想一想 安装好蜗杆传动机构后，需要进行哪些检查？如何进行检查？

5.5 螺旋传动机构的装调

螺旋传动主要用于将旋转运动转换成直线运动，将转矩转换成推力。组成运动副的两构件只能沿轴线作相对螺旋传动的运动副称为螺纹副。构成螺纹副的条件是它们的牙型、直径、螺距、线数和旋向必须完全相同。螺纹副是面接触的低副。与其他将回转运动转变为直线运动的传动装置（如曲柄滑块机构）相比，螺旋传动机构具有结构简单，工作连续、平稳，承载能力大，传动精度高等优点，因此广泛应用于各种机械和仪器中。它的缺点是摩擦损失大，传动效率较低；但滚动螺旋传动机构的应用，已使螺旋传动摩擦大、易磨损和效率低的缺点得到了很大程度的改善。

螺旋传动按其用途和受力情况可分为传力螺旋、传导螺旋、调整螺旋。

5.5.1 螺旋传动机构装调的技术要求

螺旋传动机构装调时，为了提高丝杠传动精度和定位精度，必须认真调整丝杠螺母的配合精度。一般应满足以下要求：

1）保证规定的配合间隙。

2）丝杠与螺母的同轴度及丝杠轴线与基准面的平行度应符合规定要求。

3）丝杠与螺母相互转动应灵活。

4）丝杠的回转精度应在规定的范围内。丝杠回转精度的高低主要由丝杠径向圆跳动和轴向窜动的大小来表示。

5.5.2 螺旋传动机构的装调方法

丝杠与螺母副的配合间隙包括径向间隙与轴向间隙两种。轴向间隙直接影响丝杠螺母副的传动精度，因此需要采用消隙机构予以调整；但测量时径向间隙比轴向间隙更易反映丝杠螺母副的配合精度，所以配合间隙常用径向间隙表示，径向间隙即是通常所说的丝杠与螺母的配合间隙。

（1）径向间隙的测量方法　将螺母旋转到距丝杠一端的距离（3~5）P 处，以避免丝杠弹性变形引起误差。用稍大于螺母重量的作用力，将螺母压下及抬起，通过百分表上的读数即可决定径向间隙的大小，如图 5-24 所示。

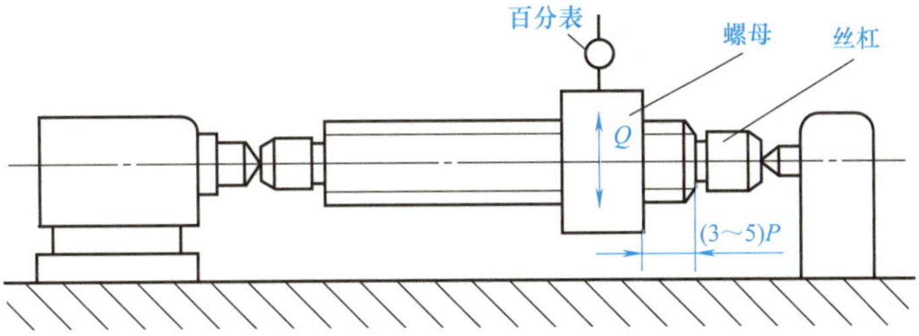

图 5-24　径向间隙的测量方法

（2）轴向间隙的调试方法　对于无消隙机构的丝杠螺母副，用单配或选配的方法来决定合适的配合间隙。对于有消隙机构的丝杠螺母副，按单螺母或双螺母结构，采用下列方法调整间隙：

单螺母机构常采用图 5-25 所示机构，使螺母与丝杠始终保持单向接触。

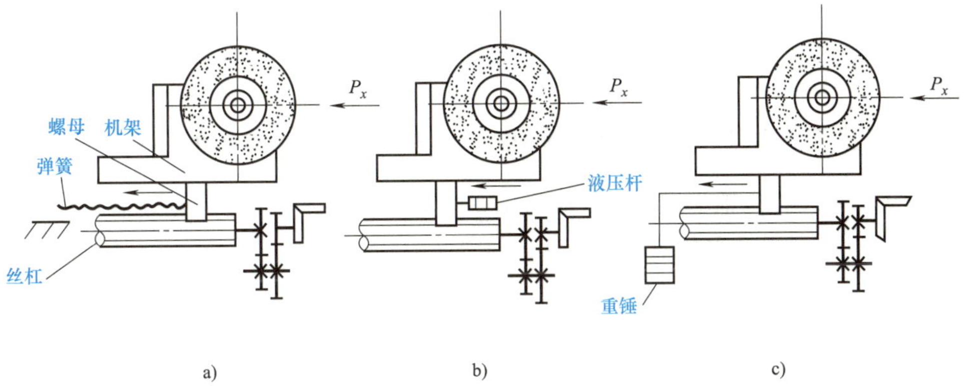

图 5-25　单螺母机构消除间隙

a）靠弹簧拉力消除间隙　b）靠液压杆压力消除间隙　c）靠重锤重量清除间隙

单螺母机构消除间隙，主要是指轴向间隙，消除方法有：

1）靠弹簧拉力消除间隙（见图 5-25a）。

2）靠液压杆压力消除间隙（见图 5-25b）。

3）靠重锤重量消除间隙（见图 5-25c）。

单螺母结构中消隙机构的消隙力方向与切削分力 P_x 方向必须一致，以防止进给时产生爬行，影响进给精度。

双螺母传动机构消除轴向间隙的方法有以下几种方法：

1）调整螺钉法（见图 5-26a）：松开螺钉 2；旋紧螺钉 1，斜块向上移动，推动螺母移动，直到消除间隙为止。拧紧螺钉 2 将螺母固定。

2）调整调节螺母法（见图 5-26b）：转动调节螺母，通过垫圈压缩弹簧使螺母 2 轴向移动，消除轴向间隙。

3）修磨垫片法（见图 5-26c）：修理垫片的厚度消除间隙法。根据丝杠螺母副的实际轴向间隙，修理垫片的厚度来消除轴向间隙。

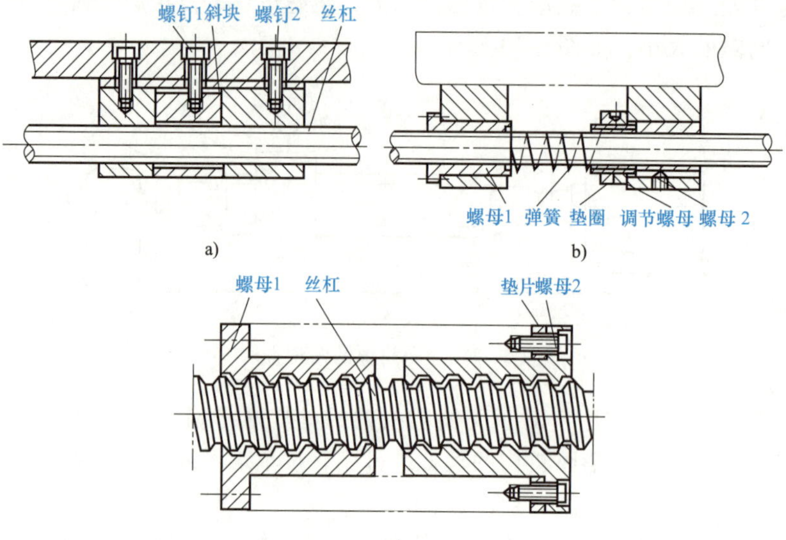

图 5-26 双螺母传动机构消除轴向间隙

a）调整螺钉法 b）调整调节螺母法 c）修磨垫片法

5.5.3 找正调试丝杠螺母的同轴度及丝杠轴线对基准面的平行度的方法

1）正确安装丝杠两轴承座，使两轴承孔轴线在同一直线上并且与螺母移动时的基准导轨平行，用专用检验棒和百分表进行调整，如图 5-27a 所示。

2）以平行于导轨面的丝杠两轴承孔中心的连线为基准，找正螺母孔的同轴度，如图 5-27b 所示。

3）找正两轴承孔中心线在同一直线上，且与 V 形导轨平行，如图 5-27a 所示。根据实测数据修刮轴承座结合面，并调整前、后轴承的水平位置，以达到所需的要求，再以中心线 a 为基准，找正螺孔中心。

4）如图 5-27b 所示，将检验棒装于螺母座的孔中，移动工作台，如检验棒能顺利插入前、后轴承座孔中，即符合要求，否则应根据尺寸 h 修磨垫片的厚度。

5）以平行于导轨面的螺母孔中心线为基准，找正丝杠两轴承孔的同轴度误差。

6）在找正丝杠轴线与导轨面的平行度时，各支承孔中检验棒的“抬头”或“低头”方向一致。

7）为消除检验棒在各支承孔中的安装误差，可将其转过 180°后再测量一次，取其平均值。

8）对于具有中间支承的丝杠螺母副，应考虑丝杠有自重挠度，中间支承孔中心位置找正时应略低于两端。

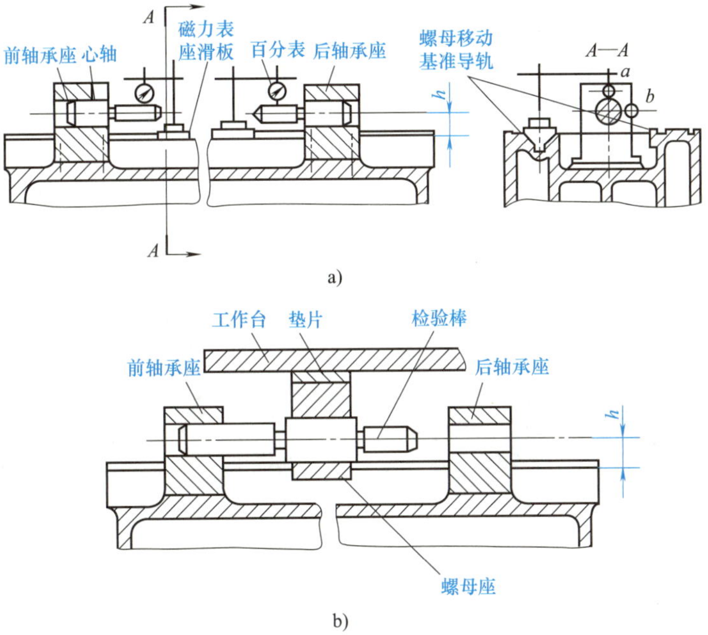

图 5-27　找正螺母孔与前后轴承同轴度误差

a）丝杠两轴承座调整　b）螺母和丝杠轴承孔的调整

9）检验棒应满足如下要求：测量部分与安装部分的同轴度误差为丝杠螺母副同轴度误差的 1/2~2/3；测量部分直径误差应小于 0.005mm；圆度、圆柱度误差为 0.002~0.005mm，表面粗糙度 *Ra* 为 3.2~6.3μm；安装部分直径与各支承孔配合间隙为 0.001~0.005mm。

做一做	用专用量具以平行于导轨面的丝杠两轴承孔中心的连线为基准，找正螺母孔的同轴度。

练一练	1. 单螺母机构消除间隙，主要是指轴向间隙，消除方法有______、______和______。 2. 双螺母传动机构消除轴向间隙的方法有哪几种？

操作实训：台钻速度的调节

1. 实训目的

台钻的运动是靠 V 带进行传动的，本实训的目的是了解 V 带的运动传递特点、台钻的速度调节方法以及 V 带的张紧方法。

2. 实训工量具

锤子和螺钉旋具。

3. 实训操作步骤

（1）台钻速度的调节（见图 5-28）

1）调整时，应当先调整主动轮上的传动带，用左手抓住从动轮使其固定，右手在主动轮上用大拇指往下按住传动带。

2）右手大拇指按住传动带后，左手转动从动轮，带动主动轮转动。

3）由于带轮的转动，使得主动轮的传动带自动滑下。

4）调整从动轮。调整时先用左手抓紧钻夹头固定住主轴，再用右手大拇指向下按住传动带。

5）右手大拇指按住传动带，左手转动主轴。

6）传动带在从动轮带动下，自动滑入下级。

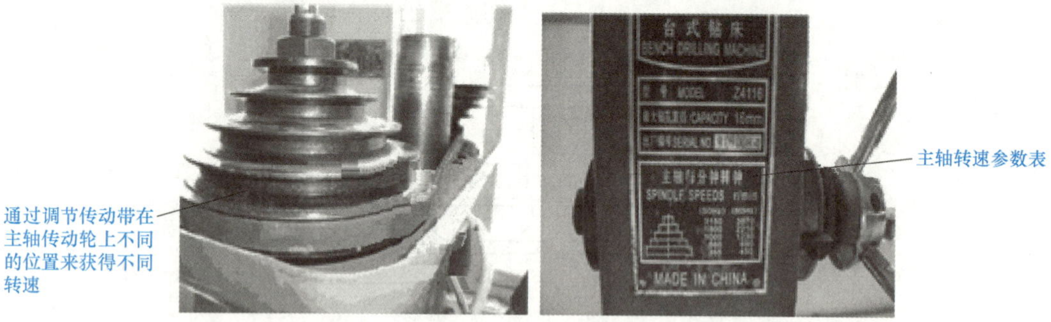

图 5-28 台钻速度的调节

（2）V 带的张紧（见图 5-29）

图 5-29 V 带的张紧

1）钻床速度选好后，用手按压传动带，如感觉明显没有张力，就需要调节中心距。

2）调整台钻张紧力时移动的是电动机，在调节前先松开电动机一侧的紧固螺钉，然后松开另一侧的紧固螺钉。

3）用锤子敲击电动机安装块，为了防止损伤安装块敲击时需垫一木块，或用铜棒敲击。

4）再敲击另一侧的安装块。

5）若用手按传动带能明显感到张紧感，表明 V 带已张紧。一般能按下去 10~15mm 为适当。

6）拧紧两侧的紧固螺钉，装上安全罩。

4. 实训注意事项

1）使用电动工具前应该检查电源是否有漏电开关。

2）使用电动工具前应该检查电源线是否完好无裸露，电动工具外壳是否完好无损，防止触电。

3）电动工具运转时，应专心致志，出现异常情况时，应立即停止。

5. 实训操作过程质量评价（见表 5-1）

表 5-1　评价表

总得分________________

项次	项目和技术要求	实训记录	配分	得分
1	对台钻的速度进行调整，传动带的调整顺序正确		20 分	
2	观察 V 带及带轮槽的磨损情况，确定 V 带的工作面		15 分	
3	V 带张紧时，一般能按下去 10～15mm 为适当		15 分	
4	紧固螺钉调整方法适当		15 分	
5	敲击电动机安装块时需垫一木块，或用铜棒敲击		15 分	
6	V 带张紧顺序正确，零件无损坏		20 分	

第6章 液压与气动系统的装调

学习目标

※了解液压与气动系统安装调试的一般流程
※熟悉常见液压元件的安装方法
※熟悉常见气动元件的安装方法
※了解液压系统的调试方法
※了解气动系统的调试方法

6.1 液压系统的安装与调试

液压系统的安装质量直接关系到液压设备能否正常运行。若液压系统安装工艺不合理，或出现安装错误，轻则导致液压设备不能正常运行，给生产带来巨大的经济损失，重则导致重大事故，危害人民群众的生命财产安全。因此，必须重视液压系统安装这一重要环节。

6.1.1 安装前的准备工作

1. 技术资料的准备与熟悉

将液压系统原理图、电气原理图、管道布置图、液压元件、辅件、管件清单和有关元件样本与产品质检书等准备齐全，以便安装人员在装配过程中遇到问题时能及时查阅。

2. 物质准备

按照液压系统图、液压件和辅助元件的清单进行物质准备，并对液压件的数量和型号进行核对，准备好适用的通用工具和专用工具。

3. 元件质量检查

对液压元件的质量状况进行逐一检查。必要时，仪表等重要设备应重新进行校验，以确保其工作灵敏、准确和可靠。

（1）检查液压元件

1）相关液压元件的型号、规格等必须与元件清单保持一致。

2）所有液压元件上的调节手轮、调整螺钉、锁紧螺母等必须完好无缺。

3）要查明液压元件保管时间是否过长，或保管环境是否符合要求。检查液压元件内部密封件的老化程度，必要时应进行拆洗、更换，并对其性能进行测试。

4）液压元件所附带的密封件表面质量应符合相关要求，否则应予以更换。

5）板式连接元件连接平面不准有缺陷。安装密封件的沟槽尺寸加工精度要符合有关标准。

6）管式连接元件的连接螺纹口不能有破损和活扣现象。

7）卸掉通油口堵塞，对元件内部的清洁程度进行检查。

8）对电磁阀中的电磁铁心及外表质量进行检验，如果发现异常，则停止使用。

9）各液压元件上的附件必须齐全。

（2）检查辅助元件

1）油箱必须达到规定的质量要求。油箱上附件必须齐全，箱内部不准有锈蚀，装油前油箱内部一定要清洗干净。

2）过滤器的型号、规格等要符合设计要求。确认滤芯精度等级，滤芯不得有缺陷，连接螺纹口不应有破损，所带附件必须齐全。

3）各类密封件外观质量要符合要求，并查明所领密封件保管期限。有异常或保管期限过长的密封件不准使用。

4）蓄能器质量要符合要求，所带附件要齐全。查明保管期限，严格检查存放期限过长的蓄能器的质量，严禁使用不达标或不符合使用要求的蓄能器。

5）空气过滤器应有足够大的通过空气的能力，其通气阻力不能太大，箱内压力一般为大气压。

（3）检查管路　管子的材料、通径、壁厚和接头的型号规格及加工质量都要符合设计要求。

4. 清洗

用同种液压油清洗所有液压元件，并进行压力和密封性能试验，合格后方可开始安装。

6.1.2 液压系统安装时的注意事项

1）安装之前，首先要彻底清洗装入主机的液压件和辅件，有效清除对工作液有害的防锈剂和一切污物。液压件和管道各油口的塑料塞子、堵头、管堵等不能提前卸掉，应随着工程的进度逐渐拆除，从而避免污物从油口进入元件内部。

2）注意各油口的位置不能接错，不用油口时应当堵上。

3）液压泵输入轴与原动机驱动轴的同轴度误差应控制在0.1mm以内。安装好后，用手转动时，应轻松无卡滞现象。

4）各种仪表的安装位置应便于观察。

5）同一组紧固螺钉应均匀受力，所有连接件应牢固可靠。

6）油箱的内外表面、主机的各配合表面及其他可见组成元件务必保持清洁。

7）直接接触工作液的元件如果有外露部分，则必须采用相应的保护措施，以免污物进入系统。

8）安装时不能戴手套，结合面面不能用纤维织物擦拭，以防止纤维类脏物浸入阀内。

9）油箱上或靠近油箱处应设置有铭牌，并在铭牌上注明油品类型及系统容量等信息。

10）油箱盖、管口和空气过滤器须充分密封，以保证未被过滤的杂质不进入液压系统。

11）系统指定的工作液进入系统前需要进行过滤处理，达到规定的清洁度后方能进入系统。

12）液压装置与工作机构连接在一起，才能完成预定的动作，因此要注意二者之间的连接装配质量（如同轴度、相对位置、受力状况、固定方式及密封好坏等）。

6.1.3 液压系统的安装

1. 管路的安装

1）必须严格按使用说明书的要求安装管路，并合理地配置管夹及支架。

2）对于由多段管段与配套件组成的管路，应当分段逐次进行安装，安装完成一段之后，焊接会带来一定的误差，在配置下一段的时候，要考虑上一段的焊接误差，防止产生累积误差。油管的长度选择应适中，在实施安装的过程中，可以把铁丝弯成设计所需要的形状，然后将铁丝展直进行测量，从而得出油管的长度。

3）为了减少系统的压力损失，在能够满足连接需要的前提下，尽可能缩短管路的长度，避免断面的局部急剧扩大或缩小以及急剧弯曲等，尽量减少弯路。

4）管道的敷设排列和走向应整齐一致，层次分明。尽量采用水平或垂直布管，水平管道的平行度误差应≤2/1000；垂直管道的垂直度误差应≤2/400，用水平仪进行检测。平行或交叉的管系之间应留有 10mm 以上的间隙，防止相互干扰及振动引起管道的相互敲击碰撞。

5）管道的配置应便于管道、液压阀和其他元件装卸、维修。系统中任意一段管道或元件应尽量能自由拆装而不影响其他元件。

6）在液压系统中，管子的切割常用机械切割、火焰切割和水切割三种方法，这三种方法都可以保证管道加工不变形。机械切割可加工厚度大，废料少，无污染，加工过程不产生高温，有利于焊接的进行，如切割坡口机；火焰切割加工速度快，单切口需要二次加工才能满足焊接，如管道切割机；水切割切口干净，但效率低、加工厚度受限制。

7）吸油管宜短宜粗些。一般吸油管口都装有过滤器，过滤器的安装必须在油面以下不少于 200mm 的位置。对于柱塞泵的进油管，建议管口不装过滤器，可将管口处切成 45°斜面，斜面孔朝向油箱壁，这样可增大通流面积、降低流速并防止将杂物吸入柱塞泵。

8）回油管与吸油管之间的距离尽量远些，并将回油管插至油箱油面以下，但不能贴近油箱底面，以免回油飞溅而产生气泡，并很快被吸油管吸入泵内。为了扩大通流面积，改善回油流动状态，避免空气反灌进入系统内，回油管插入油中一端的管口应斜切 45°，且斜口朝向油箱壁一侧。

9）为了避免未经冷却的热油被液压泵吸入而导致系统温度升高，应将回油为热油的溢流阀尽量远离吸油管。

10）管接头要紧固、密封，不得漏气；油管安装必须牢固、可靠和稳定。

11）与管接头或法兰连接的管子必须是一段直管，此段管子的轴线与管接头、法兰的轴线应该重合，且其管长应大于或等于管径的两倍。

12）外径小于 30mm 的管子可采用冷弯法，外径在 30~50mm 的管子可采用冷弯或热弯法，外径大于50mm的管子通常采用热弯法。

13）液压管道焊接都应采用管对接平焊。焊接前应将坡口及其附近宽10~20mm处表面脏物、油迹、水分和锈斑等清除干净。

14）在装入系统前，应对软管的内腔及接头处进行彻底清洗。安装时一定要注意不使软管和接头造成附加的受力、扭曲、急剧弯曲、摩擦等不良工况。

2. 典型液压元件的安装

（1）液压泵的安装　一般情况下，液压泵应设置在单独油箱上，通常有卧式和立式两种不同的安装方式，如图6-1所示。采用卧式安装时，液压泵及管道均在油箱外部，便于安装与维修；而采用立式安装，液压泵及管道均在油箱内部，结构紧凑，外形整齐，便于漏油收集，但维修不便。液压泵安装不当则会引起噪声、振动，影响其工作性能，缩短其使用寿命。

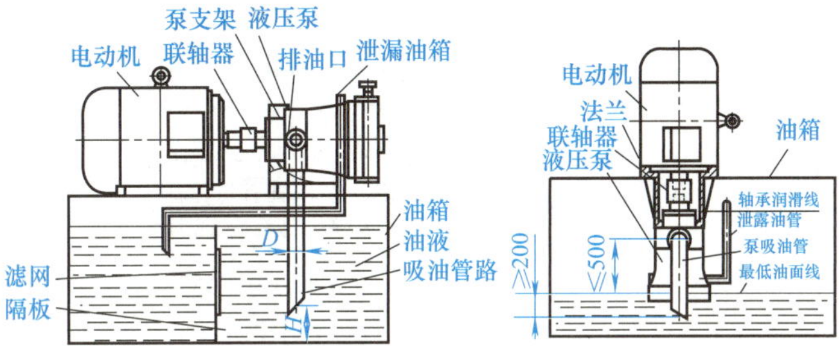

图6-1　液压泵常见的安装方式
a）卧式安装　b）立式安装

想一想　常见的液压泵有哪些类型？

1）清除液压泵、电动机、支架、底座等各元件相互结合面上的锈迹、凸出斑点和油漆层，并在这些结合面上涂一薄层防锈油。

2）支架与电动机应采用相同的安装基础。

3）按照使用说明书的液压图进行安装。

① 泵的进、出油口应符合泵上标明的方向，不能反接。

② 泵的吸油管通径应大于或等于泵的入口通径，且不能漏气。

③ 泵的吸油口的安装高度不能超过使用说明书中的规定（一般为500mm），并尽量靠近油箱油面。

④ 油口处的连接法兰、接头及整个吸油管道的密封措施要到位，避免出现漏气现象。

⑤ 为了方便检修，应在位于油箱下面或旁边的泵的吸入管道上安装截止阀。

⑥ 在齿轮泵和叶片泵的吸入管道上可装有粗过滤器，但在柱塞泵的吸油口一般不装过滤器。

4）泵轴与电动机（传动机构）轴的旋转方向必须是泵要求的方向。

5）泵轴与电动机轴之间的同轴度误差应在0.1mm以内，倾斜角不得大于1°。

① 直角支架安装时，泵支架的中心允许比电动机的中心略高0~0.8mm，然后通过调整

电动机与底座接触面之间的金属垫片（垫片数量不得超过3个，总厚度不大于0.8mm）来保证两者的同轴度。

② 调整好后，电动机一般不再拆动，只是在泵支架与底板之间进行钻、铰定位销孔。

6）紧固液压泵、电动机或传动机构的地脚螺钉时，螺钉受力应均匀并牢固可靠。

7）装入联轴器的弹性耦合件。安装联轴器时不要敲打，以免损坏液压泵的转子等零件。

8）用手转动联轴器时，应感觉到液压泵可轻松转动，无卡阻或异常现象，然后才可以配管。

（2）液压缸的安装

双活塞式液压缸结构原理图如图6-2所示。

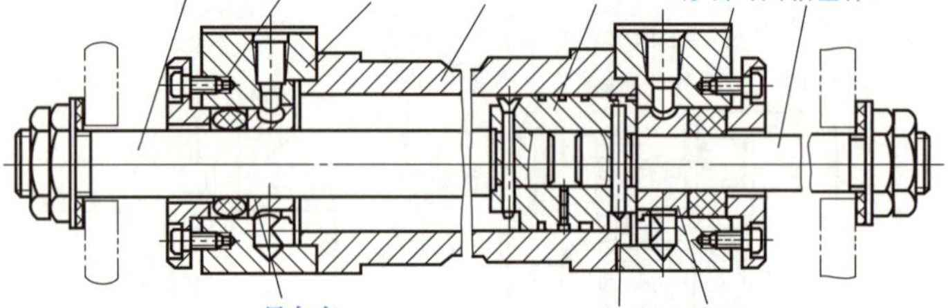

图6-2　双活塞式液压缸结构原理图

1）仔细检查轴端、孔端等处的加工质量、倒角，去除毛刺，并用同种液压油清洗吹干。

2）安装前要严格检查液压缸本身的装配质量。确认液压缸装配质量良好后，才能安装在设备上。

① 液压缸的安装面与活塞的滑动面之间应当满足一定的平行度和垂直度精度要求。

② 为了避免产生附加载荷，活塞杆端销孔与开口销孔的方向应该保持一致。

③ 大行程的液压缸，在缸体和活塞杆中部应设置支承，以防止自重引起的弯曲现象。

④ 为了便于将空气排出，应将排气阀或排气螺塞设置在最高点。

⑤ 用专用扳手拧紧液压缸体的密封压盖的螺钉，拧紧要适当，其拧紧程度以保证活塞在全行程上移动灵活，无阻滞和轻重不均匀的现象为宜。

⑥ 活塞与活塞杆装配后，他们的同轴度及在全长上的直线度精度要符合要求。

⑦ 装配好后，活塞组件移动时应无阻滞感或阻力大小不均等现象，并应在低压情况下进行几次往复运动，以排除缸内气体。

3）密封元件安装要正确

① 安装前，先检查密封件的尺寸、精度、表面质量是否符合要求。

② 安装O形密封圈时，不能使其达到永久变形的程度，也不能边滚动边套装。

③ 安装密封圈时，要注意其安装方向。Y形的唇边应对着有压力的油腔，Y形密封圈要注意是轴用还是孔用，不能装错；V形密封圈安装时，其密封环的开口应朝向压力油腔，压环调整的松紧度以不漏油为宜。

④ 密封装置如与滑动表面配合，装配时应涂适量的液压油。

⑤ 液压缸与主机间进、出油口之间必须装密封圈，以防漏油。

4）液压缸必须严格按照使用说明书的液压图进行安装，并牢固可靠，不允许有任何松动。

5）将液压缸活塞杆伸出并与被带动的机构连接，来回动作数次，并保证液压缸中心与移动机构导轨面的平行度误差在 0.1mm 以内。

6）调整液压缸，使活塞杆带动工作台移动时灵活轻便，在整个行程中均无卡滞现象，进、出油口配油管部位和密封部位均无漏油。调整好后将紧固螺钉拧紧，并应牢固可靠。

练一练

安装 Y 形、V 形密封圈时，要注意其安装方向，Y 形密封圈的唇边应对着______的油腔，V 形密封圈的密封环开口应朝向__________。

（3）液压阀的安装

1）安装时应检查各液压阀测试情况的记录（合格证），以及是否有异常现象，若发现存在异常情况必须修复或更换。

2）检查板式阀结合平面的平面度和安装密封件沟槽的加工尺寸和质量，若有缺陷应修复或更换。

3）安装前，用与液压系统同种液压油清洗阀，但不要将塞在各油口的塑料塞子拔掉，防止脏东西进入阀内。

4）按产品说明书中的规定进行安装。

① 安装阀时要注意进、出、回、控、泄等油口的位置，严禁装错。换向阀以水平安装较好。

② 安装机动阀时，应按照规定设置凸轮或撞块的行程以及与阀间的距离，防止试车时碰撞，造成破坏。

③ 安装时要注意清洁，不准戴手套进行操作，不准用纤维织品擦拭安装结合面，以免纤维类脏物进入阀内。

④ 按照对角顺序依次将紧固螺钉拧紧，并确保其受力均匀；对高压元件要注意螺钉的材质和加工质量，达不到要求的螺钉不准使用。

想一想

安装液压阀时，紧固螺钉可否按顺序逐个拧紧？如果不可以，为什么？

⑤ 阀安装完毕后，参照表 6-1 所列项目进行检查。

表 6-1　阀安装完毕后检查项目及要求

序号	项目及要求
1	用手推动换向阀滑阀，要达到复位灵活、正确
2	调压阀的调节螺钉应处于放松状态
3	调速阀的调节手轮应处于节流口较小开口状态
4	换向阀的阀芯位置尽量处于原理图上所示的位置状态
5	检查该堵住的油孔是否堵上了，该接油管的油口是否都接上了

3. 其他液压辅件的安装

（1）蓄能器的安装（蓄能器结构原理如图 6-3 所示）

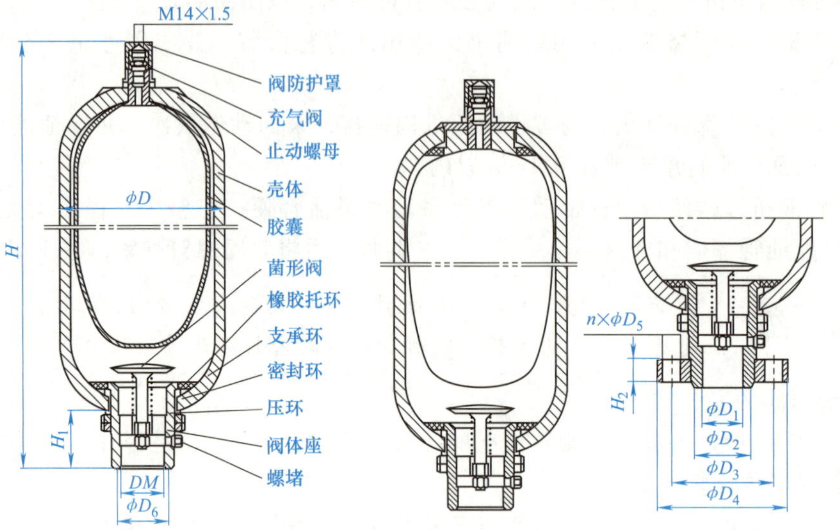

图 6-3　蓄能器结构原理图

1）参照使用说明书上的液压图进行安装。

2）检查连接口螺纹是否有破损、缺扣、活扣等现象，若有异常不准使用。

3）在安装之前，应将瓶内气体排放干净，严禁带气搬运或安装蓄能器。

4）蓄能器作为缓冲用时，应将蓄能器尽可能垂直安装于靠近产生冲击的位置，油口应向下。

5）用支板或支架对安装在管路上的蓄能器加以固定，蓄能器与管路系统之间应安装截止阀，蓄能器与液压泵之间应安装单向阀。

6）蓄能器上的油管接头和气管接头都要连接牢固、可靠。

（2）集成块的安装　液压集成块如图 6-4 所示。

图 6-4　液压集成块

1）阀块所有油流通道内，尤其是孔与孔贯穿交叉处，都必须仔细去净毛刺，用探针伸入到孔中仔细清除、检查。阀块外周及各棱边必须倒角去毛刺。加工完毕的阀块与液压阀、管接头、法兰相贴合的平面上不得留有伤痕，也不得留有划线的痕迹。

2）阀块加工完毕后必须用防锈清洗液反复加压清洗。各孔道尤其是对不通孔应特别注意洗净。清洗应分粗洗和精洗。清洗后的阀块，如暂不装配，应立即将各孔口盖住，可用大幅的胶纸封在孔口上。

3）将液压阀安装到阀块之前，必须对它们的规格、型号进行核对。所有的阀必须有产品合格证，并且要符合系统的清洁度要求。

4）核对所有密封件的规格、型号、材质及出厂日期（应在使用期内）。

5）装配之前再一次检查阀块上所有的孔道是否正确，是否与设计图一致。

6）检查连接螺栓的材质及强度是否达到设计要求和液压件生产规定的要求。用扭力扳手拧紧阀块上各液压阀的连接螺栓，且拧紧力矩应符合液压阀制造的规定。

7）阀块上设置金属铭牌，并将液压阀在设计图上的序号、各回路名称、各外接口的作用等标注在铭牌上。

8）凡有定位销的液压阀，必须装上定位销。

9）在将装配完成的阀块安装到阀架或液压系统上之前，应对其单独进行耐压试验和功能试验。

做一做

液压系统中的辅助元件，主要包括管路及管接头________、________、________、________和__________等，这些元件安装好坏也会严重影响到液压系统的正常工作。

6.1.4　液压系统的清洗

液压系统安装完毕后，在试车前必须对管道、流道等进行循环清洗。清洗的目的是去除液压系统内部的焊渣、金属粉末、锈片、密封材料的碎片、油漆和涂料等，使系统清洁度达到设计要求，以保证液压系统能正常工作，延长元件使用寿命。

1）当系统管路、油箱较干净时，可选用与工作油液相同黏度的清洗油；如系统内不干净，可选用黏度稍低的清洗油清洗；也可以选用本系统同牌号的液压油。清洗油应与系统工作介质、所有密封件的材质相容。清洗油用量通常为油箱标准油量的60%~70%，在注入清洗油前要把油箱清洗干净。

2）清洗工作以主管道系统为主。清洗前将溢流阀压力调到0.3~0.5MPa，对其他液压阀的排油回路要在阀的入口处临时切断，将主管路连接临时管路，并使换向阀换向到某一位置，使油路循环。

3）在主回路的回油管处临时接一个回油过滤器。对于滤油器的过滤精度，一般液压系统的不同清洗循环阶段分别使用30μm、20μm、10μm的滤芯，伺服系统用20μm、10μm、5μm的滤芯，分阶段分次清洗。清洗后液压系统必须达到清洁标准，不达清洁标准的系统不准运行。

① 第一次清洗。注入油箱容量60%~70%的N32汽轮机油，换向阀处于某换向位置，在主回油管临时接入一个过滤器，启动液压泵，并通过加热装置将油液加热到50~80℃进行清洗，清洗初期，用80~100目的网式过滤器。当达到预定清洗时间的60%时，换用150目的过滤器。第一次清洗应保证把大量的、明显的、可清洗掉的金属毛刺与粉末、砂粒灰尘、油漆涂料、氧化铁皮、油渍、棉纱、胶粒等污物全部认真仔细地清洗干净。否则不允许进行液压系统的第一次安装。第一次清洗时间随液压系统的大小，所需的过滤精度和液压系统的污染程度的不同而定。一般情况下为1~2d。当达到预定的清洗时间后，可根据过滤网中所过滤的杂质种类和数量，再确定清洗工作是否结束。

② 第二次清洗。清洗前按正式油路接好，然后向油箱加入工作油液，再启动液压泵对系统进行清洗。清洗时间一般为1~3h。清洗结束时滤油器上应无杂质。这次清洗后的油液可继续使用。第二次清洗的目的是把第一次安装后残存的污物，如密封碎块、不同品质的清洗油和防锈油以及铸件内部冲洗下来的砂粒、金属磨合下来的粉末等清洗干净，然后进行第二次安装，组成正式系统，以保证正式调整试车的顺利进行和投入正常运转。

4）复杂的液压系统可以按工作区域分别对各个区域进行清洗。

5）清洗终了应将清洗油排除干净，清洗工作才算完成。

6）液压系统净化达标后，拆除临时管路，将系统恢复原样，尽快加入液压油并进行短时间试运转，以防管路锈蚀等。

做一做

对液压系统进行清洗的目的是去除液压系统内部的________、________、锈片、密封材料的碎片、________和________等，使系统________达到设计要求。

6.1.5 液压系统的调试

1. 调试目的与内容

（1）调试目的　通过运转调试可以了解和掌握液压系统的工作性能与技术状况，在调试过程中出现的缺陷和故障应及时排除和改善，从而使液压系统的工作稳定可靠。同时，可积累调试中第一手资料，将这些原始资料纳入设备技术档案，可帮助调试人员尽快诊断出故障部位和原因，并制订出排除对策，从而缩短设备的故障停机时间。

（2）调试主要内容（见表6-2）。

表 6-2　液压系统调试的内容

序号	调试内容
1	将液压系统各个动作的各项参数(压力、速度、行程的始点与终点、各动作的时间、整个工作循环的总时间等)调整到原设计所要求的技术指标
2	调整全线或整个液压系统,确保其工作性能稳定可靠
3	在调试过程中要判别整个液压系统的功率损失和工作油液温升变化状况
4	检查各可调元件的可靠程度
5	检查各操作机构灵敏性和可靠性
6	修复或更换不符合设计要求和有缺陷的元件

2. 液压系统的调试步骤

（1）调试前的检查

1）确认液压系统的净化符合标准后，向油箱加入规定的介质。加入介质时一定要过滤，滤芯的精度要符合要求，并要经过检测确认。

2）对液压系统各部分进行检查，确认安装合理无误。电磁阀分别进行空载换向，确认电气动作是否正确、灵活，符合动作顺序要求。

3）向油箱灌油，并向液压泵中注油。当油液充满液压泵后，用手转动联轴器，直至泵的出油口出油并不见气泡为止。有泄油口的泵，要将泵壳体中灌满油。

4）开启泵吸油管、回油管路上的截止阀，放松并调整液压阀的调节螺钉，松开泵出口溢流阀及系统中安全阀手柄，将减压阀压力调节至最低位置，确保其能维持空转即可。调整好执行机构的极限位置，并维持在无负载状态。如有必要，伺服阀、比例阀、压力传感器等重要元件应临时与循环回路脱离，节流阀、调速阀、减压阀等应调到最大开度。

5）流量控制阀置于小开口位置。

6）按使用说明书要求，向蓄能器内充氮。

（2）起动液压泵

1）用手搬动电动机和液压泵之间的联轴器，确认无干涉并转动灵活。

2）接通电源，点动电动机，检查判定电动机转向是否与液压泵转向标志一致，确认后连续点动几次，无异常情况后按下电动机起动按钮，液压泵开始工作。

（3）系统排气　起动液压泵后，将系统压力调到1.0MPa左右；分别控制电磁阀换向，使油液分别循环到各支路中；拧动管道上设置的排气阀，将管道中的气体排出，当油液连续溢出时，关闭排气阀。液压缸排气时可将液压缸活塞杆伸出侧的排气阀打开，电磁阀动作，活塞杆运动，将空气挤出；升到上止点时，关闭排气阀，打开另一侧排气阀，使液压缸下行，排出无杆腔中的空气；重复上述步骤，直到将液压缸中的空气排净为止。排气时，最好是全管路依次进行。对于复杂或管路较长的系统，需多次进行排气过程。

（4）空载试车　空载试车是让液压系统在不带负载的条件下运转，全面检查液压系统的各液压元件、辅助装置和系统内各回路的工作是否正常，以及工作循环或各动作的自动换接是否符合要求。

1）起动液压泵，检查泵在卸荷状态下的运转。

2）调整溢流阀，逐步提高压力使之达到规定的系统压力值。

3）调整流量控制阀，先逐步关小流量阀，检查执行元件能否达到规定的最低速度及平稳性，然后按其工作要求的速度来调整。

4）调整自动工作循环和顺序动作，检查各动作的协调性和顺序动作的正确性。

5）在各工作部件的空载条件下，按预定的工作循环或顺序连续运转2~4h后，检查油温及系统所要求的各项精度，一切正常后，方可进入负载调试。

（5）负载试车　负载试车是使液压系统按设计要求在预定的负载下工作。通过负载试车检查系统能否实现预定的工作要求，如工作部件的力、力矩或运动特性等；检查噪声和振动是否在允许范围内；检查工作部件运动换向和速度换接时的平稳性，不应有爬行、跳动和冲击现象；检查功率损耗情况及连续工作一段时间后的温升情况。

负载试车，一般是先在低于最大负载的一两种情况下试车，如果一切正常，则可进行最大负载试车，这样可避免出现设备损坏等事故。

1）使系统先进行10~20min低速运转，有时需要卸掉液压缸或液压马达与负载的连接。特别是在寒冷季节，这种不带载荷的低速运转（暖机运转）尤为重要，某些进口设备对此往往有严格要求，有的设备还装有加热器使油箱油液升温。对在低速低压能够运行的动作先进行试运行。

2）逐渐均匀升压加速，具体操作方法是反复拧紧又立即旋松溢流阀、流量阀等的压力或流量调节手柄数次，并通过压力表观察压力的升降变化情况和执行元件的速度变化情况，液压泵的发热、振动和噪声等状况。发现问题要及时分析解决。

3）按照动作循环表结合电气机械先调试各单个动作，再转入循环动作调试，检查各动作是否协调。调试过程中普遍会出现一些问题，诸如爬行、冲击与不换向等故障，对复杂的国产和进口设备，如果出现难以解决的问题，可大家共同会诊，必要时可求助于液压设备生产厂家。

想一想　液压系统调试时，空载试车的环节是否可省去？为什么？

(6) 液压系统的调整　液压系统的调整要在系统安装、试车过程中进行，在使用过程中也随时进行一些项目的调整。液压系统调整的一些基本项目及方法可以参照表6-3。

表6-3　液压系统调整的项目及方法

项目	具体方法
液压泵的工作压力	调节泵的安全阀或溢流阀,使液压泵的工作压力比液压设备最大负载时的工作压力大10%~20%
快速行程的压力	调节泵的卸荷阀,使其比快速行程所需实际压力大15%~20%
压力继电器工作压力	调节压力继电器的弹簧,使其低于液压泵工作压力0.3~0.5MPa
换接顺序	调节行程开关、先导阀、挡铁、碰块及自测仪,使换接顺序及其精确程度满足工作部件的要求
工作部件的速度及其平衡性	调节节流阀、溢流阀、变量泵或变量马达、润滑系统及密封装置,使工作部件运动平稳,无冲击和振动,无外泄漏,在有负载时,速度降幅不超过10%~20%

(7) 液压系统的调压　为了确保液压系统工作正常、稳定，避免温度升至过高，需要对系统各个调压元件的压力值进行调整。若系统的压力值调整不当，会加剧能量损耗，造成油温升高，导致系统动作不协调，甚至产生故障。液压系统调压的目的主要是检查系统、回路的漏油和耐压强度。

1) 熟悉液压系统及其技术性能。

① 在对液压系统进行调压之前，要深入了解系统中的各调压元件和整个系统；了解被调试设备的加工对象或工作特性；了解设备结构及其加工精度和使用范围；了解机械、电气、液压的相互关系。

② 参照液压系统图，对所有元件的结构、作用、性能和调压范围进行深入分析，弄清各个元件在设备上的实际位置。

③ 预先拟定液压系统调压的方案，明确具体工作步骤和详细操作规程，严防人身和设备事故的发生。

2) 调压方法。

① 在调压之前，应先放松需要调节的调压阀的调节螺钉（其压力值能推动执行机构即可）。与此同时，调整好执行机构的极限位置（即终点挡铁和原位挡铁位置）。

② 把执行机构（工作台连同液压缸活塞）移动到终点或停止在挡铁限位处，或利用有关液压元件切断液流通道，使系统建立压力。

③ 按照设计要求的工作压力或实际工作对象所需的压力进行调节。需要注意的是，若按照实际工作对象所需的压力进行调节，则所调节的压力不能超过设计规定的工作压力。

④ 调压时，系统压力应从小到大逐渐调高，直至调到系统所需压力值，然后拧紧调节螺钉，确保其牢固可靠。

⑤ 溢流阀压力的调节：先将溢流阀的调节螺钉放松（但整个系统要保持一定压力），油液经过换向阀进入液压缸，将活塞移动到终点。溢流阀的压力只能从低往高慢慢调节，调到一定范围后锁紧溢流阀的锁紧螺母，让系统在调定的压力下运行一段时间，并检查系统是否能正常安全地工作。如系统能正常安全地工作，则松开已锁紧的锁紧螺母，再把溢流阀的压力慢慢调高，直到调到系统的设定压力为止，最后锁紧已调好溢流阀的锁紧螺母。调节溢流

阀调节螺钉，当系统压力达到要求值时停止调节，并将调节螺钉用螺母紧固牢靠。

⑥ 减压阀压力的调节：先将溢流阀和减压阀的调节螺钉放松，只保持克服液压缸摩擦力所需的压力，将液压缸移动到终点，先调节溢流阀压力，然后调节减压阀压力，调整后将两阀的调节螺钉用螺母紧固。

⑦ 顺序阀的调节方法：为了使执行元件准确实现顺序动作，要求顺序阀的调节精度高、偏差小，顺序阀关闭时内泄漏量小，所以在调节好顺序阀后一定要锁紧顺序阀上的锁紧螺母。

⑧ 流量控制阀的调节方法：调节流量控制阀时，要根据该阀铭牌上标注的调节大小方向来调节。流量可以从大往小调节或从小往大调节，直到调节到需要值为止，最后须锁紧其锁紧螺母。

3）调压范围。调节压力值要按使用技术规定或按实际使用条件，同时要结合实际使用的各类液压元件的结构、数量和管路情况进行具体分析、计算和确定。

① 继电器的调定压力应比它所控制的执行机构的工作压力高 0.3~0.5MPa。

② 蓄能器工作压力调定值应同它所控制的执行机构的工作压力值一致。当蓄能器安置在液压泵站时，其压力调定值应比溢流阀调定的压力值低 0.4~0.7MPa。

③ 泵的卸荷压力一般应控制在 0.3MPa 以内。

④ 确保液压缸运动平稳。增设背压阀时，其压力值一般在 0.3~0.5MPa 范围内。

⑤ 管道的背压一般在 0.2~0.3MPa 范围内。

4）调压时注意事项。

① 必须在执行元件（液压缸、液压马达）运动状态下调节系统工作压力。

② 加压前应先检查压力表是否有异常现象，若有异常，待压力表更换后，再调节压力。

③ 对于没有安装压力表的系统，不准调压。需要调压时，应装上压力表后再调压。

④ 调压时，加压大小应按使用说明书规定的压力值或按实际使用要求（但不准大于规定的压力值）的压力值调节，防止调压过高，致使温升过高以及损坏元件等事故发生。

⑤ 压力调节后应将调节螺钉锁住。

⑥ 对于焊缝需重焊的部件，必须拆下除净油污后才可焊接。

⑦ 试验时，系统最适合的温度为 40~50℃。

⑧ 压力试验过程中出现的故障应及时排除，排除故障必须在泄压后进行。

⑨ 调试过程应详细记录，整理后纳入设备档案。

想一想　为什么要将液压泵的工作压力调节得比设备最大负载时的工作压力要大？

6.2　气压传动系统的安装与调试

作为设计过程的延续，气动系统的安装并不是用管路简单地将各种液压元件连接起来。气动系统本身具有结构布局合理、装配工艺正确、工作运行可靠以及维修检测方便等特点。在实际生产中，鉴于系统内管道连接的多变性和实际现有管接件品种数量等诸多因素的影响，很多气动控制柜先由安装技术人员根据气动系统原理图进行安装，然后技术人员再补画出其装配图。当前气动系统安装常用的连接方式有纯铜管卡套式连接和尼龙软管快插式连接两种。其中，快插式接头拆卸方便，一般用于产品试验阶段或一些简易气动系统，而卡套式接头则具有安装牢固可靠等特点，多用于定型产品。

6.2.1 安装前的准备工作

1. 技术资料的准备

准备齐全气动系统原理图、电气原理图、管道布置图、气动元件、辅件、管件清单和有关元件样本与产品质检书等，以便安装人员在装配过程中遇到问题时能及时查阅。

2. 物质准备

按照气动系统图、气动元件和辅助元件的清单进行物质准备，并对气动元件的数量和型号进行核对，准备好适用的通用工具和专用工具。

3. 气动元件质量检查

对气动元件的质量状况进行逐一检查，必要时，仪表等重要设备应重新进行校验，以确保其工作灵敏、准确和可靠。

（1）检查气动元件

1）相关气动元件的型号、规格等必须与元件清单保持一致。

2）所有气动元件上的调节手轮、调整螺钉、锁紧螺母等必须完好无缺。

3）要查明气动元件保管时间是否过长，保管环境是否符合要求，关注气动元件内部密封件老化程度，必要时应进行拆洗、更换，并对其性能进行测试。

4）气动元件所附带的密封件表面质量应符合相关要求，否则应予以更换。

5）板式连接元件的连接平面不准有缺陷。安装密封件的沟槽尺寸加工精度要符合有关标准。

6）管式连接元件的连接螺纹口不能有破损和活扣现象。

7）对气动元件内部的清洁程度进行检查。

8）对电磁阀中的电磁铁芯及外表质量进行检验，如果发现异常，则停止使用。

9）各气动元件上的附件必须齐全。

（2）检查辅助元件

1）储气罐必须达到规定的质量要求。储气罐上附件必须齐全，箱内部不准有锈蚀，充气前要确保储气罐内部已经清洗干净。

2）分水滤气器的型号、规格等要符合设计要求。确认滤芯精度等级，滤芯不得有缺陷，连接螺口不准有破损，所带附件必须齐全。

3）各类密封件外观质量要符合要求，并查明所领密封件保管期限。有异常或保管期限过长的密封件不准使用。

4）蓄能器质量要符合要求，所带附件要齐全。查明保管期限，严格检查存放期限过长的蓄能器的质量，严禁使用不达标或不符合使用要求的蓄能器。

5）空气过滤器应有足够大的通过空气的能力，其通气阻力不能太大，箱内压力一般为大气压。

（3）检查管路　管子的材料、通径、壁厚和接头的型号规格及加工质量都要符合设计要求。

4. 清洗

清洗所有气动元件，并进行压力和密封性能试验，合格后方可开始安装。

6.2.2 气压系统安装时的注意事项

1）在安装之前需要查看阀的铭牌，确定其型号、规格，检查其电源、工作压力、通径、螺纹接口等是否与系统的使用条件符合。

2）安装前应对元件进行清洗，必要时进行密封试验。减压阀安装时必须使其后部靠近需要减压的系统，并保证阀体上的箭头方向与系统气体的流动方向一致。阀的安装位置应方便操作和观察压力表；在环境恶劣、粉尘多的场合，还需在减压阀前安装过滤器；油雾器则必须安装在减压阀的后面。

3）在安装前，需要对各种自动控制仪表、自动控制器、压力继电器等进行校验。

4）安装时，应按照控制回路的需求将逻辑元件成组装在底板上，在底板合适位置开出气路，并用软管接出。

5）注意阀的推荐安装位置和标明的安装方向，确保阀体上箭头方向或标记与系统的气流方向相符合。

6）确保移动缸的中心线与负载作用力的中心线同心，以免产生侧向作用力，加速密封元件的磨损，造成活塞杆弯曲。

7）动密封圈不能装得过紧，特别是U形密封圈，以免产生较大的阻力。

8）需要人工操作的阀的安装位置应便于操作，且操作力不能过大。脚踏阀的踏板位置不宜过高，行程不能过长，脚踏板上要装防护罩。

9）滑阀式方向控制阀须水平安装，以保证阀芯的换向阻力相等，使方向控制阀可靠工作。

10）安装机控阀时应保证使其工作时的压下量不超过规定行程。

11）用流量控制阀控制执行元件的运动速度时，原则上应将其装设在气缸接口附近。

做一做

1. 气压传动系统安装之前，需要对相关元件的质量进行检查，仪表等重要设备应进行重新校验，从而确保其工作________、________和________。

2. 气动系统安装时，减压阀的安装位置必须__________和__________。

6.2.3 气动系统的安装

1. 气动管道安装

安装之前对管道进行彻底检查、清洗，确保无粉尘等杂物，检查合格经吹风后方可进行安装。安装工作应当参照管路系统图中标明的安装固定方法实施开展，并注意以下问题：

1）管子支架牢固可靠，工作时不允许产生振动。

2）拧紧螺纹接头的力矩大小要适中。

3）管道接口部分的几何轴线必须与管接头的几何轴线重合。

4）管路连接时应考虑密封性能，避免漏气，尤其注意接头处及焊接处。为了确保密封性，连接之前应在螺纹处涂抹密封胶，需要注意的是，螺纹前端 2~3 牙不能涂密封胶或拧入 2~3 牙后再涂密封胶，避免密封胶进入管道内。

5）为避免安装时软管发生扭曲变形，安装前可在软管表面轴线处涂上一条色带，安装后可通过色带位置判断软管扭曲与否；为避免拧紧时软管发生扭曲，拧紧前可将软管反向转动 1/8~1/6 圈。

6）软管的弯曲半径应大于其外径的 9~10 倍。可用管接头来防止软管的过度弯曲，且应远离热源或安装隔热板。

7）一般情况下，硬管的弯曲半径应大于或等于其外径的 2.5~3 倍。为了防止管子截面产生变形，在弯管时，通常向管子内部放置填充剂对管壁加以支承。

8）在安装过程中，应确保系统中的每一段管道均能自由装拆。

9）压缩空气管道要标记颜色，一般涂灰色或蓝色，精滤管道涂天蓝色。

10）管路走向的原则：平行布置、减少交叉、力求最短、弯曲要少，避免急剧弯曲，短软管只允许作平面弯曲，长软管可作复合弯曲。

2. 典型气动元件的安装

（1）气缸的安装

1）气缸常见的安装形式。

① 固定式气缸。此类气缸安装在机体上固定不动，有脚座式和法兰式两种安装形式。

② 轴销式气缸。此类气缸缸体围绕固定轴可作一定角度的摆动，有形钩式和耳轴式两种形式。

③ 回转式气缸。此类气缸缸体固定在机床主轴上，可随机床主轴作高速旋转运动。这种气缸常用于机床上气动卡盘中，以实现工件的自动装卡。

④ 嵌入式气缸。此类气缸缸筒直接制作在夹具体内。

2）气缸安装方法。

① 应结合实际情况选择合适的气缸安装方式。

② 实施安装前，应对气缸在 1.5 倍工作压力下进行试验，确保不漏气。

③ 应在所有密封件的相对运动工作表面涂上润滑脂。

④ 气缸的安装应符合系统动作方向要求。注意活塞杆不允许承受偏心负载或横向负载，行程不能用满。

（2）气动马达的安装　常见的气动马达如图 6-5 所示。气动马达的规格型号选定后，应参照现场的实际需求实施安装。不同型号规格的气动马达安装连接尺寸和安装方向也有所不同。在安装过程中，首先应对气动马达的位置正确定位，然后再用螺纹件进行连接，注意应采用对角拧紧方法对螺纹件进行紧固。

（3）减压阀的安装　减压阀结构示意图如图 6-6 所示。

1）在安装之前，做好阀的清洁工作。

2）减压阀通常垂直安装，管路连接应与阀体上箭头指向一致，切不可装错方向。

3）由于减压阀的压力设定值与执行元件的工作压力有关，所以在调节减压阀的压力时，一定要保证减压回路中执行元件能正常安全地工作。减压阀的压力调好后，要锁紧减压阀上的锁紧螺母。

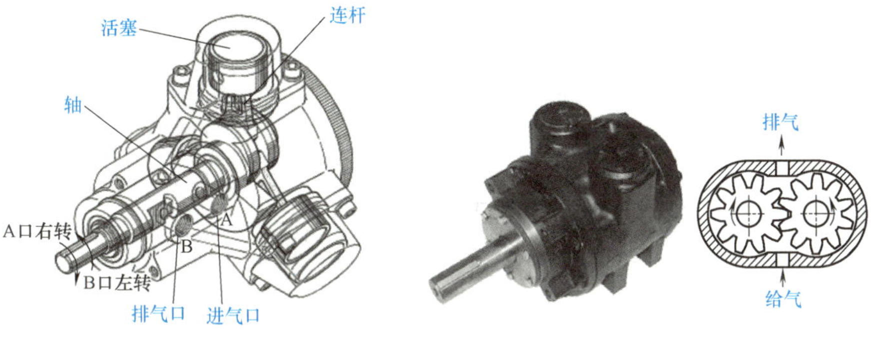

图 6-5　常见的气动马达

a）径向柱塞式　b）齿轮式

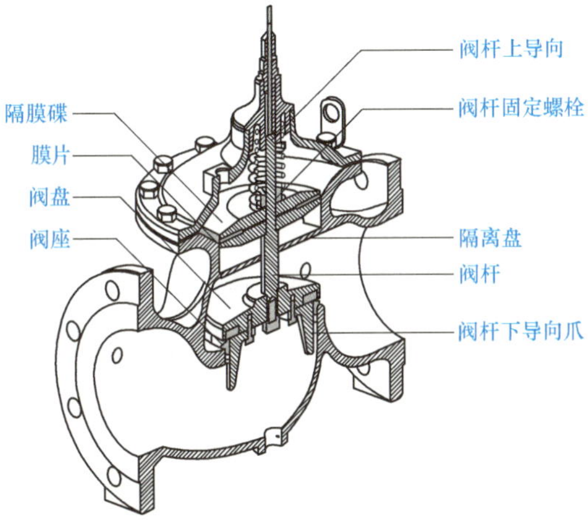

图 6-6　减压阀结构示意图

（4）流量控制阀的安装方法

1）安装之前应仔细查看说明书，注意阀的型号、规格与使用条件是否相符，包括电源、工作压力、通径、螺纹接口等。

2）安装之前应做好阀的清洁工作，彻底清除管道内的粉尘、铁锈等污物。接管时应防止密封带碎片进入阀内。

3）为了减小气体压缩对速度的影响，通常将流量阀安装在气缸附近。

4）对流量控制阀进行调节时，应参照铭牌上标注的大小调节方向进行操作。实际操作时，流量既可以由大向小调节，也可以由小向大调节，当调节到所需值时，应将锁紧螺母锁紧。

3. 其他辅助元件的安装

（1）分水滤气器的安装

1）分水滤气器应该垂直安装，放水阀位置朝下，其壳体上箭头所示方向与气流方向一致，不能装反。图 6-7 所示为 494 系列分水滤气器。

2）分水滤气器组合使用时，安装位置应在气动设备的近处，其安装顺序如图 6-8 所示。

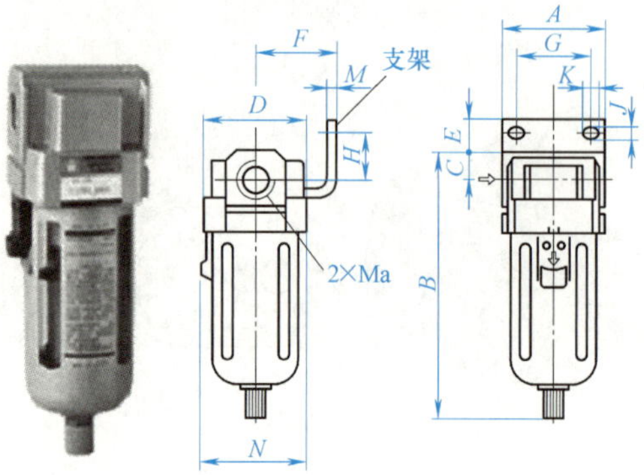

图 6-7　494 系列分水滤气器

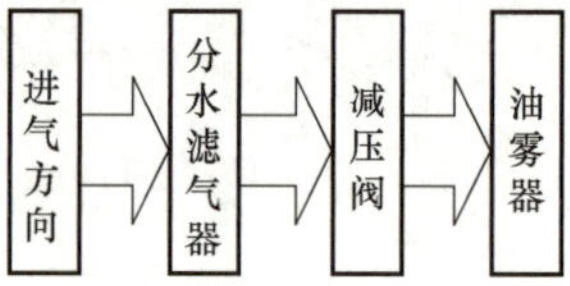

图 6-8　分水滤气器安装顺序

（2）油雾器的安装　图 6-9 所示为油雾器。

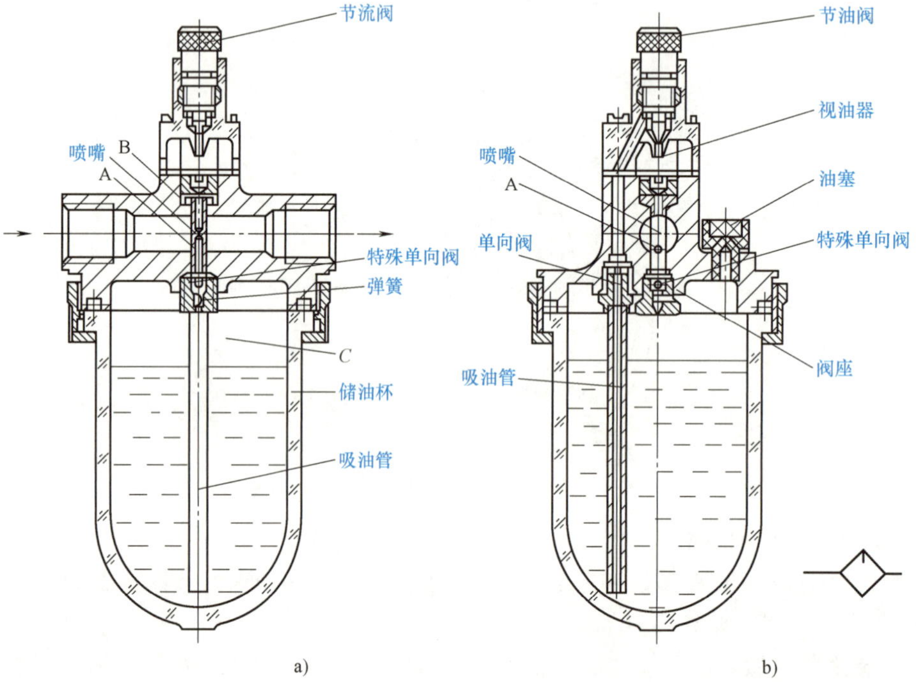

图 6-9　油雾器

a）结构原理图　b）图形符号

1）油雾器通常安装在分水滤气器和减压阀之后，确保进入油雾器的空气满足一定的质量要求，从而保证油雾器能够正常工作。

2）油雾器应垂直安装，其箭头方向即为空气流动方向。

3）油雾器安装时，应正确区分输入、输出口，切不可装反。为了避免视油器被压坏，安装视油器时，螺钉不能拧得太紧。

4）壳体螺母依靠手部力量即可拧紧，无须使用其他工具。

5）油杯中的油位需保持在工作油位（最高油位和最低油位之间）。

（3）消声器的安装方法 消声器一般安装在气动系统的排气口，尤其在换向阀的排气口装设消声器来降低排气噪声。

通常在气动系统的排气口安装消声器，特别是换向阀的排气口，以达到降低排气噪声的效果。

（4）气液转换器的安装 气液转换器如图6-10所示。

1）安装气液转换器时一定要垂直安装，并注意油面最低高度。

2）装配管路、接头需排除杂物。

3）必须排除气缸进出油腔一端的空气。

4）要注意密封，尤其油孔端不能进入空气。管路安装后可用压缩空气试验是否漏气。

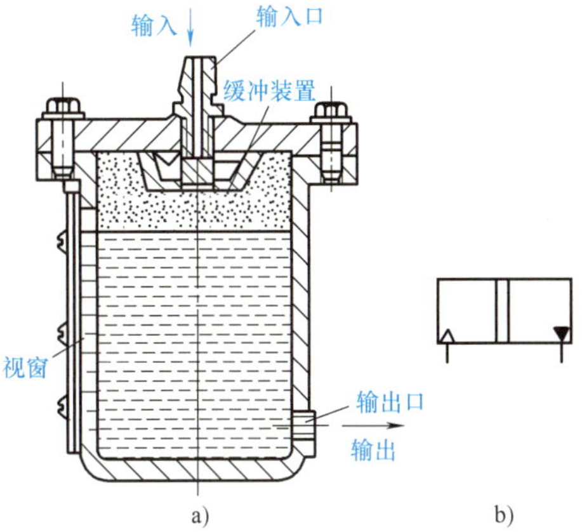

图 6-10 气液转换器

a）结构原理图 b）图形符号

6.2.4 系统的吹污和试压

管路系统安装后，要用压力为0.6MPa的干燥空气吹除系统中一切污物。可用白布来检查，以5min内无污物为合格。吹污后还要将阀芯、滤芯及活塞等零件拆下清洗。系统的密封性是否符合标准，可用气密试验进行检查，一般是将系统压力调整为额定压力的1.2~1.5倍，并保压一段时间（如2h）。除去环境温度变化引起的误差外，其压力变化量不得超过技术文件的规定值。试验时要把安全阀调整到试验压力。试压过程中最好采用分级试验法，并随时注意安全。如果发现系统出现异常，应立即停止试验，待查出原因，清除故障后再进行试验。

6.2.5 气动系统的调试

气动系统安装完成后，需要对其进行系统调试。经过正确的调试之后，系统中的压力、流量、方向等主要参数才能满足系统设计的需要，系统中执行元件的输出力、输出速度和运动方向也才能满足设备使用的要求。在气动系统调试时，首先需要对机械部分动作进行检查，检查合格后，方可对气动回路进行调试。

1. 调试前的准备工作

（1）熟悉技术资料 熟悉气动设备相关技术资料，包括说明书、回路图等，力求对系统的原理、结构、性能及操作方法等进行全面了解。在阅读气动回路图时要注意以下几点：

1）认真阅读程序框图。通过阅读程序框图大体了解气动回路的概况和动作顺序，及其他要求等。

2）气动回路图中表示的位置（各种阀、执行元件的状态）均为停机时的状态。因此要正确判断各行程发出信号的元件。

3）对管道的连接情况进行仔细核查。回路图中的线条仅表示元件与元件之间的联系和制约关系，并不表示管路的实际走向。

4）了解需要调整的元件在设备上的实际位置、操作方法和调节旋钮的旋向等，熟悉换向阀的换向原理和气动回路的操作规程。

（2）准备好调试工具　用预先准备好的堵头将所有气动元件的输出口堵住，为了便于观察压力，应当在待测部位安装临时压力表。

（3）准备临时电源　准备好驱动电磁阀的临时电源，并将电磁阀的临时电源连接好。对220V电压的系统要特别注意安全，核查每一个电磁阀的额定许用电压是否与试验电压一致。

（4）连接好气源　气源向气动系统供气时，应当先将其压力调节至系统工作的压力范围，然后检查系统是否存在泄漏，以保证系统的调试工作在没有泄漏的前提下开展。

2. 正式调试

气动回路无异常的情况下，首先进行手动调试。在正常工作压力下，按程序进程逐个进行手动调试，在手动动作完全正常的基础上，方可转入自动循环的调试工作，直至整机正常运行为止。

（1）单个元件的调试　检查各个机构的运动是否正常，先手动检查，再单个电控调试。

（2）空载联运调试　空载运行，检查各动作的协调工作，检查压力流量是否正常，调整电气控制程序。空载时运行一般不少于2h，注意观察压力、流量、温度的变化，发现异常应立即停车检查，待排除故障后才能继续运转。具体步骤如下：

1）打开气源开关，缓缓调节进气调压阀使压力逐渐升高至0.6MPa，然后检查每一个管接头处是否有漏气现象，如有，必须加以排除。

2）调节每一个支路上的调压阀使其压力升高，观察其压力变化是否正常。对每一路的电磁阀进行手动换向和通电换向。注意在用手动方法换向后，一定要把手动手柄恢复到原位，否则可能会出现通电后不换向的情况。

3）按照不同的回路逐个调试执行元件的速度。空载调试一个回路时，其余回路应处于关闭状态，对速度平稳性要求较高的气动系统，应在受到负载的状态下，观察其速度的变化情况。

4）调节各执行元件的行程位置，程序动作和安全联锁装置。

5）各项指标均达到设计要求后，进行设备的试运行。

（3）负载联运调试　负载试运转应分段加载，运转一般不少于4h，要注意油位、摩擦部位的温升等变化，分别测出有关数据，记入试运转记录，以便总结经验，找出问题。

操作实训：齿轮泵的拆装

一、实训目的

通过对齿轮泵进行拆装，使学生对齿轮泵的结构有深入了解，掌握齿轮泵的工作原理、结构特点、使用性能等，并能依据流体力学的基本概念和定律来分析总结容积式泵的特性，同时锻炼学生实际动手能力。

二、实训设备与工具

1. 实训设备

拆装实训台、CBH齿轮泵、MCY型定量轴向柱塞泵。

2. 拆装工具

台虎钳、内六角扳手、活扳手、螺钉旋具、直头内外涨圈钳、游标卡尺、钢直尺、润滑油、化纤布料。

三、实训操作步骤

1. CBH 齿轮泵的拆装

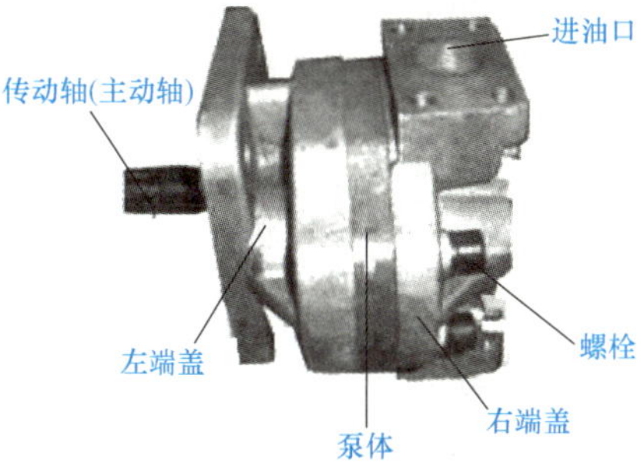

图 6-11 齿轮泵

第一步：拆卸图 6-11 所示的螺栓，取出右端盖。

第二步：取出右端盖密封圈。

第三步：取出浮动侧板，再取出泵体。

第四步：取出从动齿轮和从动轴、主动齿轮和主动轴。

第五步：取出左端端盖上的密封圈。至此，齿轮泵拆卸完成，如图 6-12 所示。

第六步：对齿轮泵的零件进行清理。

第七步：参照拆卸的过程，完成对齿轮泵的组装。

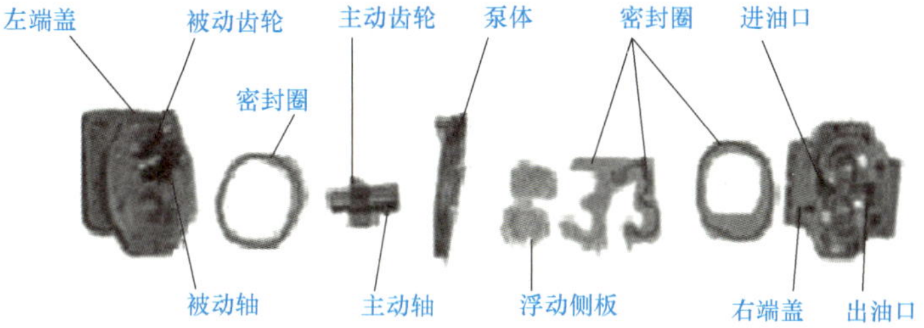

图 6-12 CBH 齿轮泵的零件

2. MCY 型定量轴向柱塞泵的拆装

第一步：拆卸左泵盖上的螺栓，取下左泵盖及其密封圈。

第二步：取出配油盘。

第三步：拆卸右泵盖上的螺栓，取下右泵盖。

第四步：取出斜盘。

第五步：取出柱塞、内滑套和压板。

第六步：从左泵盖左侧将传动轴上的卡环取出，即可卸下传动轴。至此，柱塞泵的拆卸完成，如图 6-13 所示。

第七步：对柱塞泵的零件进行清理。

第八步：参照拆卸的过程，完成对柱塞泵的组装。

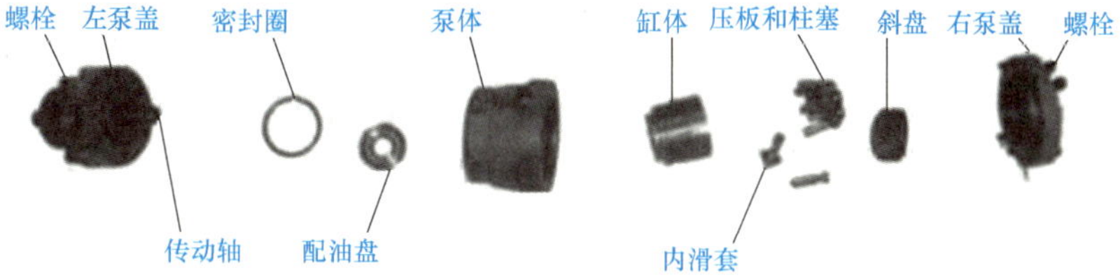

图 6-13 MCY 型定量轴向柱塞泵的零件

四、实训注意事项

1）如果有拆装流程示意图，应当参考示意图进行拆与装。

2）拆装时请记录元件及解体零件的拆卸顺序和方向。

3）拆卸下来的零件，尤其泵体内的零件，要做到不落地、不划伤、不锈蚀等。

4）拆装个别零件需要专用工具。如拆轴承需要用轴承起子，拆卡环需要用内卡钳等。

5）在需要敲打某一零件时，请用铜棒，切忌用铁或钢棒。

6）拆卸（或安装）一组螺钉时，用力要均匀。

7）安装前要给元件去毛刺，用煤油清洗然后晾干，切忌用棉纱擦干。

8）检查密封有无老化现象，如果有，请更换新的密封件。

9）安装时要注意安装方向，不要将零件装反，注意零件的安装位置。有些零件有定位槽孔，一定要对准。

10）安装完毕，检查现场有无漏装元件。

五、实训操作过程质量评价

1. 齿轮泵拆装质量评价（见表6-4）

表6-4 评价表　　　　总得分________

项次	项目	实训记录	配分	得分
1	正确使用拆卸工具进行拆装		10分	
2	拆装齿轮泵的工艺步骤正确		20分	
3	零件摆放整齐有序		10分	
4	零件清理到位		5分	
5	安装位置正确无误		20分	
6	按时完成任务		10分	
7	遵守劳动纪律，操作符合规程		5分	
8	符合安全文明生产要求		20分	

2. 柱塞泵拆装质量评价（见表6-5）

表6-5 评价表　　　　总得分________

项次	项目	实训记录	配分	得分
1	正确使用拆卸工具进行拆装		10分	
2	拆装柱塞泵的工艺步骤正确		20分	
3	零件摆放整齐有序		10分	
4	零件清理到位		5分	
5	安装位置正确无误		20分	
6	按时完成任务		10分	
7	遵守劳动纪律，操作符合规程		5分	
8	符合安全文明生产要求		20分	

第7章 典型电气控制电路的装调

学习目标

※掌握电动机点动控制和单向连续运行电路的工作原理和装调方法
※掌握正、反转控制电路的工作原理和装调方法
※了解位置控制电路的工作原理和装调方法
※了解顺序控制电路和延时控制电路的工作原理和装调方法
※了解三相笼型异步电动机减压起动控制电路的工作原理和装调方法
※了解双速电动机控制电路的工作原理和装调方法

7.1 电动机点动控制和单向连续运行电路的装调

点动控制和连续控制是三相异步电动机两种不同的控制形式，点动控制与连续控制的主要区别就在于松开按钮之后电动机能不能保持运行的状态。

7.1.1 点动控制电路的装调

点动控制电路如图 7-1 所示。

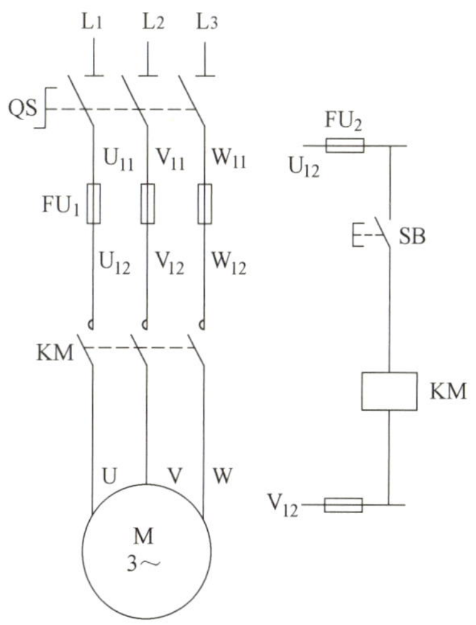

图 7-1 点动控制电路

点动控制电路的工作原理为：合上隔离开关 QS 后，因没有按下点动按钮 SB，接触器 KM 线圈没有得电，KM 的主触点断开，电动机 M 不得电所以没有起动。按下点动按钮 SB 后，控制电路中接触器 KM 线圈得电，其主电路中的主触点闭合，电动机得电运行。松开按钮 SB，按钮在复位弹簧的作用下自动复位，断开控制电路 KM 线圈，主电路中 KM 主触点恢复原来的断开状态，电动机停止转动。

控制过程也可以用符号来表示，其方法规定为：

各种电器在没有外力作用时或未通电的状态记作“-”，电器在受到外力作用时或通电的状态记作“+”，并将它们的相互关系用线段“——”表示，线段左边的符号表示原因，线段右边的符号表示结果，自锁状态用在接触器符号右下角写“自”表示。那么，三相异步电动机点动控制电路的控制过程就可表示如下。

起动过程：SB^+——KM^+——M^+（电动机起动）

停止过程：SB^-——KM^-——M^-（电动机停止）

其中，SB^+表示按下；SB^-表示松开。

7.1.2 单向连续运行控制电路的装调

连续运行控制电路是相对于点动控制而言的，它是指在按下起动按钮之后，如果松开按钮电动机应该连续的工作。

自锁：利用接触器自身的常开触点来保持线圈得电称为自锁。

利用接触器本身的常开触点来保证连续控制的电路如图 7-2 所示。

图 7-2 所示的接触器自锁连续控制电路的工作原理如下。

合上隔离开关 QS。

起动过程：$SB_2^{\pm}$——KM^+（得电自锁）——M^+（电动机起动）

停止过程：$SB_1^{\pm}$——KM（失电解除自锁）——M^-（电动机停止）

其中，$SB^{\pm}$表示先按下，后松开；KM^+表示“自锁”。

在具有接触器自锁的控制电路中，还具有对电动机失压和欠电压保护的功能。

电路中具有的保护如下：

1. 失压保护（零压保护）

失压保护也称为零压保护。在具有自锁的控制电路中，一旦发生断电，自锁触点就会断开，接触器 KM 线圈就会断电，不重新按下起动按钮 SB_2，电动机将无法自动起动。

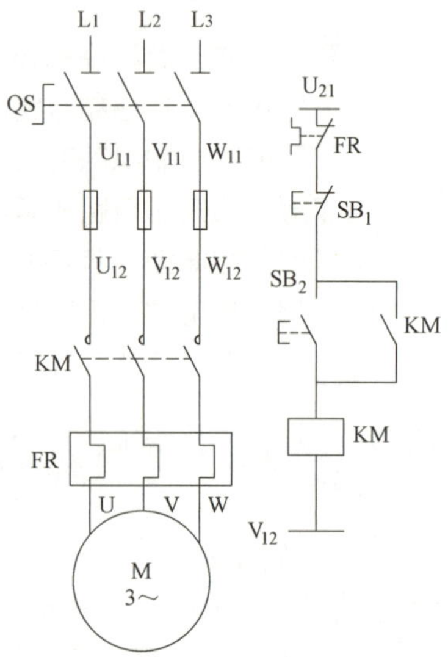

图 7-2 接触器自锁连续控制电路

2. 欠电压保护

在具有接触器自锁的控制电路中，控制电路接通后，若电源电压下降到一定值（一般降低到额定值的 85%以下）时，会因接触器线圈产生的磁通减弱，电磁吸力减弱，动铁心在反作用弹簧作用下释放，自锁触点断开，而失去自锁作用，同时主触点断开，电动机停转，达到欠电压保护的目的。

3. 过载保护

电动机过载时，过载电流将使热继电器中的双金属片弯曲，使串联在控制电路的动断触点断开，从而切断接触器 KM 线圈的电路，主触点断开，电动机脱离电源而停转。

想一想

1. 我们平常骑的电动自行车的电动机属于点动控制还是连续控制？
2. 利用接触器的常闭触点能不能实现自锁的功能？为什么？

7.2 正、反转控制电路的装调

在生产实践中，有很多设备需要使用电动机的反转功能，如机床工作台的前进和后退、万能铣床主轴的正转和反转、起重机吊钩的上升和下降等。在这些场合中，仅仅电动机的单向运转已不能满足要求了，此时就需要电动机的正反转控制。

如何实现电动机的反转：对于三相异步电动机而言，只需将主电路中三相电源线的任意两根进行对调，就可以改变电动机的转向。

7.2.1 接触器联锁正、反转控制电路的装调

图 7-3 所示为接触器联锁正、反转控制电路，KM_1 为电动机正转的接触器，KM_2 为电动机反转的接触器。大家分析完下面的电路就会发现 KM_1 和 KM_2 两个接触器是不能同时得电的，否则会引起电源短路。

联锁：利用自身的常闭触点使另一个接触器不能得电，而另一个接触器也利用常闭触点使这个接触器不能得电，这种方法称为联锁。联锁一般是将自身的常闭触点与另一个接触器的线圈串联。

接触器联锁正、反转控制电路的工作原理如下。

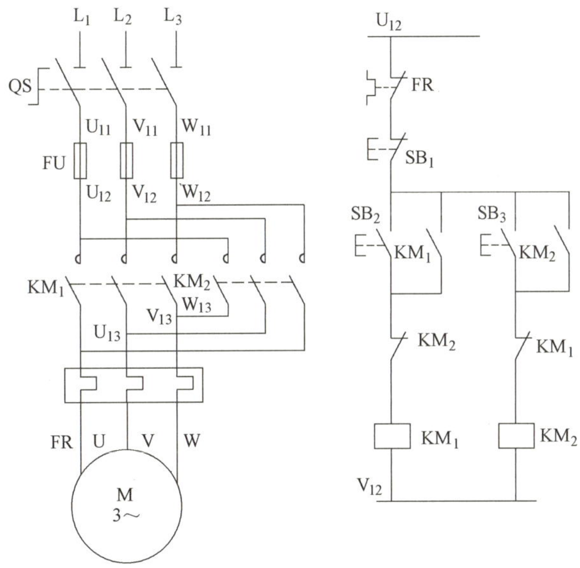

图 7-3 接触器联锁正、反转控制电路

正转控制：$SB_2^{\pm}$——$KM_{1自}^{+}$——M^{+}（电动机正转）——KM_2^{-}（联锁）

停止：$SB_1^{\pm}$——KM_1^{-}——M^{-}（电动机停转）

反转控制：$SB_3^{\pm}$——$KM_{2自}^{+}$——M^{+}（电动机反转）——KM_1^{-}（联锁）

想一想

1. 为什么正转接触器和反转接触器同时得电吸合会发生电源短路事故呢？
2. 利用接触器的常开触点能不能实现联锁的功能？为什么？

7.2.2 按钮联锁正、反转控制电路的装调

按钮联锁正、反转控制电路如图 7-4 所示。控制电路中使用了复合按钮 SB_2、SB_3。在电路中将按钮的常闭触点串联接入对方线圈支路中，这样只要按下按钮，在按钮的常开触点闭合接通电路之前，该按钮的常闭触点就已经先断开，从而切断了对方线圈支路，实现联锁的功能。这种联锁是利用按钮来实现的，为了区别与接触器触点的联锁（电气互锁），称其为机械互锁。

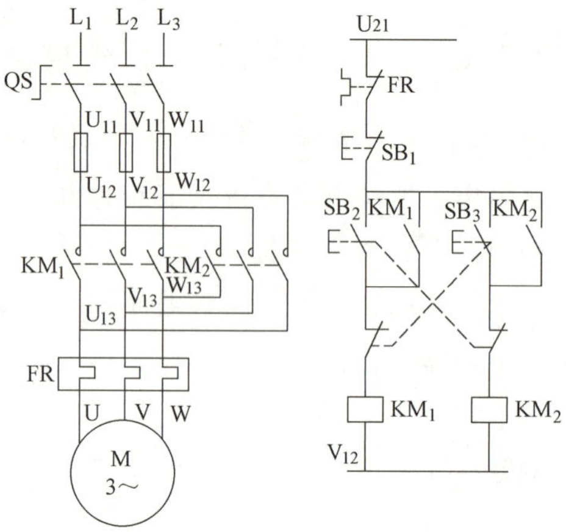

图 7-4 按钮联锁正、反转控制电路

按钮联锁正、反转的优点是：在正转的过程中，如果想让电动机反转，可以直接按下反转起动按钮 SB_3 即可切换至反转，而不像接触器联锁正、反转控制电路中需先按下停止按钮使电动机停转后再按下 SB_3 才能切换至反转。

图 7-4 所示控制电路的工作原理可表达如下。

正转控制：$SB_2^{\pm}$——$KM_{1自}^{+}$——M^{+}（电动机正转）——KM_2^{-}（联锁）

反转控制：$SB_3^{\pm}$——$KM_{2自}^{+}$——M^{+}（电动机反转）——KM_1^{-}（联锁）

按钮联锁正、反转的缺点是：该电路容易产生短路事故。假如电动机正转接触器 KM_1 主触点因老化或有异物卡在接触器内使其未能及时断开，此时按下反转按钮后 KM_2 的主触点也会闭合，电源就会产生严重的电源短路事故。所以说该控制电路的安全性不是很高，在实际应用中也较少。

想一想

同一个按钮的常开触点和常闭触点动作次序是什么？

7.2.3 双重互锁正、反转控制电路的装调

我们之前学过的两种正、反转的控制电路，一种不能直接切换正反转，另一种虽然可以直接切换正反转但是安全性较低。那有没有一种方法既能实现直接切换正反转的功能，同时又能保证一定的安全性呢？

图 7-5 所示为双重互锁正、反转控制电路，它结合了我们前面学的两种电路的优点，同时又避免了它们的缺点。其工作原理请同学自行分析。

在生产实践中，经常有生产厂家将这种电路用金属外壳封装起来，制成产品直接提供给

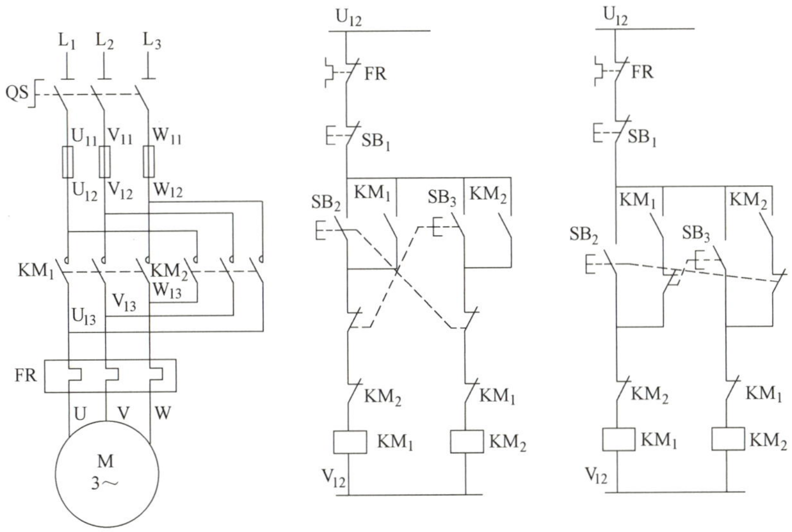

图 7-5 双重互锁正、反转控制电路

用户使用，我们买回来之后只需要接上电源和电动机就可以直接使用了。

想一想 图 7-5 所示的电路中，有两种控制电路，这两种控制电路有什么区别？这两种控制电路分别有什么优缺点？

练一练 有一块已经接好线的双重联锁正、反转控制电路的电路板，但是却有几根线接错了，请同学们对照电气原理图来查找出哪几根线接错了？

7.3 位置控制电路的装调

生产车间中用来运输货物的行车，每当走到轨道的尽头时都会像长了眼睛一样能自动停下来，而不会朝着墙撞去，这是为什么呢？

因为在行车运行的轨道两端都安装了行程开关，当行车运行到轨道的末端的时候就会撞到相应的行程开关，行程开关就像人的眼睛一样把信号传递给电路。

7.3.1 限位停车控制电路的装调

限位停车控制电路如图 7-6 所示，运动部件在电动机拖动下，到达预先指定点即自动断电停车。该电路工作原理如下。

很明显，在这里我们讲的“指定点”是安装有一只行程开关的，而该电路的主电路与连续运行电路的主电路一样。

$SB^{\pm}$——$KM_{自}^{+}$——M^{+}（电动机起动拖动运动部件运动）

经过一段时间的延时后——SQ^{+}（撞到行程开关）——KM^{-}——M^{-}（停止）

该电路的应用：可以用于行车或提升机的行程终端保护，防止因操作失误或其他故障导

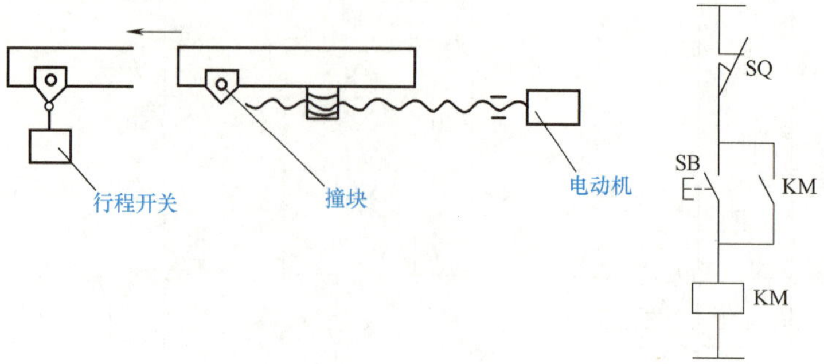

图 7-6 限位停车控制电路

致的电动机无法停止产生的事故。

7.3.2 限位通电控制电路的装调

限位通电控制电路如图 7-7 所示。这种控制一般用于当运动部件在电动机拖动下，达到预先指定的地点（该地点应安装行程开关）后能够自动接通其他控制电路（图 7-7 所示以某接触器线圈为例）的控制电路。其中图 7-7a 所示为限位通电的点动控制电路，图 7-7b 则增加了自锁控制。

电路工作原理为：电动机拖动生产机械运动到指定位置时，撞块压下行程开关 SQ，使接触器 KM 线圈得电，而产生新的控制操作，如返回、运动加速、延时后停车或其他的功能。需要指出的是，该电路一般是在其他电路基础上辅助运行的。图 7-7 中并没有使电动机转动运行的说明。

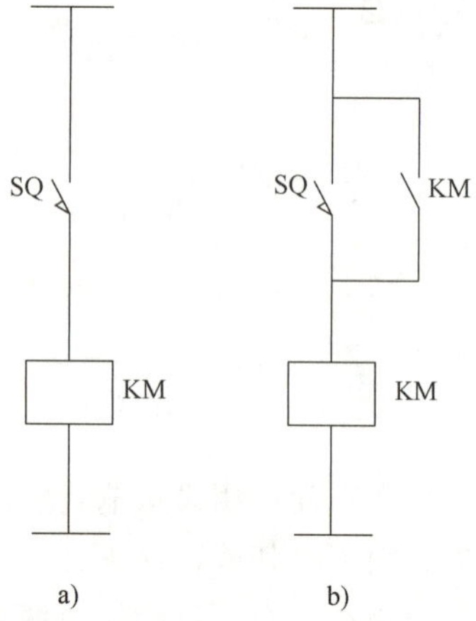

图 7-7 限位通电控制电路

7.3.3 正、反转限位控制电路的装调

图 7-8 所示为正、反转限位控制电路。如果按下正转起动按钮 SB_2，则接触器 KM_1 线圈得电，电动机正转，运动部件向前运动。当运动部件运动到预定位置时，装在运动部件上的挡块撞压行程开关，使其常闭触点断开，接触器 KM_1 的线圈失电，电动机停转。这时再按正转按钮不应起任何作用。如果按下反转起动按钮 SB_3，则 KM_2 线圈得电，电动机反转，运动部件向后运动，直至挡块撞压到行程开关，使其常闭触点断开，电动机停转。如果需要电动机在运动途中停车，应按下停车按钮 SB_1，所有线圈均失电，运动部件停在当前位置。

图 7-8 电路中主电路与正反转主电路完全一致，控制电路与接触器联锁正反转控制电路非常相似，只是在 KM_1、KM_2 线圈支路中串接了行程开关 SQ_1、SQ_2 的常闭触点。具体工作过程大家可以自行分析得出。

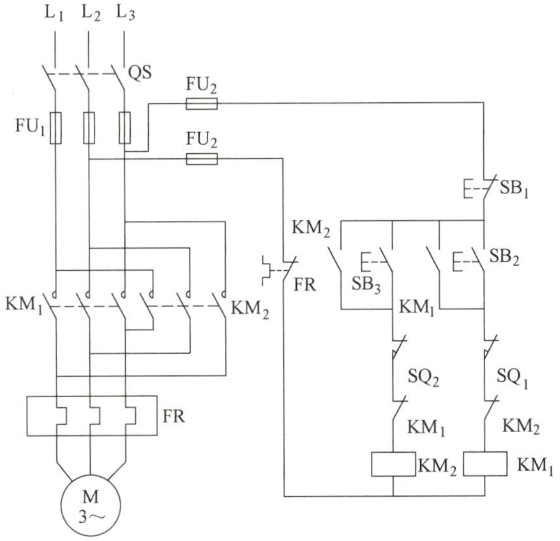

图 7-8 正、反转限位控制电路

7.3.4 自动循环控制电路的装调

1. 行程开关自动循环控制电路的装调

自动往返控制电路如图 7-9 所示，与图 7-8 所示电路不同的是，它采用了具有常开、常闭触点的行程开关 SQ_1 和 SQ_2，其常开触点与反方向控制电路中的起动按钮并联。这样，运动部件向前方运动到预定位置时，就撞压行程开关 SQ_1，使其常闭触点断开，该方向的接触器 KM_1 线圈断开，而其常开触点 SQ_1 闭合，使 KM_2 线圈得电，接入电动机的电源相序改变，根据电动机的正反转原理此时电动机反转，使运动部件后退；同样，当运动部件后退到预定位置时，撞压行程开关 SQ_2，使其常闭触点断开，接触器 KM_2 线圈断电，同时 SQ_2 的常开触点闭合，又使 KM_1 的线圈得电，电动机又开始正转，运动部件又向前运动，就这样不断进行前进、后退运动，直至按下停车按钮 SB_1 时才能停止运行。

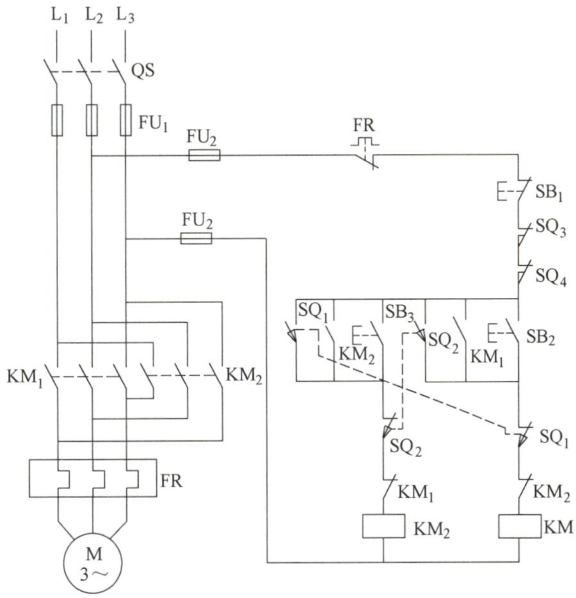

图 7-9 自动往返控制电路

可以发现，在电路中，除了用于控制功能用的行程开关 SQ_1、SQ_2 之外，还有两个行程开关 SQ_3 和 SQ_4。这两个行程开关是用来做终端保护的，防止 SQ_1、SQ_2 失灵，工作台越过限定位置造成事故。在工作台边的 T 形槽中装有两块挡铁，挡铁 1 只能和

SQ_1、SQ_3 碰撞，挡铁 2 只能和 SQ_2、SQ_4 碰撞。如果两端的行程开关 SQ_1、SQ_2 有损坏则碰撞到行程开关 SQ_3、SQ_4 时，电路自动断开。

注意：在电路中，正转的交流接触器 KM_1 和反转的交流接触器 KM_2 分别要利用自己的常闭触点对对方进行电气联锁；电动机通过热继电器来实现过载保护；通过交流接触器来实现失压、低压保护。

想一想

图 7-9 所示的电路中，如果在合上电源开关之前运动部件停留在最左端或最右端（即已经撞着行程开关 SQ_1 或 SQ_2），此时合上电源开关 QS 会怎么样？这样合不合理？安全不安全？我们应该怎么样改进这个电路？

2. 多台电动机自动循环控制电路的装调

图 7-10 所示是由两台动力部件构成的机床及其自动循环控制电路，图 7-10a 所示是机床运行简图及工作循环图，SB_2、SQ_2、SQ_4、SQ_1 和 SQ_3 是状态变换的条件。

按下 SB_2 按钮，由于动力头 I 没有压下 SQ_2，所以动断触点仍处于闭合位置，使 KM_1

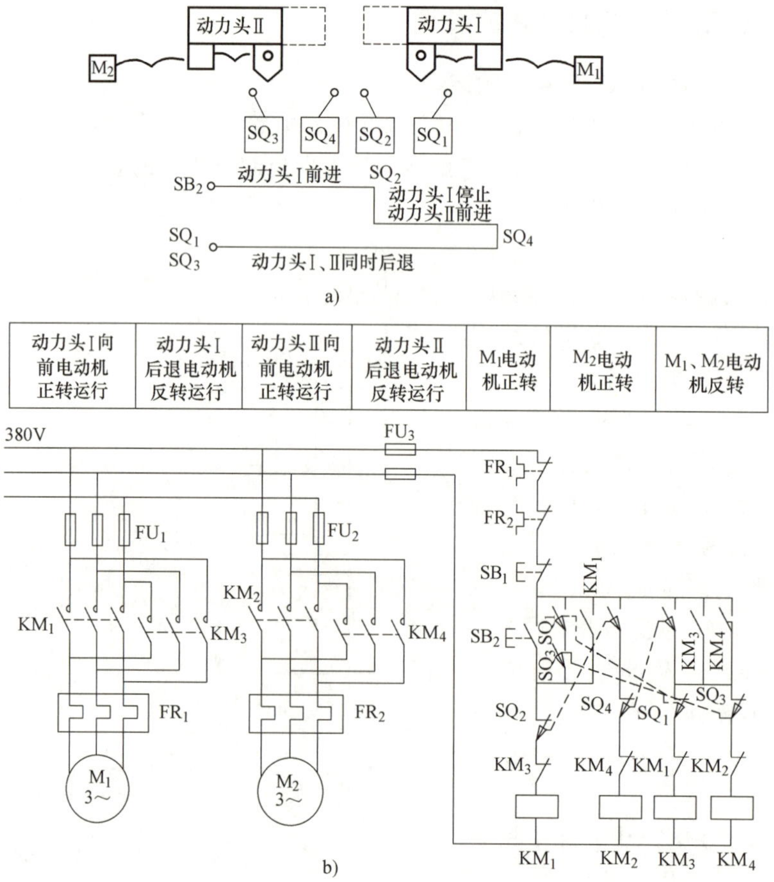

图 7-10 由两台动力部件构成的机床及其自动循环控制电路

线圈得电，动力头Ⅰ拖动电动机 M_1 正转，动力头Ⅰ向前运行。当动力头Ⅰ运行到终点压下限位开关 SQ_2 时，其动断触点断开，使 KM_1 失电，而动合触点闭合，使 KM_2 得电，动力头Ⅱ拖动电动机 M_2 正转运行，动力头Ⅱ向前运行。当动力头Ⅱ运行到终点时，压迫 SQ_4，其动断触点断开，使 KM_2 失电，动力头Ⅱ停止向前运行。而 SQ_4 的动合触点闭合，使得 KM_3、KM_4 得电，动力头Ⅰ和Ⅱ的电动机同时反转，动力头均向后退。当动力头Ⅰ和Ⅱ均到达原始位置时，SQ_1 和 SQ_3 的动断触点断开，使 KM_3、KM_4 失电，停止后退；同时它们的动合触点闭合，使得 KM_1 又得电，新的循环开始。

想一想

图 7-10 所示的运动部件运动距离可调吗？如果我想增加或减小运动机构的运动范围应该怎么办？

7.4 顺序控制电路和延时控制电路的装调

在装有多台电动机的生产机械上，各电动机所起的作用是不同的，因此对起停有一定的要求。有时候需要几台电动机按照一定的顺序工作或停止，有时候需要某台电动机起动工作达到一定时间后另一台电动机自动起动运行，这样才能保证操作过程的合理和工作的安全可靠。例如 X62W 型万能铣床上就要求主轴电动机起动运行后，工作台进给电动机才能起动运行；M7120 型平面磨床上要求砂轮电动机起动运行后冷却泵电动机才能起动运行。完成这种功能的电路就称为 顺序控制和延时控制电路。

7.4.1 顺序控制电路的装调

图 7-11 所示为顺序控制电路。接触器 KM_1 和 KM_2 分别控制两台电动机 M_1 和 M_2，现在要求只有在 M_1 电动机起动运行之后，M_2 电动机才能起动运行。大家分析完电路后会发现图 7-11a 所示主电路都一样的情况下，图 7-11b 所示控制电路中，M_1 和 M_2 同时停止。图 7-11c 所示控制电路中，除具有图 7-11b 所示电路的功能外，电动机 M_1 和 M_2 可以单独停止。图 7-11d 所示控制电路中，电动机 M_2 停止后 M_1 才能停止。这三种控制电路可以应用在对电动机的停止有不同要求的场合。

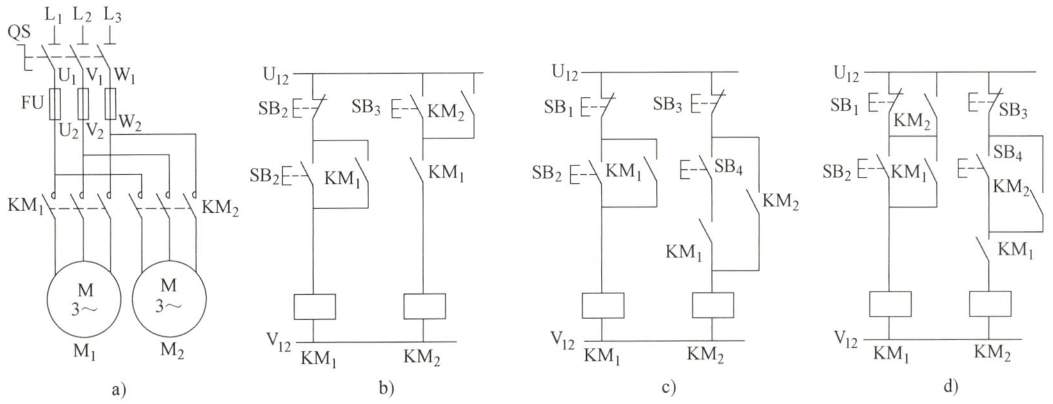

图 7-11 顺序控制电路

练一练　分别分析出图 7-11 所示三个控制电路的工作原理，并分别列举出三个控制电路的相同点和不同点？

7.4.2　时间控制电路的装调

1. 通电型时间继电器控制电路

图 7-12 所示为通电型时间继电器控制电路。

电路工作原理为：$SB_2^{\pm}$——$KA_{自}^{+}$——KT^{+}（经过延时后）——KM^{+}

可以看出，从按下起动按钮 SB_2 到主电路被接通，是有一段时间的，其延时量的大小由时间继电器设定延时时间来决定的。

2. 断电型时间继电器控制电路

图 7-13 所示为断电型时间继电器控制电路。时间继电器 KT 为断电型时间继电器，其动合延时断开触点在 KT 线圈得电时立即闭合，KT 线圈断电时，经延时后该触点断开。电路工作原理为：

$SB_2^{\pm}$——$KA_{自}^{+}$——KT^{+}——KM^{+}

$SB_1^{\pm}$——KA^{-}——KT^{-}（经过延时后）——KM^{-}

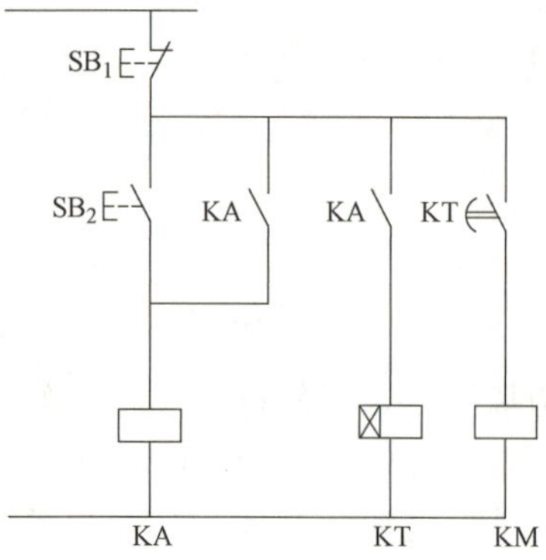

图 7-12　通电型时间继电器控制电路

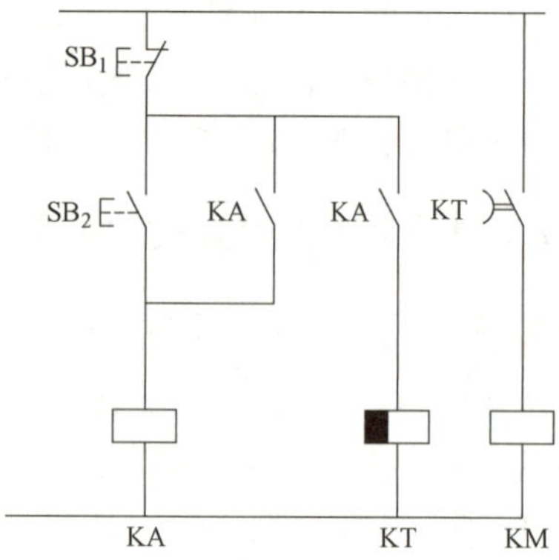

图 7-13　断电型时间继电器控制电路

可以看出，按下起动按钮 SB_2 的时候主电路得电；当按下停止按钮 SB_1 的时候，主电路经过一段时间的延时后断电。这个延时的时间仍然取决于时间继电器的设定时间。

图 7-14 所示是按时间控制的自动循环控制电路。当档位开关 SA 闭合的时候，KM 线圈先得电，使电动机起动运行，同时时间继电器 KT_1 得电开始延时。当 KT_1 延时时间到了之后，其常开触点闭合，中间继电器 KA、时间继电器 KT_2 得电，KA 的常闭触点断开，使 KM 线圈失电，电动机停止运行。当 KT_2 的延时时间

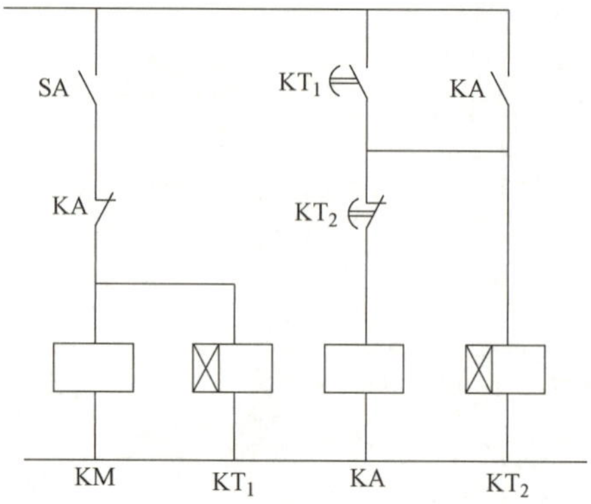

图 7-14　按时间控制的自动循环控制电路

到了之后，其常闭触点断开，使 KA 线圈失电。KA 的常开触点断开，使 KT_2 线圈失电；KA 的常闭触点闭合，使 KM 线圈又得电，电动机起动运行，这样就可以实现电动机周而复始的间歇运行。

7.5 三相笼型异步电动机减压起动控制电路的装调

三相交流异步电动机直接起动电流很大（约为正常工作电流的 4~7 倍），如果电源功率不能满足要求，则起动电流可能会明显地影响同一电网中其他电气设备的正常运行。

在电源变压器功率不够且电动机功率较大的情况下应该采用降压起动的方法。通常可以认为：电源功率在 200kV · A 以上，电动机在 7.5kW 以下的电动机可以采用直接起动。

判断一台电动机能不能直接起动，还可以用下面的经验公式来确定：

$$\frac{I_{st}}{I_N} \leqslant \frac{3}{4} + \frac{S}{4P}$$

式中 I_{st}——电动机全压起动电流（A）；

I_N——电动机额定电流（A）；

S——电源变压器容量（kV · A）；

P——电动机额定功率（kW）。

减压起动是指利用起动设备将电压适当降低后加到三相异步电动机的定子绕组上进行起动，等到电动机起动运转之后再使其电压恢复到额定值正常运行。由于电流随电压的降低而减小，所以减压起动达到了减小起动电流的目的。但是，由于电动机转矩与电压的平方成正比，所以减压起动也将导致电动机的起动转矩大为降低，因此减压起动需要在空载或者轻载的情况下起动。

7.5.1 定子串电阻减压起动控制电路

定子串电阻减压起动是指电动机在起动的时候，在电动机定子绕组上串联电阻，这

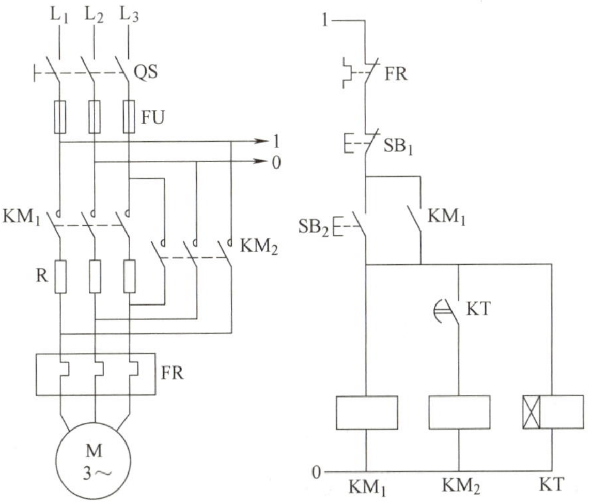

图 7-15 时间继电器控制电动机定子串电阻减压起动控制电路

样起动电流在电阻上产生电压降，使实际加到电动机定子绕组中的电压低于额定电压，待电动机完成起动后，再将串联电阻短接，使电动机在额定电压下运行，如图 7-15 所示。

图 7-15 所示的电路工作原理如下：

$SB_2^{\pm}$——$KM_{1自}^{+}$——M^{+}（电动机串入电阻减压起动）——KT^{+}（延时后）KM_2^{+}——M^{+}（全压运行）

上述电路的时间继电器延时量可调，在配合不同电动机起动时，一旦调整好时间，从减压起动到全压运行的过程便能够自如、准确地完成。

想一想　分析图 7-15 所示电路可见，按下起动按钮 SB_2 后，电动机 M 先串联电阻 R 减压起动，经一定延时（由时间继电器 KT 确定），电动机 M 才全压运行。但在全压运行期间，时间继电器 KT 和接触器 KM_1 线圈均通电，这样不仅消耗电能，而且减少了电器的使用寿命，有什么方法解决这个问题呢？

图 7-16 所示为另一种定子串电阻减压起动控制电路，工作原理为：

$SB_2^{\pm}$——$KM_{1自}^{+}$——M^{+}（电动机串联电阻减压起动）——KT^{+}（延时后）——

KM_2^{+}——M^{+}（全压运行）

　　　└——KM_1^{-}——KT^{-}

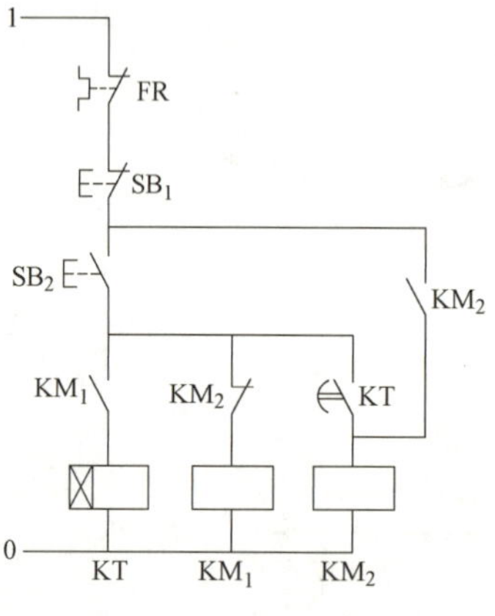

图 7-16　定子串电阻减压起动控制电路（主电路如图 7-15 所示）

7.5.2　星形-三角形减压起动控制电路的装调

对于正常运行时电动机额定电压等于电源线电压，定子绕组为三角形联结方式的三相交流异步电动机，可以采用星形-三角形减压起动，如图 7-17 所示。它是在电动机起动的时候，把电动机三相绕组接成星形，以降低起动电压，限制起动电流。待电动机起动后，再把定子绕组改接成三角形，使电动机全压运行。当电动机接成星形（Y）的时候，加在每相定子绕组上的起动电压只有三角形联结的$\frac{1}{\sqrt{3}}$，起动电流只有三角形联结的$\frac{1}{3}$，起动转矩也只有三角形联结的$\frac{1}{3}$。

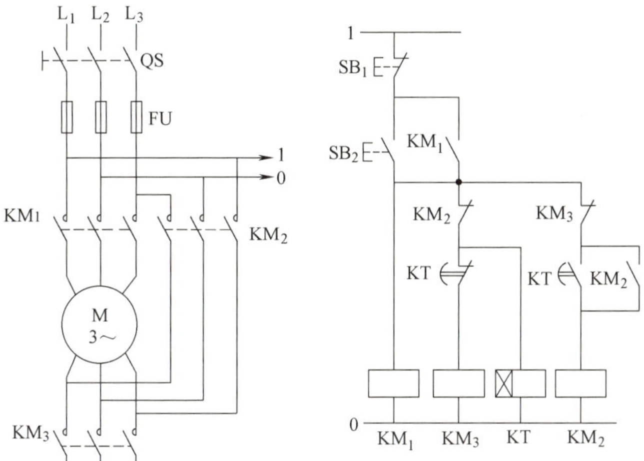

图 7-17　自动控制电动机星形-三角形减压起动电路

图 7-17 所示电路工作原理分析如下：

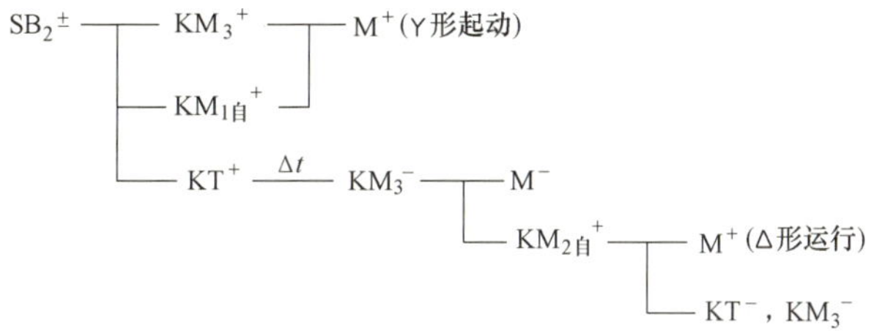

电动机 M 三相绕组接成三角形运行时，时间继电器 KT 的线圈和接触器 KM_3 的线圈均断电释放，这样，不仅使已完成星形-三角形减压起动任务的时间继电器 KT 的线圈不再通电，而且可以确保接触器 KM_2 通电后，KM_3 无电，从而避免 KM_3 与 KM_2 同时通电造成的短路事故。

7.5.3　自耦变压器减压起动控制电路的装调

对于功率较大的正常运行时定子绕组接成星形的笼型异步电动机，可采用自耦变压器减压起动，如图 7-18 所示。它是指起动时，将自耦变压器接入电动机的定子回路，待电动机的转速上升到一定值时，再切除自耦变压器，使电动机定子绕组获得正常工作电压。这样，起动时电动机每相绕组电压为正常工作电压的 $1/k$ 倍（k 是自耦变压器的匝数比，$k=N_1/N_2$），起动电流也为全压起动电流的 $1/k^2$ 倍。

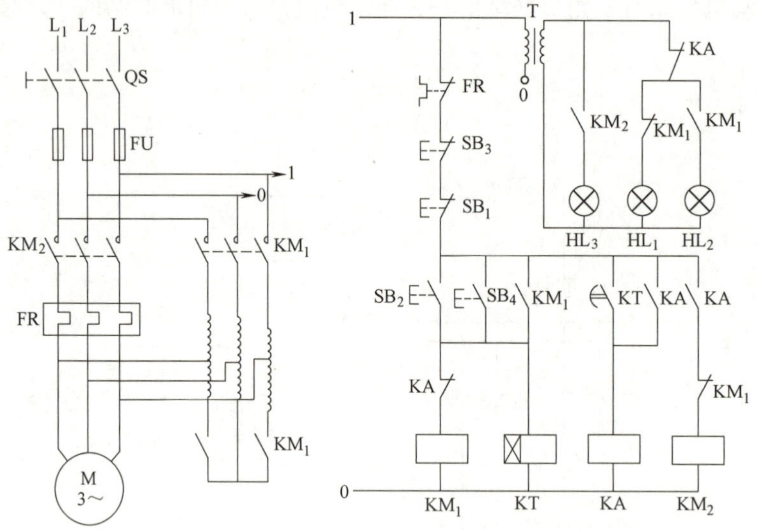

图 7-18 自耦变压器减压起动自动控制电路

图 7-18 所示电路中，信号指示电路由变压器和三个指示灯等组成，它们分别根据控制电路的工作状态显示“起动”“运行”和“停机”。需要指出的是：供电电源正常，HL_1 亮（指示电源正常）。

图 7-18 所示电路工作原理为：

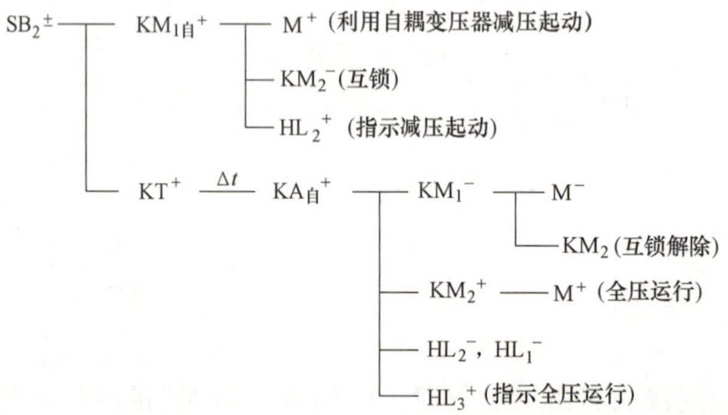

电路中还另外设置了 SB_3 和 SB_4 两个按钮，它们不安装在自动补偿器箱中，而安装在外部，以便实现远程控制。在自动起动补偿箱中一般只留下四个接线端，SB_3 和 SB_4 用引线接入箱内。

操作实训：双重联锁正反转控制电路的安装

1. 实训目的

掌握元器件的选用，熟悉电气图，掌握工量具的使用。

图 7-19 所示为电动机双重联锁正反转控制电路，其中 SB_2 为正转起动按钮、SB_3 为反转起动按钮、SB_1 为总停按钮，KM_1 为正转交流接触器、KM_2 为反转交流接触器。

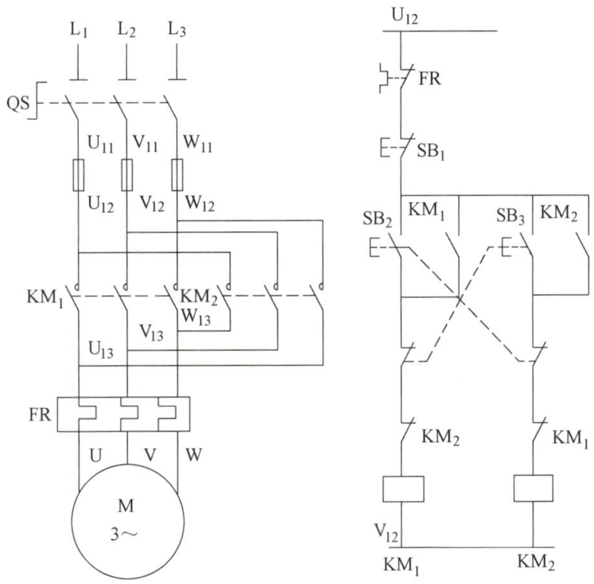

图 7-19 电动机双重联锁正反转控制电路

2. 实训工量具、元器件及耗材（见表 7-1）

表 7-1 实训工量具、元器件及耗材

序号	名称及说明	数量
1	工具：测电笔、螺钉旋具、尖嘴钳、斜口钳、剥线钳、电工刀等	1 套
2	仪表：绝缘电阻表、钳形电流表、万用表	各 1 只
3	元器件：电工板 1 块、交流接触器 2 只、组合开关 1 只、熔断器 5 只、热继电器 1 只、按钮 3 只、接线端子排 1 根、三相异步电动机 1 只	1 套
4	耗材：动力电路采用 BV 1.5mm^2、控制电路采用 BV 1.0mm^2、其他耗材如编码管等	适量
5	调试用三相四线电源	1 路

3. 实训操作步骤

1）根据表 7-1 配齐工量具和元件耗材，根据电动机的规格检验选配的元件耗材是否满足要求。

2）用万用表、绝缘电阻表检测元器件和电动机的有关技术数据是否符合要求。

3）根据图 7-19 所示的电路图，画出双重联锁正反转控制电路的接线图。

4）根据电动机的位置标划电路走向，仔细研究元器件各接线柱的特点，做好敷设和支持准备。

5）根据电路图和接线图，安装电路。

6）连接好接地线，将接地线按照规定要求接到保护接地专用端子上面。

7）将三相电源接入控制开关的上端。

8）经教师检查后通电调试。

4. 电路故障检修操作过程

（1）故障设置 在安装好的电路上人为设置电气故障2处。

（2）教师示范检修 教师在进行示范检修的时候，可把下述检修步骤及要求贯穿其中，直至故障排除。

1）用试验法来观察故障现象。主要注意观察电动机的运行情况、接触器的动作情况和电路的工作情况等，如发现有异常情况，应立即断电检查。

2）用逻辑分析法缩小故障范围，并在电路图上用虚线标出故障部位的最小范围。

3）用测量法正确、迅速地找出故障点。

4）根据故障点的不同情况，采用正确的修复方法，迅速排除故障。

5）再次通电试车。

（3）学生检修 教师示范检修后，再由指导教师重新设置2个故障点，让学生进行检修。

5. 实训注意事项

（1）要认真听取和仔细观察指导教师在示范过程中的讲解和检修操作。

（2）要熟练掌握电路图中各个环节的作用。

（3）在排除故障的过程中，故障分析的思路和方法要正确。

（4）工具和仪表使用正确。

（5）带电检修故障时，必须有指导教师在现场监护，并要确保用电安全。

（6）检修必须要在额定时间内完成。

6. 实训操作过程质量评价（见表7-2）

表7-2 安装训练记录与成绩评定表 总得分________

项次	项目和技术要求	实训记录	配分	得分
1	装前检查，电器元件漏检或错检每处扣1分		10分	
2	画接线图，每错1处扣3分，不合理每处扣1分		10分	
3	安装电器元件： 1. 电器元件安装不牢固，每处扣3分 2. 电器元件安装不整齐、不匀称每处扣2分 3. 损坏电器元件每处扣5分		15分	
4	布线： 1. 不按电路图接线，扣20分 2. 布线不符合要求，每根扣2分 3. 接线不牢固、露铜、压皮、羊眼反圈每个扣1分 4. 损坏导线绝缘或线芯，每根扣2分 5. 布线工艺适当扣分		35分	
5	通电调试： 1. 第一次通电失败扣10分，第二次失败扣20分 2. 通电过程中操作不符合要求每处扣5分		20分	
6	安全文明生产		10分	

第8章 典型机电产品的装调

学习目标

※ 了解减速器的结构和装配技术要求，掌握减速器的装配方法
※ 了解电动机的结构和装配技术要求，掌握电动机的装配方法
※ 了解 CA6140 车床的结构和装配技术要求，掌握 CA6140 车床的装配方法
※ 了解自动生产线的结构和装配技术要求，掌握自动生产线的装配要点
※ 了解柴油机的工作原理和装配技术要求，掌握柴油机的装配要点
※ 了解数控机床的工作原理和装配技术要求，掌握数控机床的装配要点
※ 了解葫芦式起重机的工作原理和装配技术要求，掌握葫芦式起重机的装配要点

8.1 蜗杆减速器的装调

减速器是一种相对精密的机械，使用它的目的是降低转速，它在原动机和工作机或执行机构之间起匹配转速和传递转矩的作用。减速器常封闭在刚性壳体内，属于由齿轮传动、蜗杆传动所组成的独立部件。这里主要介绍蜗杆减速器装配过程，包括准备、预装、组装、总装及调试。

8.1.1 准备

修锉箱盖，轴承盖等外观的表面、锐角、毛刺、碰撞印痕；清洗零件表面、清除铁屑、灰尘、油污；对箱盖与箱体、箱体与轴承盖的连接螺孔进行配钻和攻螺纹。

8.1.2 预装

在单件小批量生产中，须对某些零件进行预装（试配），并配合刮、锉等工作，以保证配合要求。待达到配合要求后再拆下。如有配合要求的轴与齿轮、键等通常需要预装或修配键，间隙调整处需要配调整垫，确定其厚度。在大批量生产中一般通过控制加工零件的尺寸精度或采用恰当的装配方法来达到装配要求，尽量不采用预装配，以提高装配效率。

做一做 准备一根轴、齿轮和配合的键，试着完成齿轮轴的预装。

8.1.3 组件装配

根据轴承组件图及装配单元系统图来确定装配顺序，编制轴承套组件装配过程卡。

装配要求：所有零件首先要符合图样要求；组装后应转动灵活，无轴向窜动。

1. 轴承盖和毛毡的装配

将已经加工好的毛毡塞入轴承盖密封槽内。

2. 轴承套与轴承外圈的装配

用专用量具分别检查轴承套孔及轴承外圈尺寸。

在配合面上涂上机油；以轴承套为基准，将轴承外圈压入孔内，直至底面。

3. 锥齿轮轴组件装配

锥齿轮轴组件的径向尺寸小于箱体孔的直径，可以在体外组装后再装进箱内。

以锥齿轮轴为基准，将衬套套装在轴上，再将轴承套分组件套装在轴上，在配合面上加油，将轴承内圈压装在轴上，并紧贴衬垫，套上隔圈，将另一轴承内圈压装在轴上，直至隔圈接触，将另一轴承外圈涂上油，轻压至轴承套内。装入轴承盖分组件，调整端面的高度，使轴承间隙符合要求后，拧紧三个螺钉。安装平键，套装齿轮、垫圈，拧紧螺母，注意配合面加油，检查锥齿转动的灵活性及轴向窜动。

其他组件装配参照锥齿轮轴组件装配完成。

练一练

1. 减速器组件装配要求是所有零件首先要符合______要求，组装后应__________，无____________。

2. 常见组件的装配包括____________________装配、____________________装配和________________装配。

8.1.4 总装

1. 装配要求

1）零件、组件必须准确安装，符合图样规定。

2）固定连接件必须保证将零件、组件紧固在一起。

3）旋转机构必须转动灵活，轴承间隙合适。

4）啮合零件的啮合必须符合图样要求。

5）各轴线之间应有正确的相对位置。

2. 总装顺序

蜗杆轴系和蜗轮轴系尺寸比较大只能在箱体内组装。

1）蜗杆的装配方法。将蜗杆组件装入箱体，用专用量具检验箱体孔和轴承外圈尺寸，从箱体孔两端压入轴承外圈，装输入端轴承盖组件，拧紧螺钉，轻轻敲击蜗杆轴端消除间隙，选择适当厚度垫片，并安装轴承盖，拧紧螺钉，保证蜗杆轴向间隙 Δ 为 0.01~0.2mm，如图 8-1 所示。

2）蜗轮（见图 8-2）的装配方法。首先用专用量具检验箱体孔、轴和轴承外圈尺寸。

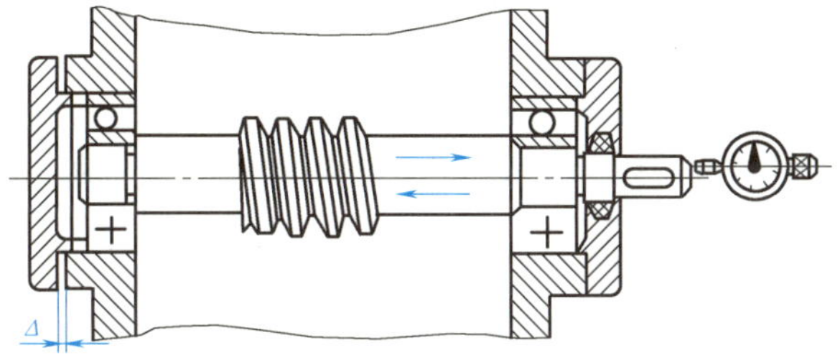

图 8-1　蜗杆的装配

蜗杆轴大端压入轴承内圈，从大轴孔方向转入蜗轮轴，依次装入蜗轮、锥齿轮、轴承套（代替轴承）、大端轴承外圈及轴承盖组件。调整蜗轮轴，保证蜗杆与蜗轮正确啮合。测量轴承端面至孔端面距离 H，并调整轴承盖台肩和补偿垫圈的厚度 H'。装上轴承端盖，拧紧螺钉。

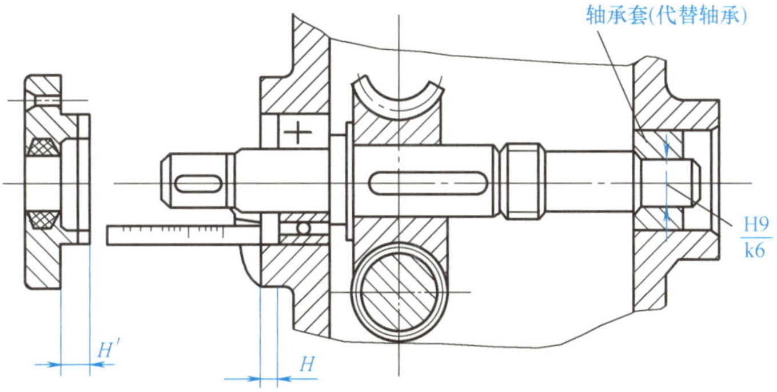

图 8-2　蜗轮的装配

3）锥齿轮组件的装配方法。装入轴承组件，调整两锥齿轮正确啮合位置（齿背平齐），分别测量轴承套肩与孔端面的距离 H_1，及锥齿轮端面与蜗轮端面的距离 H_2，调好垫圈尺寸，卸下各零件（见图 8-3）。

4）最后总装。从大孔方向装入蜗轮轴组件，同时依次将键、蜗轮调整圈、锥齿轮、锁紧垫圈和圆螺母。从箱体孔两端压入轴承及轴承盖，拧紧螺钉并调整好间隙。将轴承套组件与调整圈一起装入箱体，拧紧螺钉。用手转动蜗杆轴带动蜗轮旋转，并调整直至运转灵活，如图 8-3 所示。

5）安装联轴器及凸轮，用动力轴连接空运转，检查齿轮接触斑痕，并调整直至运转灵活。

6）清理内腔，注入润滑油，安装箱盖组件，放上试验台，将 V 带与电动机相连接。

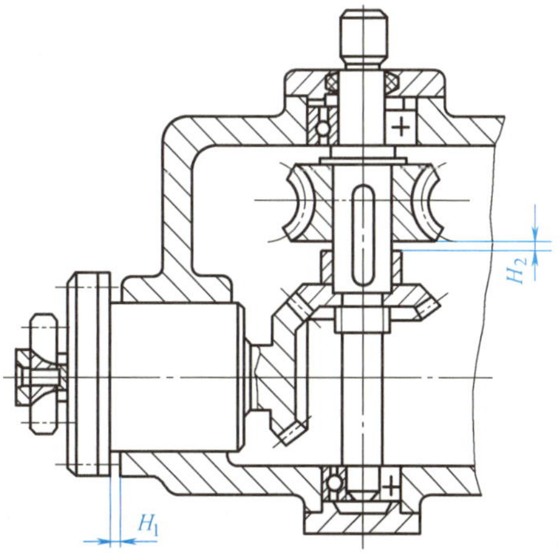

图 8-3　锥齿轮组件的装配

想一想　减速器的拆卸，其拆卸顺序与总装顺序有何关联？你能试着写一下吗？

8.1.5 减速器的调试

箱体内装上润滑油，蜗轮部分浸在润滑油中，依靠蜗轮转动将润滑油溅到轴承和锥齿轮处加以润滑。

连接电动机空运行30min后，要求无明显噪声，轴承温度不超过规定。

减速器是典型的传动装置，装配质量的综合检查，可通过涂色法进行。一般是将红丹粉涂在蜗杆的螺旋面或齿轮齿面上，转动蜗杆，根据蜗轮齿面或齿轮面的接触斑点来判断啮合情况。

8.2 电动机的装调

电动机是利用通电线圈产生旋转磁场并作用于转子形成磁电动力旋转转矩把电能转变为机械能的机器。利用电动机可以把发电机所产生的大量电能应用到生产实际中。

8.2.1 电动机的分类

1. 直流电动机的结构

常见的直流电动机由转子，定子，端盖三部分组成。其构造的主要特点是具有一个带换向器的电枢，图8-4所示为直流电动机结构图，图8-5所示为直流电动机纵向剖面图。

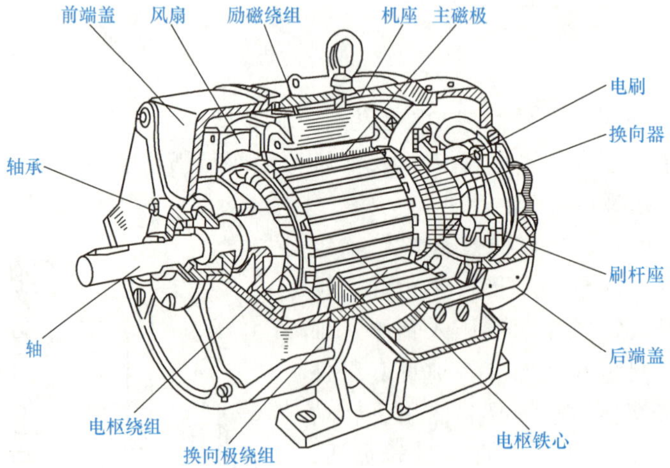

图8-4　直流电动机结构图

直流电动机是一种自控变频的永磁同步电动机，就其基本组成结构而言，可以认为是由电动机本体、转子位置传感器和电子开关电路三部分组成的“电动机系统”。

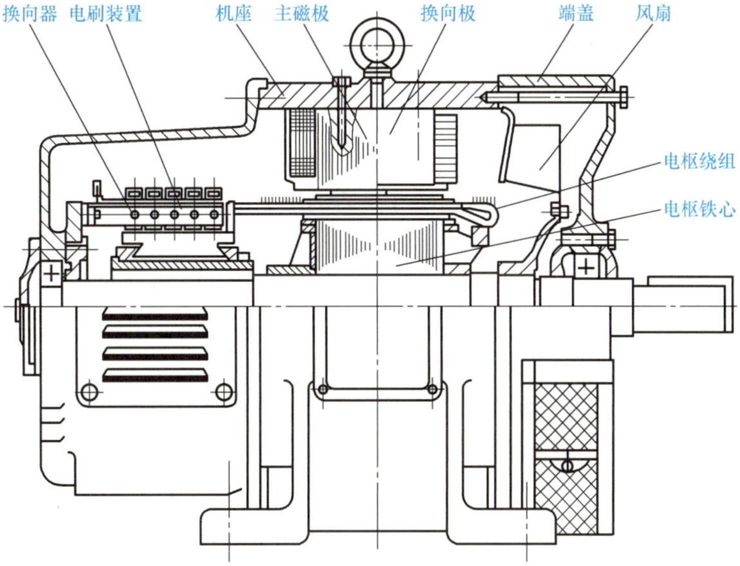

图 8-5 直流电动机纵向剖视图

想一想 生活中你在哪些机器中见过电动机？你认为这些电动机中哪些是直流电动机？

2. 交流电动机的结构

交流电动机由定子和转子组成，并且定子和转子是采用同一电源，所以定子和转子中电流的方向变化总是同步的。交流电动机就是利用这个原理工作的。

交流电动机的种类很多，最常用的是三相异步电动机。

三相异步电动机的结构如图 8-6 所示。

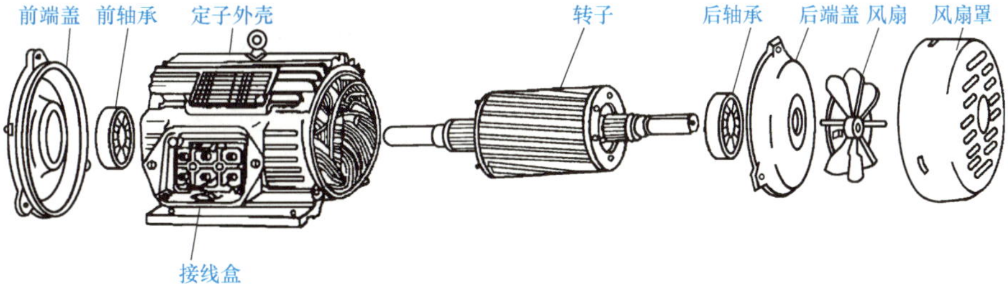

图 8-6 三相异步电动机的结构

想一想 直流电动机和交流电动机结构上有何异同点？

8.2.2 电动机的装调方法

1. 电动机装调前的准备工作

1）直流电动机的装配顺序按拆卸时的逆顺序进行。

2）装配前，准备好所有装配所使用的工具与材料，保证工具、材料完好并能正常使用。

3）各配合处要先清理除锈。

4）清洗轴承要认真仔细，清洁后的轴承一定要检查磨损情况。对于清洗后的各种轴承，磨损情况不得超过表层的允许值。

5）对于轴承盖和端盖也要清洗干净，并随时检查各部件是否有损坏情况。

6）检查转子轴及配合零部件的机械尺寸是否符合标准要求，符合要求后才能进入装配过程。

7）检查定子绕组有无碰伤等情况，槽楔或端部有无高出铁心部位，止口尺寸是否符合要求。

8）用压缩空气将定子内腔与转子表面清理干净，无杂质。

9）定、转子与端盖（内、外盖）非配合表面应涂 C06-1 醇酸铁红底漆（防爆电机的防爆面除外）。在涂抹过程中，不能影响其他表面。

10）使用风冷电动机时，检查风扇、风扇罩的完好性或风管、散热片的完好性。

11）使用水冷电动机时，检查水路是否能正常使用和有无漏水及相应设施是否齐全。

12）装配时应按各部件拆卸时所做标记复位。

2. 直流电动机的装配过程

从前面介绍的直流电动机和交流电动机的构造可以看出来，在构造上，交流电动机线圈两端各接一个铜制圆环（滑环），即电刷；而直流电动机线圈两端各接一个铜制半环，即换向器，直流电动机就比交流电动机多了一个换向器结构。

因此它们的装配过程基本相同，下面以直流电动机为例，介绍装调过程。

（1）滚动轴承的安装

1）常温安装法。把轴承套到轴上，对准轴颈，用一段内径略大于轴径而外径略小于轴承内圈的平口铁管（或钢管），将其一端顶在轴承的内圈上，为防止杂质进入，可以将白纸或者垫板放置在另外一端，再用锤子平稳敲打铁管（或钢管），将轴承慢慢推进去。也可以用金属棒或者硬木棒均匀对称的敲打，有条件的可以用压床压入法，如图 8-7 所示。

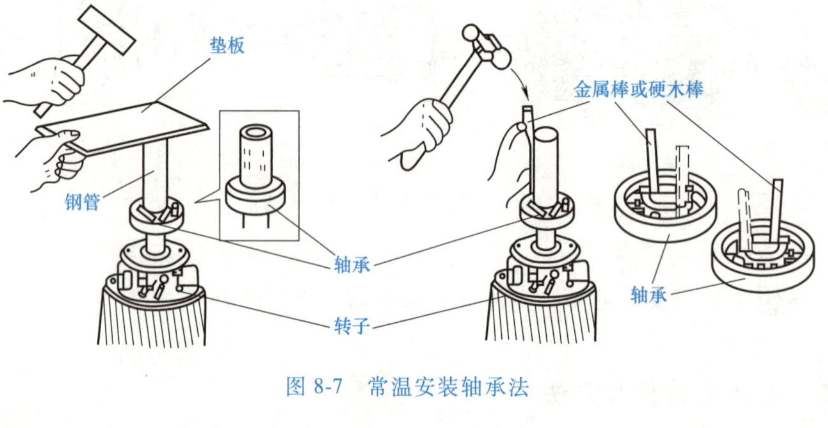

图 8-7 常温安装轴承法

2）加热安装法。把轴承置于 80～100℃的变压器油槽中加热 30～40min。加热时轴承要放在浸于油槽内的网架上或者悬吊于油槽内，不与槽底或槽壁接触。为防止轴承退火，加热要均匀，温度和时间不得超过要求。加热后，要趁热用铁钩迅速把轴承取出，把轴承一次性推到轴颈。如推进困难，可用套筒顶住轴承内圈，用锤子轻敲入，并用棉布擦净。

3）注润滑脂。已装的轴承要加注润滑脂于其内外套之间。塞装要均匀洁净，不要塞装过满。轴承内外盖中也要注润滑脂，一般使其占盖内容积的1/3~1/2。

做一做 试着完成直流电动机轴承的拆卸和安装。

（2）定子安装

1）电刷装置的安装。电刷放在刷握内，用弹簧压紧，使电刷与换向器之间有良好的滑动接触，电刷握固定在电刷杆上，电刷杆安装在圆环形的电刷杆座上，相互之间必须绝缘。电刷杆座安装在前端盖或轴承内盖上，圆周位置可以调整，调好以后加以固定。为保证电刷与换向器表面有良好的滑动接触，压紧弹簧的压力可以调整。

2）主磁极的安装。换向极一般装在两个相邻主磁极之间。换向极的数目与主磁极相等。主磁极铁心是将1.0~1.5mm厚的低碳钢板冲压成一定形状，用铆钉把冲片铆紧，然后固定在机座上。

（3）后端盖的安装　将轴伸端朝下垂直放置，如图8-8所示，在其端面上垫付上木板，将后端盖套在后轴承上，用木锤敲打，把后端盖敲进去。小型电动机使用木锤一般就可以，但大一点的电动机需使用铁锤或大铜棒才行。紧固内外轴承盖的螺栓时，要按照螺钉紧固的顺序要求，逐步拧紧。

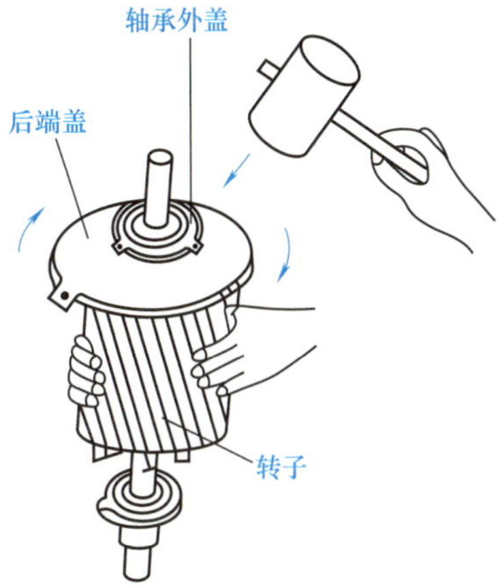

图 8-8　后端盖的安装

（4）出线座的安装　根据图样要求，将出线座装在机座上，注意弹簧垫圈、平垫等标准件要装齐全。

（5）转子的安装　把转子对准定子孔中心，小心地往里送放，不能歪斜，防止碰伤定子绕组，转子的后端盖要对准机座的标记，旋上后端盖螺栓，暂不要拧紧。

（6）前端盖的安装　将前端盖对准与机座的标记，用木锤均匀敲击端盖四周，不可单边着力，并拧上端盖的紧固螺栓。拧紧前后端盖的螺栓时，要按对角线上下左右逐步拧紧，使四周均匀受力。否则易造成耳攀断裂或转子的同轴度超差等。然后装前轴承外端盖，先在外轴承盖孔内插入一根螺栓，一手顶住螺栓，另一手缓慢转动转轴，轴承内盖也随之转动，当手感觉到轴承内外盖螺孔对齐时，就可以将螺栓拧入内轴承盖的螺孔，再装另外几个螺栓。紧固时，也要逐步按螺钉紧固的顺序要求，均匀拧紧。

（7）后端盖的安装　紧固后端盖与机座的螺钉。

（8）风扇和风扇罩的安装　先安装风扇叶，对准键槽或紧定螺钉孔，一般可以推入或轻轻敲入，完好后按机体标记，推入风扇罩，转动机轴，要求风扇罩和风扇叶无摩擦，最后拧紧螺钉。对于风扇的平衡试验，通常是将风扇装入转子后和转子一起进行。

（9）带轮或者联轴器的安装　安装时要对准键槽或紧定螺钉的孔。中、小型电动机可在带轮的端面垫上木块或铜板，用手锤打入。安装大型电动机的带轮（或联轴器）时，可用千斤顶将带轮顶入。

3. 装配后的检验

1）检查所有螺栓是否拧紧。

2）检查转子转动是否灵活。如果转动沉重，可用纯铜棒轻敲端盖，同时调整端盖紧固螺栓的松紧程度，使之转动灵活。

3）检查轴伸出端径向是否有偏摆现象。

4）检查轴承内是否有噪声。

5）测定直流电阻。检验定子绕组在装配过程中是否造成线头断裂、松动、绝缘不良等现象。

6）测定绝缘电阻。检验绕组对地绝缘和相间绝缘。

7）耐压实验。检验电动机的绝缘和嵌线质量。

8）短路试验。试验时要求在转子不转的情况下进行。电压通过调压器从零逐渐增大到规定值。

9）温升检查。检查铁心、轴承的温度是否过高，轴承在运行时是否有异常声音等。

4. 电动机起动试运行

电动机试运行一般应在空载的情况下进行，空载运行时间为 2h，并做好电动机空载电流电压记录。电动机试运行接通电源后，如发现电动机不能起动和起动时转速很低或声音不正常等现象，应立即切断电源检查原因。

1）电动机的第一次起动，应不带机械负载进行。运行正常后，再带机械负载运行。

2）电动机在起动前，应对其本体及其各类保护等附属设备进行检查，确认其符合条件后，方可起动。

5. 装配好试运转后的检查结果

一般有以下情况可能出现。

1）电刷过火。

2）电动机无法运转。

3）电动机转速不正常。

4）电动机温升过高。

5）电动机振动。

6. 电动机的调试

（1）电刷过火　试车前检查电枢绕组与换向片之间是不是脱焊，电枢绕组是不是断路或者短路故障，换向极绕组是不是接反或者短路；查看电动机过载情况，减小负载；电刷压力不当，使用弹簧秤向上轻拉，调整压力为 14.7~24.5kPa；电刷磨损过大需更换；更换外表面不洁有污垢或者云母片突出来的换向器；刷握松动或者安装位置不正确，需紧固或重新调整刷握位置；电刷与换向器接触不良，研磨电刷和换向器的接触面。

（2）电动机无法起动　未能送电，试车前检查电气电路是否正常；电刷与换向器接触不良，需研磨接触面；起动电流太小，检查电源电压是否过低，检查起动变阻器是否过大；直流电源功率太小，试车前检查铭牌是否匹配；电枢绕组断路或励磁绕组断路，试车前检查直流电阻；电动机过载，查看负载并视可能性减小负载；最后在排除其他可能性后，确定起动器故障，并更换。

（3）电动机转速不正常　励磁绕组接触不良，励磁电流很小或者为零，使电动机转速大增，应找出故障点予以排除；电刷位置不对，调整电刷位置，需正反转的电动机电刷位置应位于几何中心线处；主磁极与电枢之间的空气间隙不相等，检查各磁极的空气间隙并加以调整，使各磁极的空气间隙相等；个别电枢绕组短路，检查绝缘情况。

（4）电动机温升过高　过载运行，降低负载；绕组或换向器短路，检查电路；定子转子相互摩擦，检查定子是否磨损。

（5）电动机振动　检修时风叶装错位置或平衡块移动，需找平衡；地基不平或地脚螺钉不紧，电枢平衡未找好，需找平衡；转轴变形，需更换；联轴器未找正，重新找正使其成一直线。

8.3 柴油机的装调

作为农用动力的机电产品，柴油机和汽油机起着很重要的作用，柴油机和汽油机的结构基本相同，下面以柴油机为例介绍其装调过程。柴油机是内燃机的典型产品，其结构复杂，装配质量直接影响其使用性能。装配的关键主要包括气缸、活塞、曲轴、连杆的组装，配气系统及燃油系统等组装。

8.3.1 气缸套、气缸盖装配

1. 气缸套的安装

（1）缸体的清理　缸体一般用灰铸铁、球墨铸铁或铝合金铸造而成，大多数为长方体，如图 8-9 所示。

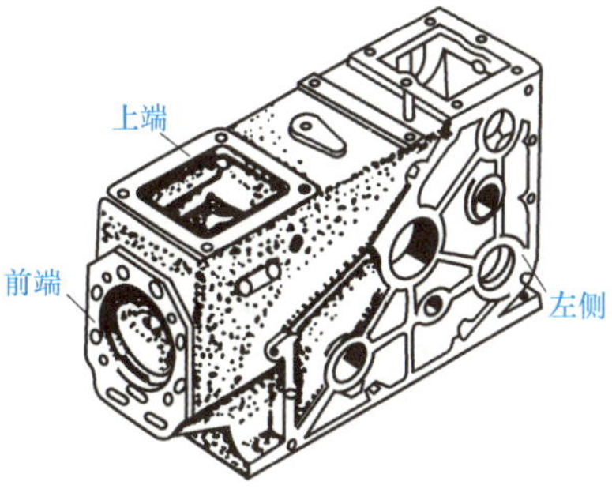

图 8-9　S195 型柴油机的缸体

维修完发动机，一定要清除缸体在上、下凸肩处的沉积物。当清除不彻底时，容易损伤阻水圈，并引起气缸套倾斜，在压紧缸盖后出现变形等情况，从而造成气缸套的早期磨损、活塞偏磨、机油渗入气缸而排黑烟等故障。一般上凸肩较轻微。在安装气缸套前，均应仔细将脏物清除干净。

（2）气缸套安装前检查　气缸套简称气缸或缸套，有湿式和干式两种，其中湿式用得较多，如图 8-10 和图 8-11 所示。

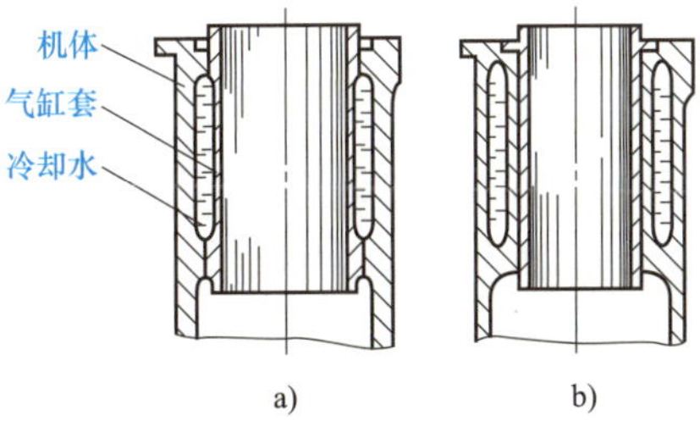

图 8-10　水冷式柴油机气缸套安装形式

a）湿式气缸套　b）干式气缸套

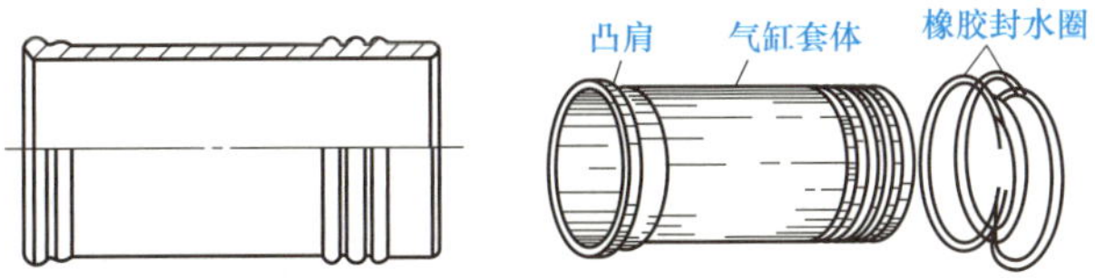

图 8-11　湿式气缸套

气缸套与活塞、气缸盖构成燃烧空间，气缸壁易磨损，一般发动机都采用气缸与机体分开的结构，气缸套由耐磨材料制成。气缸套与安装孔一般为间隙配合。在缸体的安装孔清洁好以后，将未装阻水圈的气缸套装入缸体时，应无阻卡现象，并可用手转动。

安装后的气缸套上平面高度应略高出缸体上平面，高度差 a 为 0.06~0.16mm。a 应符合缸套与缸体配合的标准要求。如不符合，可调整垫片厚度。气缸套高出缸体平面的检查如图 8-12 所示。

(3) 阻水圈安装　在气缸套下支承面上有环状槽，其内安装 O 形耐油橡胶密封圈称为阻水圈。阻水圈应选用耐油、耐热、弹性好的橡胶，装配前应修平毛边和棱角。装入槽后，要平整，不允许扭曲；还应有适当的紧度并要高出槽外，以备装配时有变形余量，一般为 0.8~1.2mm，如图 8-13 所示。

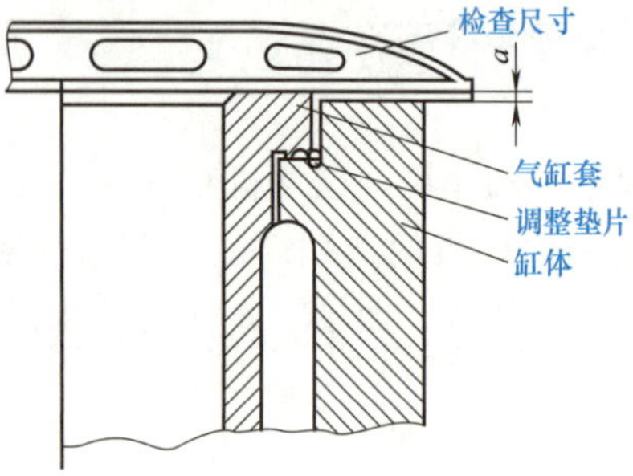

图 8-12　气缸套高出缸体平面的检查

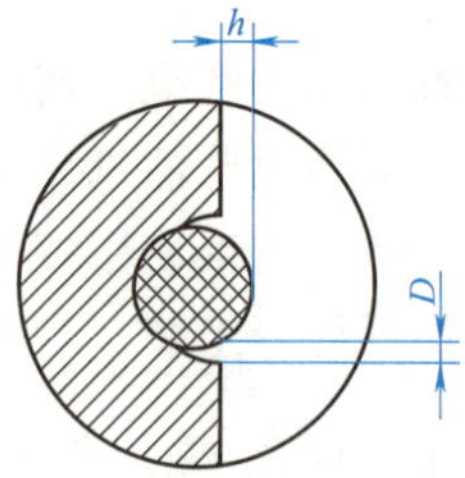

图 8-13　阻水圈在气缸套上的安装

装好阻水圈的气缸套，在阻水圈表面涂一层快干漆增加密封性。在装入缸体前，可在阻水圈处涂以肥皂水，从缸体上端垂直装入。阻水圈与下凸肩的接触处应尽可能均匀，并应以手稍加压力即可装入为宜。如果装不进去，应取出，查明原因，不得强行压入。

(4) 气缸套安装后的检查　气缸套安装后，应检查缸筒内径有无变形；缸筒高出缸体平面的高度是否符合规定；进行水压试验，检查密封处是否有渗漏现象。如发现问题，则应拆下重新装配。

2. 气缸盖总成

气缸盖总成主要包括气缸盖、气缸盖罩、气缸垫等零件，如图 8-14 所示。

气缸盖主要用来封闭气缸，同时也是许多零部件的安装基体。气缸盖的底部与气缸体依靠缸盖螺栓相连，安装时，要按规定分 3~4 次用扭力扳手均匀拧紧至规定力矩。安装好后柴油机工作 10h 左右，应该检查是否松动，并按规定力矩拧紧。

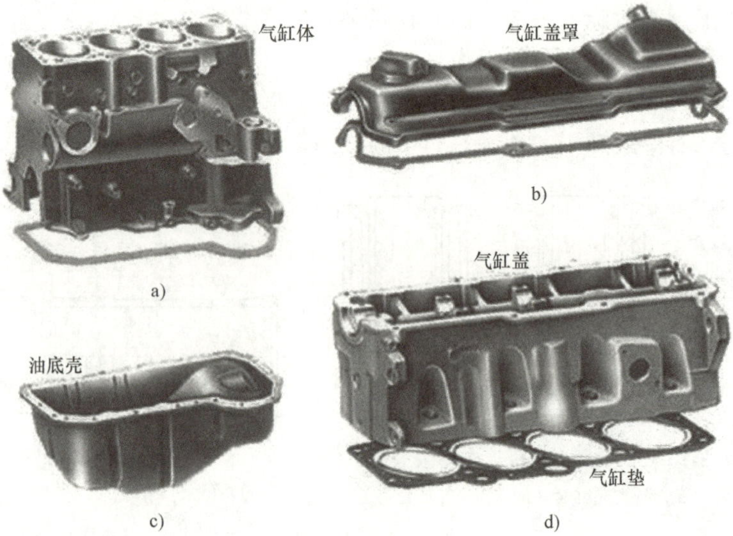

图 8-14　气缸盖、气缸垫及气缸盖罩等

a) 气缸体　b) 气缸盖罩　c) 油底壳　d) 气缸盖及气缸垫

气缸盖在使用中应防止产生三漏，即漏气、漏

水、漏油。

想一想　安装气缸盖时，用扭力扳手拧螺栓，应如何拧紧？

8.3.2　活塞连杆组装配

活塞连杆组由活塞、活塞环、活塞销和连杆等组成，如图 8-15 所示。

活塞多采用铝合金，它由防漏部、活塞顶、裙部和活塞销组成。防漏部有三道环槽（有的活塞在裙部还有 1 道环槽），最下面一道环为油环槽，如图 8-16 所示。

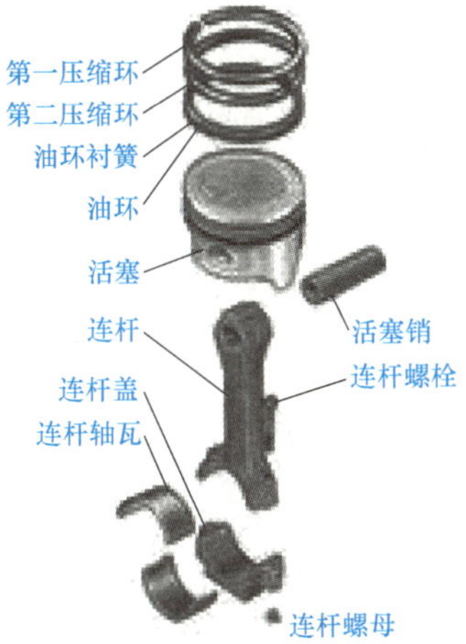

图 8-15　活塞连杆组

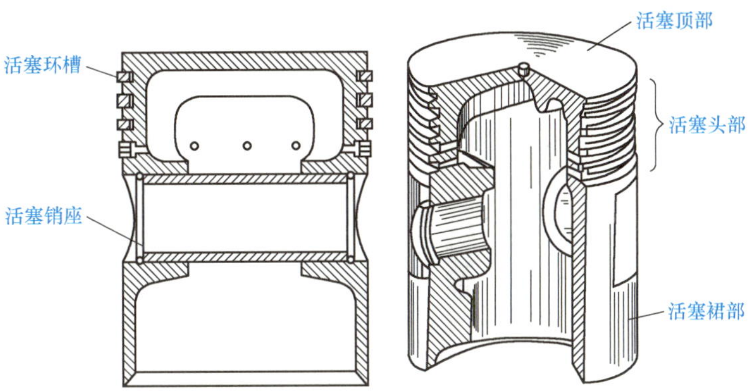

图 8-16　活塞的构造

1. 活塞环向活塞上安装

活塞环有气环和油环。气环除矩形断面外，还有非矩形的，如锥面环、扭曲环、梯形环、桶面环等，如图 8-17 所示。

非矩形截面环有一定的装配方向。当作为第一道环时，锥形环和正扭曲环在环的断面上内侧或下外侧切口，以提高刮油效果。但正扭曲环装在第二、三道环槽时，为了提高密封性能，可按相反方向装配。如果是环断面的下内侧或上外侧切口（反扭曲环），则安装方向应与正扭曲环相反。油环有普通油环和组合油环。气环有泵油的作用，油环有刮油的作用，如图 8-18 所示。

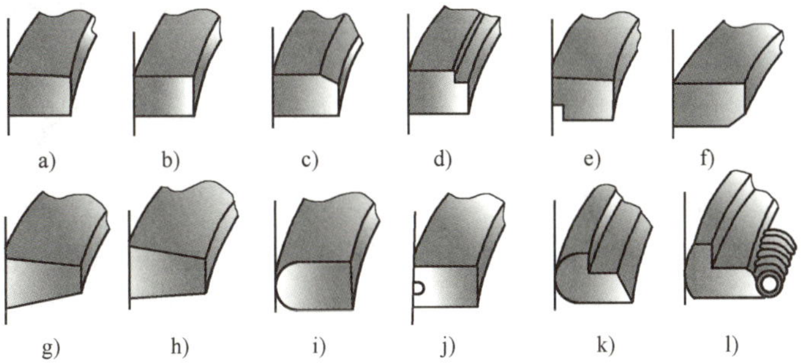

图 8-17　气环的断面形状

a）矩形环　b）锥面环　c）、d）上侧面内切正扭曲环　e）下侧面内切正扭曲环　f）下侧面内切反扭曲环　g）梯形环　h）楔形环　i）桶面环　j）开槽环　k）、l）顶岸环

活塞环装入环槽后，为防止活塞环受热膨胀而卡死，活塞环切口处应保留一定的间隙，称为开口间隙，大小与缸径有关，小型柴油机一般为 0.25～0.50mm，如图 8-19 所示。

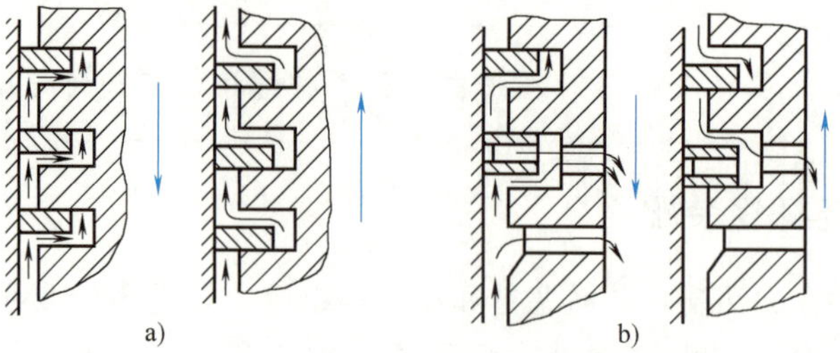

图 8-18 活塞环的工作情况

a）气环的泵油作用 b）油环的刮油作用

活塞环与环槽之间在高度方向上也应留有一定的间隙，称为侧隙，一般为 0.04～0.15mm，当活塞环沉入槽底时其外圆面应低于环岸，如图 8-20 所示。

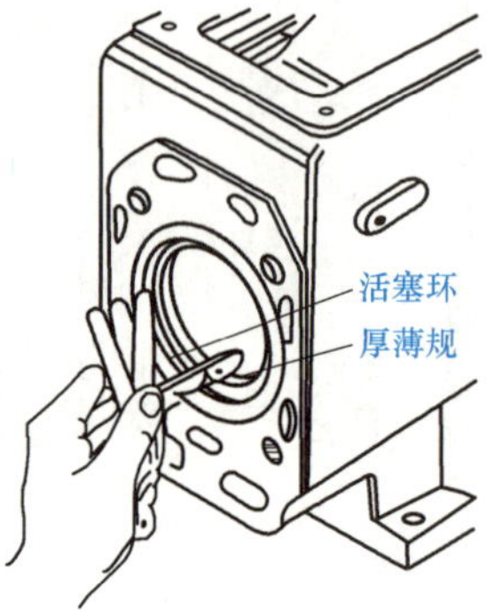

图 8-19 测量活塞环开口间隙

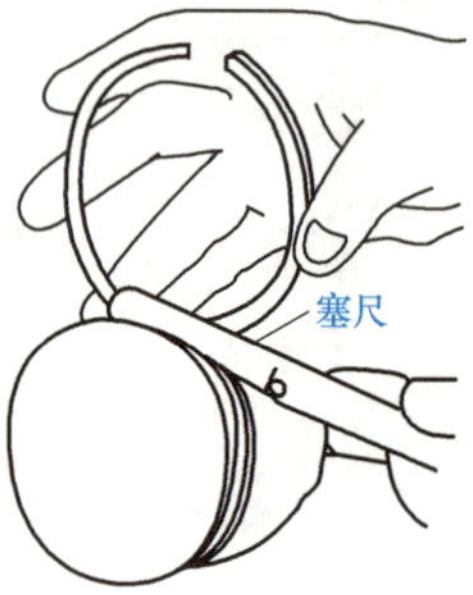

图 8-20 测量活塞环侧隙

活塞环经过弹力检查、活塞环与环槽的间隙（侧隙）检查、活塞环开口间隙检查和修配、活塞环与气缸套漏光的严密性的检查合格后，方可向活塞上安装，如图 8-21 所示。

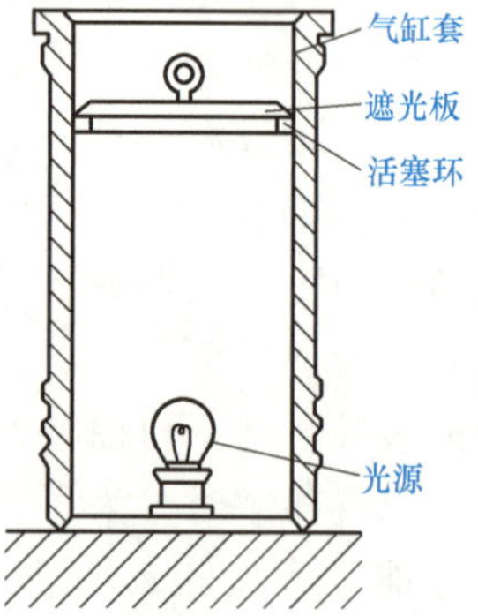

图 8-21 活塞环的漏光检查

为了防止损害活塞环，装配时应尽量采用专用工具——活塞环钳。

2. 活塞与缸筒配合

活塞与缸筒的配合间隙要求较为严格，通常都采用选配。活塞与缸筒的配合标准是根据 20℃ 的环境温度制定的。由于铝活塞的热膨胀系数比钢铁材料约高出一倍。当装配时的环境温度变化较大时，应进行温差补偿。在小批量的修配中，一般用厚薄规来测定配合间隙，选配时既要求满足装配标准，也应尽可能使各缸的配合间隙基本一致。

3. 活塞销与活塞销孔的装配

由于一般活塞销与活塞销孔在常温下有一定的过盈，装配时需采取温差装配法，立即将活塞加热到 80～90℃（可用水煮）。装配时应在活塞销表面涂上机油，将活塞从热水中取出后，迅速将销孔擦拭干净，立即将活塞销装入孔中，并连同连杆小头一并装上，然后装上卡簧。

4. 零件质量检查

活塞销孔与活塞裙部母线垂直度的检查，要求在100mm长度内垂直度误差不大于0.05mm。手持连杆、摇动活塞，活塞应能自由摆动；连杆小头两端面与活塞销座孔内端面应有不小于2mm的游动间隙；将活塞连杆组装到连杆校正器上，使活塞裙部贴近校正器垂直平板，测量活塞裙部上下两处与校正器平板的间隙差。此值即为连杆大端孔中心线与活塞中心线的垂直度误差，一般不应小于0.08mm。当不符合要求而需要扩孔时，必须严格遵守铰削工艺的有关要求。检查连杆轴承和轴颈配合间隙是否符合规定和连杆螺栓是否有被拉长和螺纹损伤的情况。

5. 活塞连杆组向气缸内装配

各零件应特别注意清洁，并涂抹少量洁净的润滑油；装入气缸时各塞环环口在气缸中的位置应相互错开90°～120°，同时也应与活塞销孔错开；组件装入缸筒后按拧紧曲轴主轴承螺母的方式将连杆轴承盖拧紧和锁定。装配完毕后应复查连杆轴承间隙与轴柄的周向间隙；检查转动是否灵活。最后检查活塞在汽缸中有无偏斜和活塞处于上止点位置时与缸体平面的高度差，如图8-22所示。

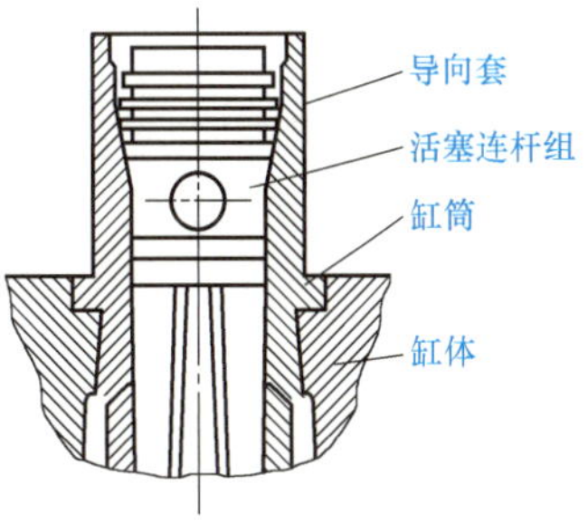

图8-22 活塞连杆组往缸体上的安装

8.3.3 曲轴飞轮组装配

曲轴飞轮组由曲轴、飞轮和平衡机构组成，如图8-23所示。

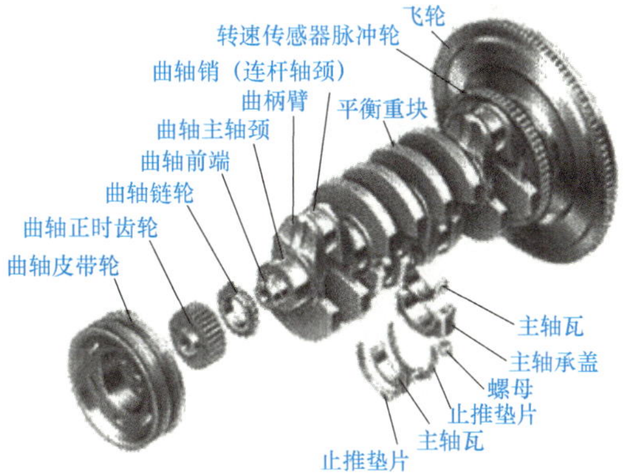

图8-23 曲轴飞轮组

1. 曲轴和轴承的装配

检查轴颈与轴承的配合间隙是否符合规定，螺柱、螺母有无损伤；冲洗机体主油道和曲轴中的油道；清洁各配合表面，如图8-24所示。

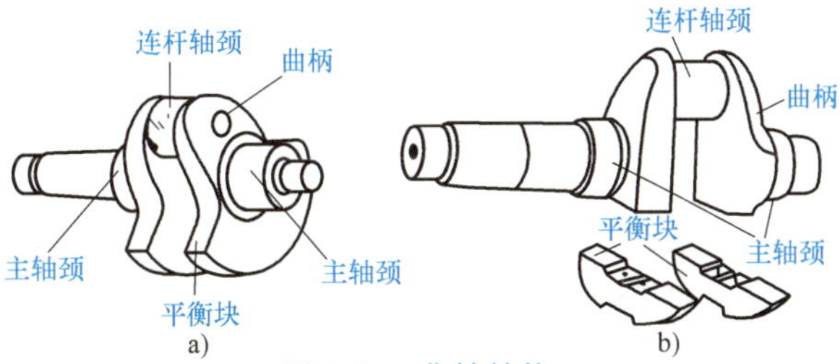

图8-24 曲轴结构

a）整体式曲轴 b）分铸式曲轴

多缸柴油机的主轴承一般用开式双金属薄壁轴瓦；单缸柴油机多用整体式双金属薄壁轴瓦。为了限制曲轴的轴向窜动，在最后一道主轴瓦采用翻边轴瓦，或在一道主轴瓦的两侧装有弹性挡圈；有的小型柴油机则用滚动轴承。装上主轴承的上瓦片，并在各油道及轴承表面注上清洁的机油；将曲轴放入规定位置，并盖上下瓦盖；从中间主轴承开始向两端逐个拧紧主轴承盖，拧紧螺母时须注意要两侧均匀拧紧，并要达到规定的拧紧力矩，在拧紧过程中，每拧紧一道轴承，均应对曲轴进行转动，检查曲轴是否转动灵活。全部轴承装配完毕以后，应用厚薄规检查曲轴的轴向游动间隙。经检查确认各部分装配合格以后，应将螺帽进行锁定。

2. 飞轮的装配

飞轮的功用是储存和释放能量，使曲轴旋转均匀。一般用铸铁制成，安装在曲轴尾端的锥形轴颈上，有键槽定位，轴向用螺母紧固，并用止推垫圈的折边锁住，如图 8-25 所示。

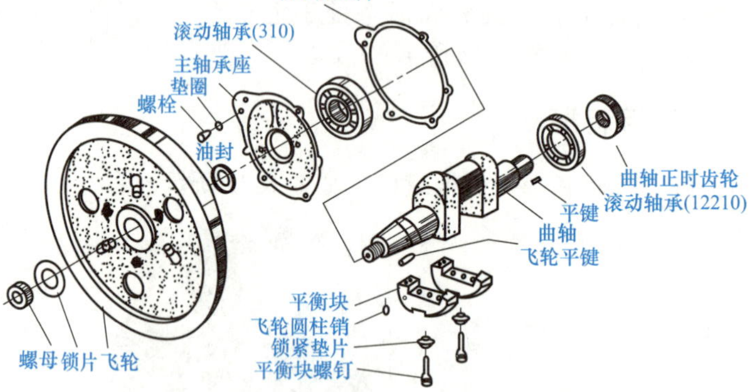

图 8-25 R180 型柴油机曲轴飞轮总成

3. 平衡机构的装配

由于柴油机曲柄连杆机构运动时会产生很大的离心力和往复惯性力，会导致柴油机产生强烈的振动，从而恶化驾驶人的工作条件，甚至会振坏机器的零部件。离心力一般用曲轴上的平衡块平衡，往复惯性力在多缸柴油机上靠合理排列各缸的做功顺序来平衡，而单缸柴油机则需要专门的平衡机构进行平衡。平衡机构分为双轴与单轴平衡机构。双轴平衡机构主要由上、下两根平衡轴组成，如图 8-26 所示。

平衡轴齿轮上都刻有定位标记，在齿轮室中应按标记装配该齿轮，如图 8-27 所示。

单轴平衡机构尺寸小、重量轻，平衡效果比双轴平衡机构差一些。

8.3.4 配气系统装配

单缸四冲程柴油机上广泛采用顶置气门式配气机构。除顶置气门式配气机构外，还有侧置气门式和气孔式多用于二冲程柴油机及汽油机。顶置气门式配气机构由气门支承组、驱动组、传动组三部分组成，如图 8-28 所示。

1. 气门与座的装配要求

柴油机要检查气门与座配合时相对汽缸盖平面的下限值。既要防止与活塞顶相碰，又要

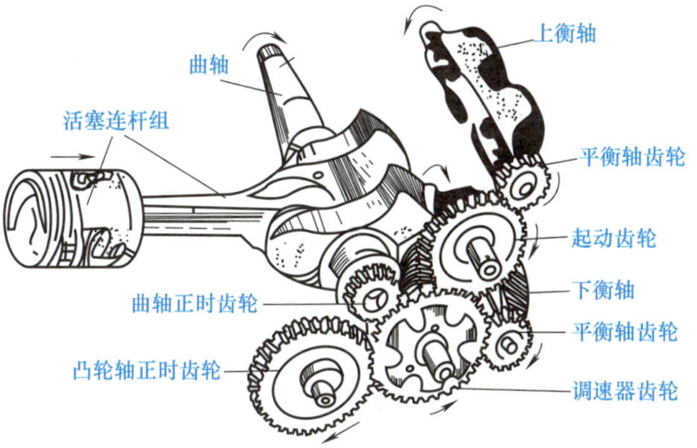

图 8-26　双轴平衡机构

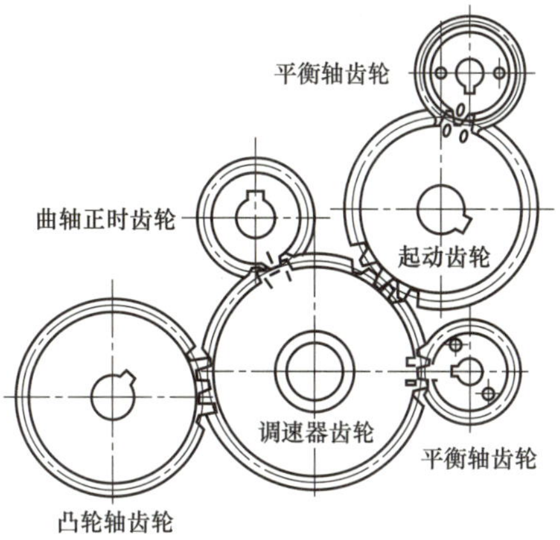

图 8-27　带双轴平衡机构的齿轮室安装记号图

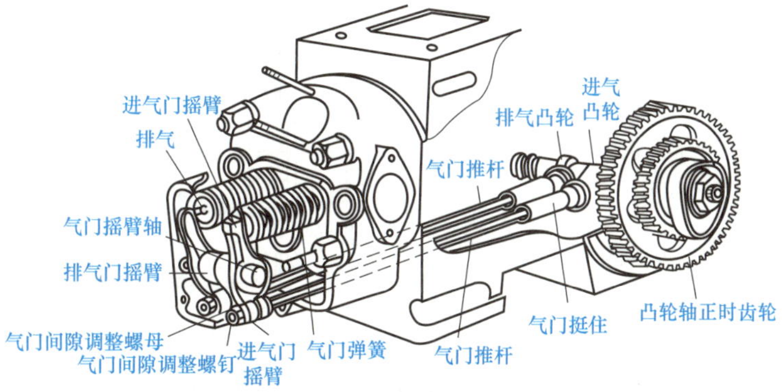

图 8-28　195 型柴油机的配气系统

保证正确的燃烧室容积，并注意各缸之间燃烧室容积的平衡。修配时可通过各缸气门互换达到。接触环带应保证有良好的密封性。修配时，一般凭直觉检查接触印痕，也可进行渗漏检查，即用气门弹簧和锁片将气门按要求装好，然后从气门杆一方注入煤油，5min 后气门无漏油现象则认为合格，如图 8-29 所示。

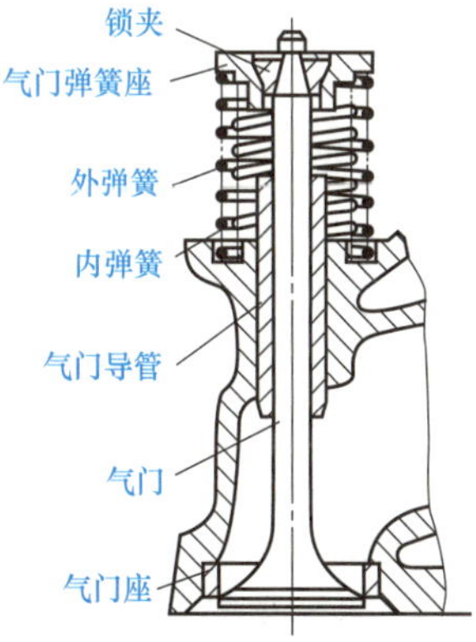

图 8-29　气门组零件组成

2. 气门间隙的调整

气门杆尾端与摇臂长臂之间的间隙，用摇臂短臂上的调整螺钉来改变摇臂短臂头与推杆上端的距离，进而使气门杆尾端与摇臂长臂之间的距离发生变化。柴油机工作 100h 或消耗柴油 200kg 后，应检查、调整一次。不同的机型间隙数值不同。调整好后，用厚薄规检查。

3. 定时齿轮的定位

曲轴和凸轮轴定时齿轮的相对位置是保证正确的配气相位的首要条件。定时齿轮组一般在出厂时都有记号，它有两种表示方法：一种是在齿轮和箱壳上有对应的记号，装配时只有将两记号对准即可；另一种是齿轮与齿轮中间有对应的记号（见图 8-27）。

当齿轮组原来没有记号或记号错乱时，可按如下方法找到正确的安装位置。将飞轮按记号转到某一缸的压缩终了的上止点后转动一圈，然后根据进气的提前角使曲轴反向回转到相应的角度上，转动凸轮轴使之达到刚刚顶开进气门的位置，此时装入定时齿轮，即为正确定位。

4. 空气滤清器

空气滤清器是进气装置的主要部件，其功用是过滤空气，供应柴油机充足、洁净和新鲜的空气。常用的有湿式和干式空气滤清器，如图 8-30 和图 8-31 所示。

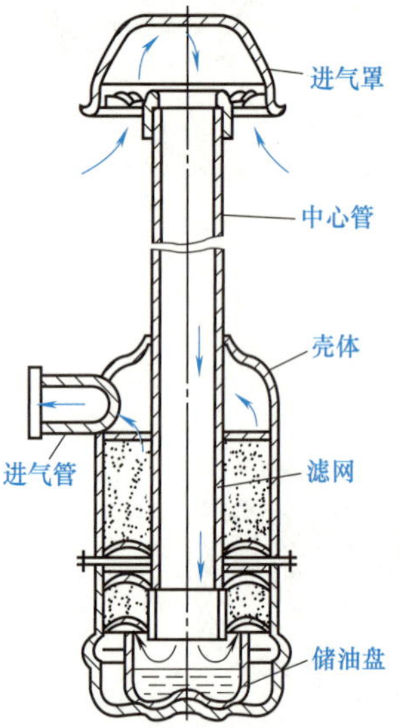

图 8-30　湿式空气滤清器

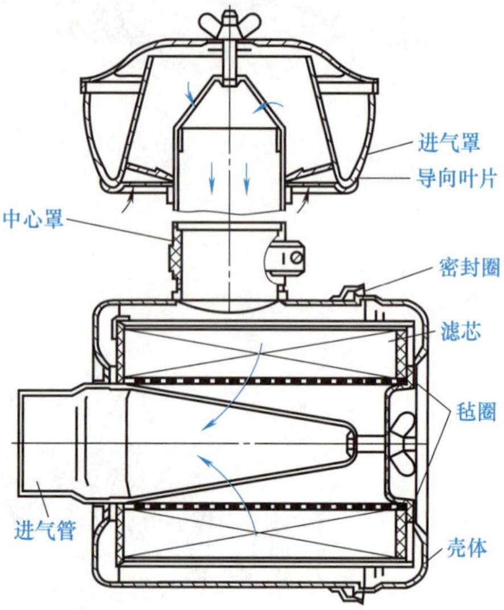

图 8-31　干式空气滤清器

空气滤清器装配时，各密封垫圈要注意放平，不要在扭曲状态下装入，以免漏气；要注意各管路连接处的密封是否良好；螺栓、螺母、夹紧圈等应紧固。工作 100h 应保养一次。

5. 其他零件的安装要求

气门杆的弯曲度应不大于 0.05mm、圆柱度误差应不大于 0.02mm，气门杆在气门导管内不能摆动，气门杆身与气门导管的间隙较小，一般为 0.05~0.10mm；气门导管与气缸盖上的气门导管孔为紧配合，过盈量为 0.009~0.046mm（铸铁）或 0.018~0.074mm，气门头部边缘厚度不得小于 0.5mm，锥面应平整、光洁、无刮伤，锥面相对中心线的摆差一般不大于 0.05mm。气门弹簧的自由长度和刚度应符合要求，气门弹簧的断面与轴线应保持垂直，其最大偏差角度应不大于 2°。对一般汽、柴油发动机气门座圈的接触环带宽度应在 1.5~2.5mm 以内，汽油机取下限，柴油机取上限。

8.3.5 燃油供给系统及调速器装配

燃油供给系统一般由油箱，柴油滤清器，喷油泵，喷油器及高、低压油管等组成，如图 8-32 所示。

1. 油箱及柴油过滤器

油箱用来储存柴油，一般由镀锌簿钢板做成。油箱必须保持干净，使用中，应定期用清洁柴油清洗内部。

柴油滤清器有粗滤器和细滤器，作用是清洁柴油。柴油滤清器安装好要放尽其间的空气，可拧松出油管管接螺栓，直到流出的柴油不带气泡，表明空气已经放光，再将管接螺栓拧紧，防止漏油。使用 50～100h 保养一次，如图 8-33 所示。

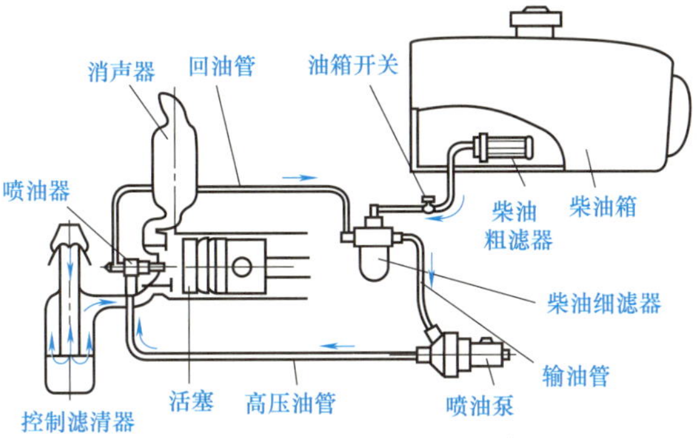

图 8-32　柴油供给系统示意图

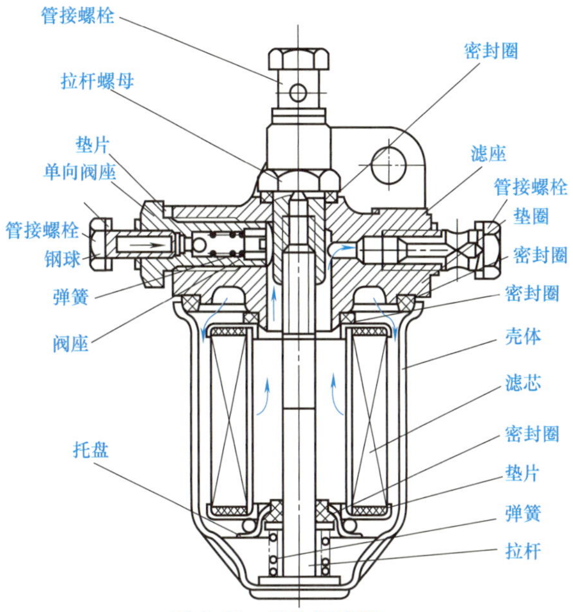

图 8-33　柴油细滤器

2. 喷油泵装配要求

喷油泵也称为燃油泵或高压泵，作用是提高柴油压力，并根据柴油机的负载大小将一定量的洁净柴油，在规定的时间内输送到喷油器。单缸柴油机上的喷油泵，均采用单体柱塞式喷油泵。按油量调节方式其结构形式有齿轮齿条式喷油泵和 I 号拉杆拨叉式喷油泵，如图 8-34 所示。

齿轮齿条式喷油泵的结构如图 8-35 所示。

I 号喷油泵的结构如图 8-36 所示。

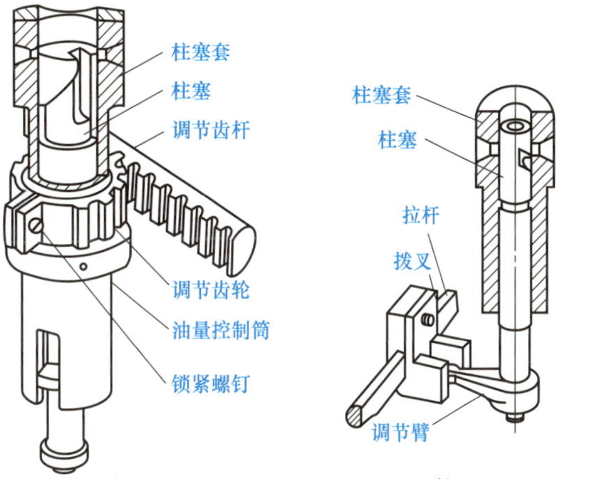

a)　b)

图 8-34　喷油泵的油量调节机构

a）齿轮齿条式　b）拉杆拨叉式

安装时，柱塞套装配必须使定位螺钉正好插入柱塞套的半月形槽中。定位螺钉拧紧以后，柱塞套应能上下少量移动，但不能转动。柱塞的装入应仔细对准并轻轻推入柱塞套中，不得在未对准时强行用力装入。Ⅰ、Ⅱ、Ⅲ号系列泵的挺柱组件有一定的高度，装配时应对此进行检查。齿条（或拉杆）装配后应能灵活沿轴向移动，并有一定的行程；与摆叉或齿轮一般有固定的相对位置，装配应注意对中。出油阀要密封好，防止漏油。对齿轮齿条式喷油泵来说，有装配记号，不能装错，否则会造成供油时间的错乱，装配时应予注意。要调整好供油提前角，过大，柴油机工作时有敲打声，机件容易损坏，起动也容易发生倒转；过小，起动困难燃烧不完全，排气冒黑烟，机件温度过高，功率不足。一般 S195 型为

1518；180 型为 1626；185 型为 1620 等。使用中由于凸轮磨损的影响，供油提前角会发生变化，故应定期调整。

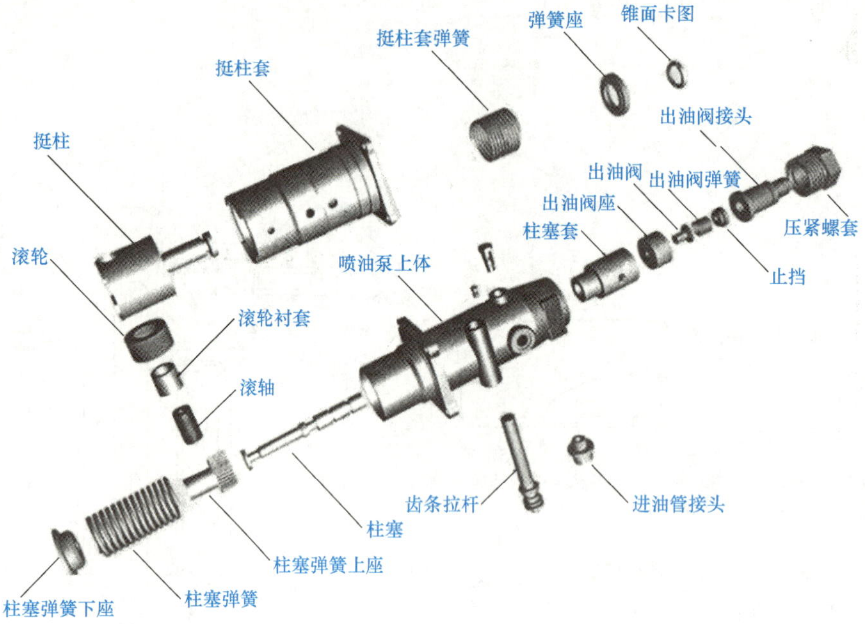

图 8-35　齿轮齿条式喷油泵的结构

3. 喷油器装配要求

喷油器的功用是将喷油泵压送到高压油管的柴油，在规定的压力下，以锥形油束喷入燃烧室与气缸内的压缩空气进行混合，达到完善燃烧的目的，如图 8-37 所示。

喷油器上端装有调压弹簧，调压弹簧的上面有调压螺钉，调整弹簧预紧力，从而调整喷油器的压力。压力过低，雾化不良，会导致柴油机不容易起动、耗油量增加、排气冒黑烟、积碳、功率下降；过高，零件容易磨损。调整正确后用螺母锁紧，防止调压螺钉松动及喷油压力改变。

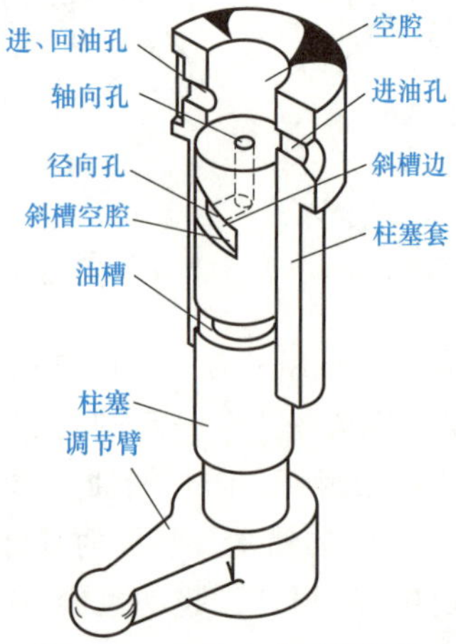

图 8-36　I 号喷油泵的结构

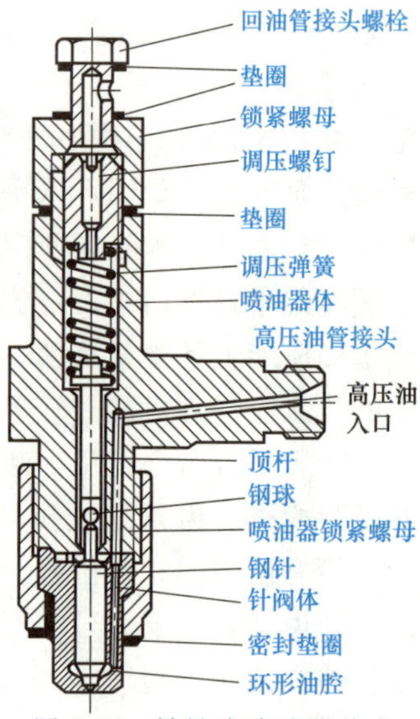

图 8-37　轴针式喷油器总成

4. 调速器装配要求

调速器的功用，就是根据外界负载的变化，自动调节供油量，使柴油机的转速保持相对稳定。一般采用机械离心式全程调速器，有飞锤式和飞球式，如图8-38所示。

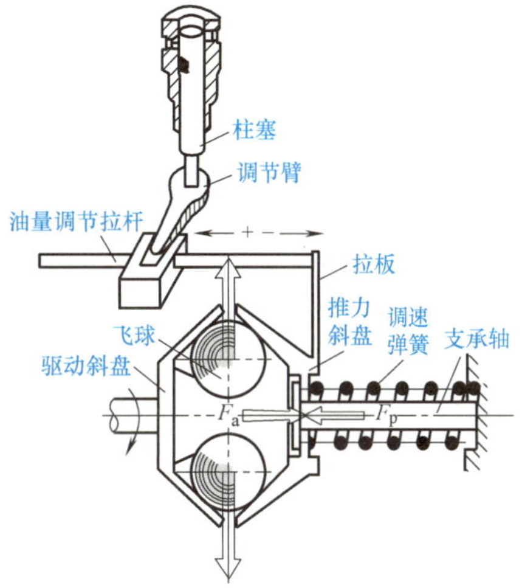

图8-38　飞球式调速器

飞锤或飞球要保持质量均匀，其偏差必须严格限制，以保证回转时的离心力平衡，避免产生振动。系列泵推力盘45°斜面对轴承中心线的全跳动误差在直径为90mm处应不大于0.15mm，推力盘转动应灵活。各种调速器的联接铰链的配合应相当于H8/g7。其磨损后配合间隙，一般不大于0.2mm，以避免由于间隙过大而引起灵敏度和稳定性降低。可调性的校正弹簧应根据负载性质进行调整。当负载性质较稳定时，其弹簧的预紧度应较大；反之，可适当降低预紧程度，使有较好的性能，有利于克服瞬时骤加负载。此预紧度也可通过对校正油量进行调整来实现。停车熄火后，调速手柄应放到停车位置以免调速弹簧长期受力而使弹簧力变弱。

练一练

1. 对齿轮齿条式喷油泵来说，有装配记号，不能装错，否则会造成供油时间的错乱，装配时应予注意。(　　)

2. ＿＿＿＿＿＿的功用，就是根据外界负载的变化，自动调节供油量，使柴油机的转速保持相对稳定。

A. 喷油泵　　B. 调速器　　C. 喷油器　　D. 滤清器

5. 装配后油泵和调速器在试验台上进行整体调试

调试包括如下内容：

1）灵敏度与稳定性的调试。

2）喷油时刻的检查调整和喷油间隔角度的检查调整。

3）供油量及供油均匀度的检查和调整，应分别对额定油量、校正油量和怠速油量按照标准进行调整，并最后检查是否合格。

4）停止供油转速的检查。

6. 喷油泵——调速器总成向发动机上安装

在柴油机中，有些喷油泵及调速器总成向发动机上的安装有固定不变的连接，装配时只要使定时齿轮按记号啮合，然后安装固定即可。

另一类喷油泵及调速器总成与机体相连接的接盘是可以相对转动的。转动时即改变喷油提前角。因此，装配时还要校正喷油提前角或供油提前角。

喷油提前角在发动机上的校正可按如下过程进行：

1）将任意一缸的活塞摇至压缩行程终了的上止点位置。

2）在飞轮壳体上安装一喷油器，使喷嘴朝向飞轮圆周。并在飞轮圆周上正对喷油器中心线处划一记号。

3）用高压油管将喷油器与相应的出油阀接头连接。

4）将加速拉杆置于最大供油位置，用起动机带动发动机减压运转 2~3 转，观察喷油开始的痕迹。根据此痕迹与记号的相对位置，即可得到实际的喷油提前角。当角度过大时，可松开接盘固定螺栓，将油泵体顺凸轮轴转动方向转动一个相当于差值二分之一的角度；过小时，反方向转动。此法若使用加长油管，每加长 1m，提前角应减少 2°。

8.3.6 柴油机的调试

柴油机装配后或者大修后必须低速低负载运转一段时间，并逐步增加转速和负载以使零件的表面粗糙度逐渐磨平形成有利的表面质量和形状，这段时间称为磨合期。

磨合调试原则是由低速到高速，由无负载到有负载，由小负载到大负载逐渐增加，以使零件表面接触面积逐渐增大，配合面逐渐能够承受载荷。

小型柴油机一般分为冷磨合和热磨合两个阶段进行，冷磨合由外力拖动，热磨合是将柴油机发动进行磨合；中、大型柴油机只做热磨合。

8.4 CA6140 型卧式车床的装调

CA6140 型卧式车床是我国自行设计的外形美观、结构紧凑、操纵方便，精度较高，寿命较长的一种机床，目前应用较广，如图 8-39 所示。

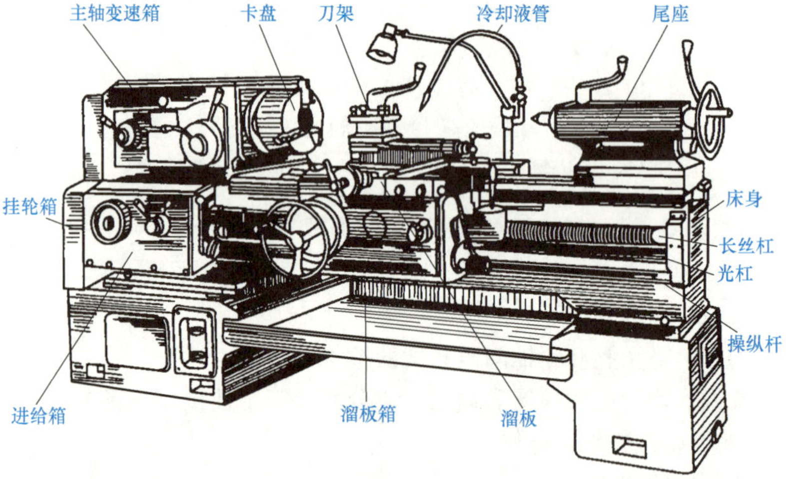

图 8-39 CA6140 型卧式车床

8.4.1 CA6140 型卧式车床主要部件装配调整

1. CA6140 型卧式车床主轴的装配调整

主轴是车床的主要零件之一，如图 8-40 所示。

为了提高主轴的刚度和抗振性，采用三支承结构。前后支承各装有一个双列圆柱滚子轴承 8（内径为 105）和 3（内径为 75）。中间支承处则装有一个双向推力角接触球轴承 6 用以承受左右两个方向的轴向力。向左的轴向力由主轴Ⅵ经螺母 10、轴承 8 的内圈、轴承 6

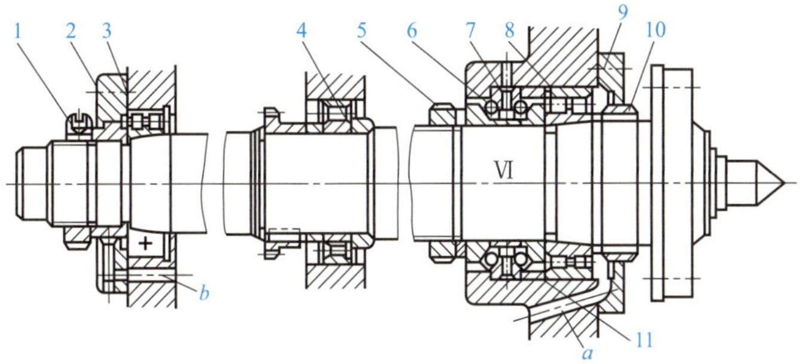

图 8-40 主轴结构

1、5、10—螺母 2—端盖 3、4、6、8—轴承 7—垫圈 9—轴承盖 11—隔套

传至箱体。向右的轴向力由主轴经螺母 5、轴承 6、隔套 11、轴承 8 的外圈，轴承盖 9 传至箱体。轴承的调整方法如下：轴承 3 的间隙可用螺母 1 调整。中间的轴承 4 间隙不能调整。一般情况下，只要调整轴承 8 即可，只有当调整轴承 8 后仍不能达到要求的旋转精度时，才需调整轴承 3。轴承 8 可用螺母 5 和 10 调整。调整时先拧松螺母 10，然后拧紧带锁紧螺钉的螺母 5，使轴承 8 的内圈锥度为 1∶12 的薄壁锥孔相对主轴锥形轴颈向右移动。由于锥面的作用，薄壁的轴承内圈产生径向弹性膨胀，将滚子与内外圈之间的间隙消除。调整妥当后，再将螺母 10 拧紧。

2. 开合螺母机构装配调整

开合螺母机构的作用是接通丝杠传来的运动。

它由上、下两个开合螺母组成（见图 8-41a），装在溜板箱体后壁的燕尾形导轨中，可上下移动。上、下开合螺母的背面各装有一个圆柱销，它的伸出端分别嵌在槽盘的两条曲线槽中。扳动手柄，经轴使槽盘顺时针转动时，曲线槽通过圆柱销使两开合螺母分离，与丝杠脱开，刀架便停止进给。槽盘逆时针转动（见图 8-41b），曲线槽迫使两圆柱销互相靠近带动上下开合螺母合拢，与丝杠啮合，刀架便由丝杠螺母经溜板箱传动而移动。

3. 互锁机构装配调整

互锁机构的作用是使机床在接通机动进给时，开合螺母不能合上；反之在合上开合螺母时，机动进给就不能接通。

图 8-42 所示为 CA6140 车床溜板箱中的互锁机构，它由开合螺母操纵手柄轴 6 上的凸肩 a、固定套 4 和机动操纵机构轴 1 上的球头销 2、弹簧 7 等组成。

图 8-42a 所示开合螺母处于脱开状态时，为停机位置，即机动进给（或快速移动）未接通，这时，可以任意接合开合螺母或机动进给。图 8-42b 所示为合上开合螺母时的情况，这时由于手柄轴 6 转过一个角度，它的平轴肩进到轴 5 的槽中。使轴 5 不能转动。同时，轴 6 转动使 V 形槽转过一定的角度，将装在固定套 4 横向孔中的球头销 3 往下压，使它的下端插入轴 1 的孔中，将轴 1 锁住，使其不能左右移动。所以，当合上开合螺母时，机动进给手柄即被锁住。图 8-42c 所示为开合螺母不能闭合。因为向左、右扳动机动进给手柄，接通纵向机动进给时，由于轴 1 沿轴向移动了位置，其上的横孔不再与球头销 3 对准，使球头销不能往下移动，因而轴 6 被锁住。图 8-42d 所示为开合螺母也不能闭合。因为前后扳动机动进给

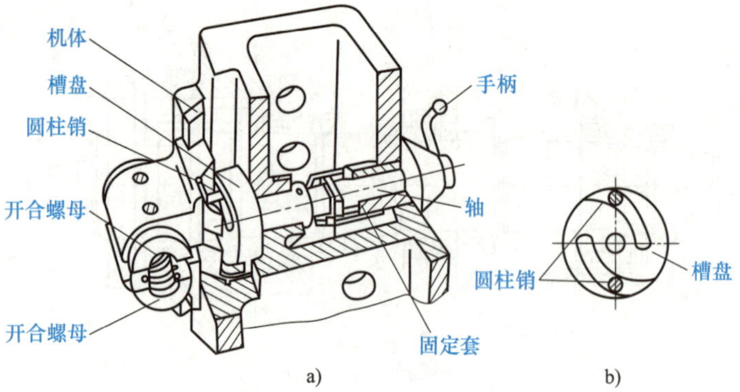

图 8-41 开合螺母机构

手柄，接通横向机动进给时，由于轴 5 转动了位置，其上面的沟槽不再对准轴 6 上的凸肩 a，使轴 6 无法转动。

4. 纵、横向机动进给操作机构装配调整

图 8-43 所示是纵、横向机动进给结构图。纵、横向机动进给运动的接通、断开及其变向由一个手柄集中操作，而手柄扳动方向与刀架运动方向一致。向左或右扳动手柄 1，使手柄座绕着销钉摆动（销钉装在轴向固定的轴 1 上）。手柄座下端的开口槽通过球头销 1 拨动轴 2 轴向移动，再经杠杆和连杆使凸轮转动，凸轮上的曲线槽又通过销 1 带动轴 2 以及固定在它上面的拨叉 1 向前或向后移动。拨叉拨动离合器 M8，使之与轴XW上的相应空套齿轮啮合，刀架相应地向左或向右移动，使纵向机动进给运动接通。

横向机动进给运动接通的方法是：向右或向前扳动手柄 1，通过手柄座使轴 3 以及固定在它左端的凸轮转动时，凸轮上的曲线槽通过销 2 使杠杆 2 绕轴销摆动，再经杠杆 20 上的销 3 带动轴 4 以及固定在其上的拨叉 2 轴向移动。拨叉拨动离合器 M9，使之与轴XXⅢ上的相应空套齿轮啮合，这时刀架可以向前或向后移动。

机动进给传动链断开的方法是：手柄 1 扳至中间直立位置时，离合器 M8 和 M9 处于中间位置。

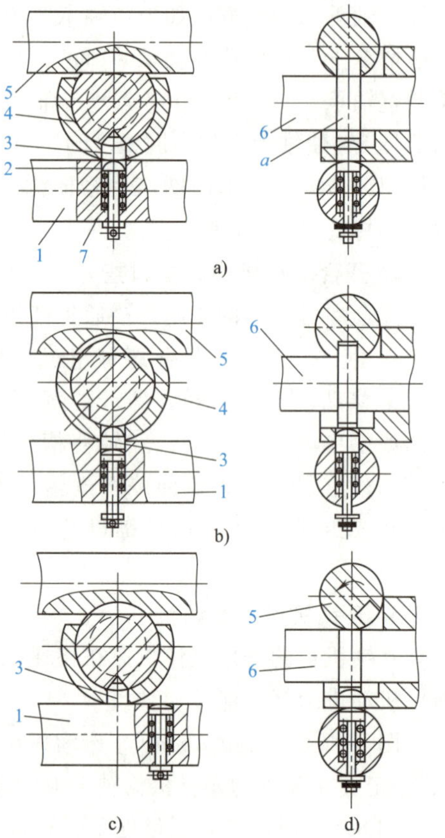

图 8-42 互锁机构

1、5、6—轴 2、3—球头销 4—固定套 7—弹簧

当手柄扳至左、右、前、后任一位置，如按下装在手柄 1 顶端的按钮 K 则快速电动机起动，刀架便在相应方向上快速移动。

5. 安全离合器、超越离合器和双向多片离合器装配调整

安全离合器的作用，是当进给阻力过大或刀架移动受阻时，能自动断开机动进给传动链，使刀架停止进给，避免传动机构损坏。超越离合器的作用，是在机动慢进和快进两个运动交替作用时，能实现运动的自动转换。双向多片离合器的作用是实现主轴起动、停止、换向及过载保护，如图 8-44 所示。

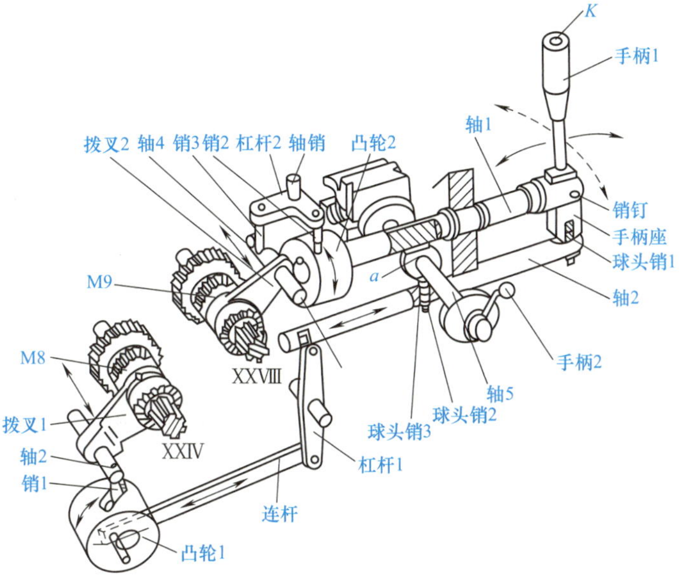

图 8-43　纵、横向机动进给结构图

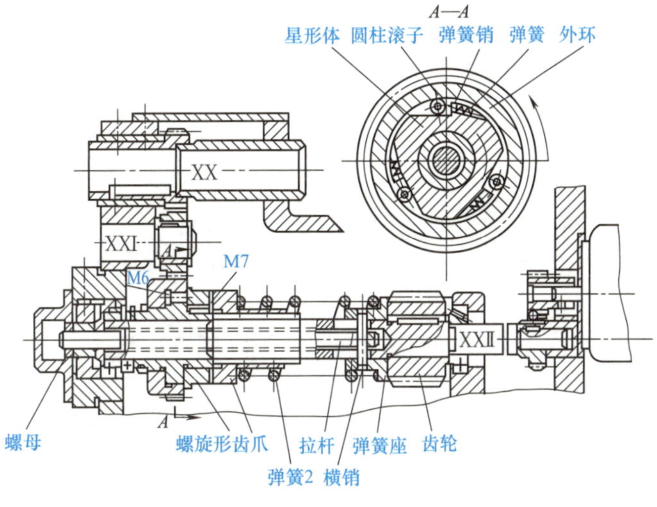

图 8-44　安全离合器、超越离合器和双向多片离合器

在溜板箱中的轴XXII上，安装有单向超越离合器 M6 和安全离合器 M7。超越离合器的结构如图 8-44 中的 *A—A* 断面。它由星形体、三个圆柱滚子 2、三个弹簧 1 以及带齿轮的外环组成。外环空套在星形体上，当慢速运动由轴XX经齿轮副使外环按图示逆时针方向旋转时，依靠摩擦力能使滚子楔紧在外环与星形体之间，带动星形体一起转动。并把运动传给安全离合器 M7，再通过花键传给轴XXII、实现正常的机动进给。当按下快速电动机按钮时，轴XXII及星形体得到一种与外环转向相同，而转速快得多的旋转运动。这时滚子与外环和星形体之间的摩擦力，使滚子向楔形槽的宽端滚动，从而脱开外环与星形体之间的传动

联系。这时轴XX及齿轮虽然仍在旋转，但不再传动轴XXII。因此，刀架快速移动时，无须停止轴XX的传动。

安全离合器 M7 由端面带螺旋形齿爪的左右两半部组成。其左半部用键固定在超越离合器的星形体上，右半部与轴XX用花键连接。正常工作时，在弹簧 2 的压力作用下，离合器左右两半部相互啮合。由轴XX传来的运动，经齿轮副、超越离合器和安全离合器传至轴XXII和蜗杆。此时安全离合器螺旋齿面上产生的进给力 $F_{轴}$ 小于弹簧压力（见图 8-45）刀架上的负载增大时，通过安全离合器齿爪传递的转矩，以及产生的进给力都将随之增大。当进给力 $F_{轴}$ 超过弹簧 2（见图 8-44）的压力时，离合器右半部分将压缩弹簧而向右移动，与左半部分脱开，安全离合器打滑，于是机动进给传动链断开，刀架停止进给。过载现象消除后，弹簧使安全离合器重新自动接合，恢复正常工作。

机床允许用的最大进给力，可以通过对弹簧的调定压力来控制。利用螺母（见图 8-44）通过拉杆和横销调整弹簧座的轴向位置，可调整弹簧的压力大小。

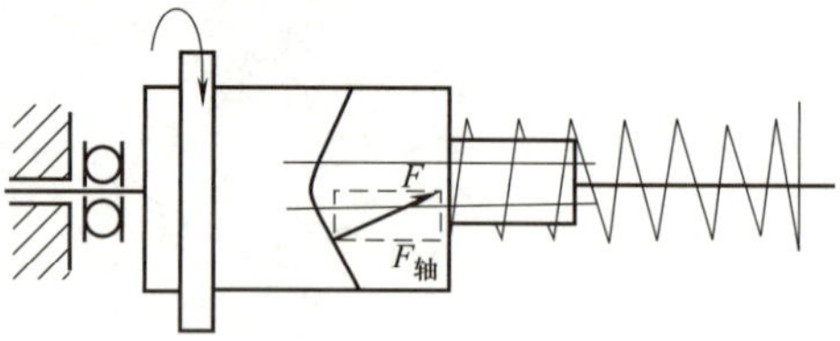

图 8-45　安全离合器工作原理

双向多片离合器如图 8-46 所示。它由若干内摩擦片和外摩擦片相间地套在轴 I 上，内摩擦的内孔是花键孔，套在轴 I 花键上作为主动片，外摩擦片的内孔是圆孔，空套在轴 I 上。它的外缘上有四个凸起，刚好卡在齿轮一端的四个槽内作从动片。两端的齿轮是空套在轴 I 上的，当压紧左面内外摩擦片时，左端齿轮随轴 I 一起旋转。当压紧右端内外摩擦片时，右端齿轮随轴 I 一起旋转；当左右两端内外摩擦片均不压紧时，左右两端齿轮均不旋转。

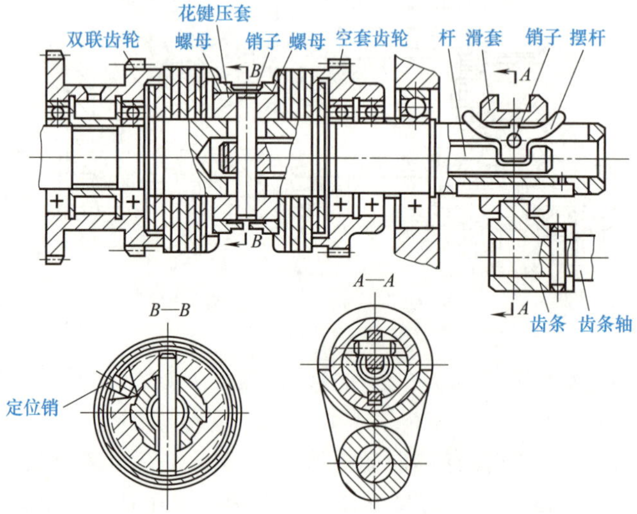

图 8-46　双向多片离合器

6. 闸带式制动装置及其操纵机构装配调整

闸带式制动装置的作用是：在摩擦离合器脱开、主轴停转过程中，用来克服主轴箱各运动件的惯性，使主轴迅速停止转动，以缩短辅助时间，如图 8-47 所示。它由制动轮、制动带和杠杆等组成。制动轮是一钢制圆盘，与传动轴IV用花键连接。制动带钢带的内侧固定着一层铜丝石棉，以增加摩擦因数。制动带绕在制动轮上，它的一端通过调节螺钉与主轴箱体连接，另一端固定在杠杆的上端。杠杆通过操纵机构可绕轴2摆动，使制动带处于拉紧或放松状态，主轴便得到及时制动或松开。

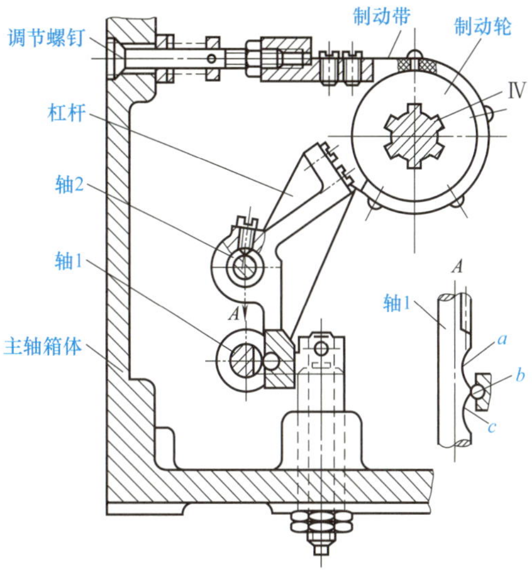

图 8-47 闸带式制动装置

制动装置和摩擦离合器是联动操作的，其操纵机构如图 8-48 所示。当向上扳动手柄时，轴和齿扇顺时针方向转动，这主要是由于杠杆机构的作用。传动齿条轴及固定在其左端的拨叉右移，拨叉又带动滑套右移时，依靠其内孔的锥形部分将摆杆（见图 8-46）的右端下压，使它绕销子顺时针摆动。其下部凸起部分便推动装在轴Ⅰ内孔中的杆向左移动，再通过固定在杆左端的销子，使花键压套和右边的螺母向左压紧左面一组摩擦片，将定套双联齿轮与轴Ⅰ连接，于是主轴起动沿正向旋转。若要使主轴起动沿反方向旋转时，只要向下扳动手柄时，齿条轴带动滑套左移，摆杆逆时针方向摆动，杆向右移动，带动花键压套和左边的螺母向右压紧右面一组摩擦片。将空套齿轮与轴Ⅰ连接就行了。若要主轴停止旋转，将手柄（见图 8-48）扳至中间位置，齿条轴和滑套也都处于中间位置，双向摩擦离合器的左右两组摩擦片都松开，传动链断开就行了。此时，齿条轴上的凸起部分压着制动器杠杆的下端，将制动带（见图 8-47）拉紧，于是主轴被制动，迅速停止旋转。而当齿条轴移向左端或右端位置，使摩擦离合器接合，主轴起动时，圆弧凹入部分与杠杆（见图 8-47）接触、制动带松开、主轴不受制动作用。

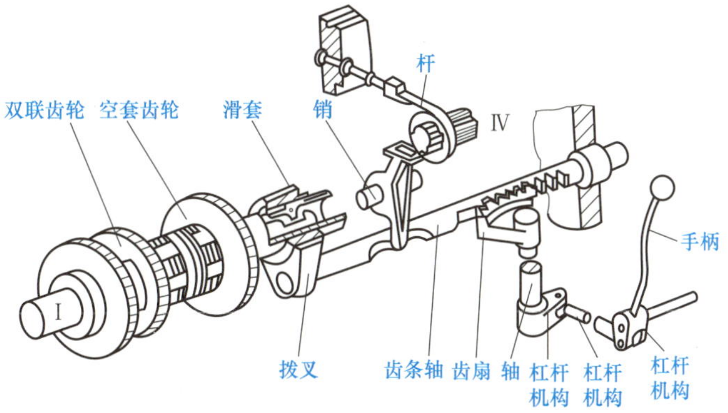

图 8-48 制动装置和摩擦离合器的联动操作机构

制动带的拉紧程度，由轴箱后箱后壁上的调节螺钉（见图 8-47）进行调整。在主轴转速 300r/min 时，能在 2~3r 的时间内完全制动，而开机时制动带将完全松开。内外摩擦片的压紧程度要适当，过松，不能传递足够的转矩，摩擦片易打滑发热，主轴转速降低甚至停转，过紧，操纵费力。解决方法就是调整摩擦片间的间隙，先将定位销压出螺母的缺口（见图 8-46），然后旋转螺母，即可调整摩擦片间的间隙。调整后，让定位销弹出，重新卡入螺母的另一缺口内，使螺母定位放松。

做一做 找出车床的主轴、开合螺母、纵横向进给机构，并试着分析其结构。

8.4.2 卧式车床总装配顺序和工艺要点

1. 工具和量具的准备

(1) 平尺　平尺主要用作导轨的刮研和测量的基准。主要有桥形平尺、平行平尺及角形平尺三种。

(2) 方箱和直角尺　方箱和直角尺是用来检查机床部件之间的垂直度误差的重要工具。

(3) 垫铁　在机床制造和修配工作中，垫铁是一种检验导轨精度的通用工具，主要用作水平仪及百分表架等测量工具的摆放。

(4) 检验棒　检验棒主要用来检查机床主轴套筒类零件的径向圆跳动误差、轴向窜动误差、同轴度误差、平行度误差、主轴与导轨的平行度误差等，是机床维修工作中常备的工具之一。

(5) 检验桥板　检验桥板是检查导轨面间相互位置精度的一种工具，一般与水平仪结合使用。不同形式的导轨可以做成不同结构的检验桥板。

(6) 水平仪　水平仪是机床维修中最常用的测量仪，主要用来测量导轨在垂直平面内的直线度误差、工作台面的平面度误差及零件间垂直度和平行度等误差。有条形水平仪、框式水平仪和合像水平仪等。

2. 装配顺序的确定原则

车床零件经过补充加工，装配成组件、部件（如主轴箱、进给箱、溜板箱）后即进入总装配。其装配顺序，一般可按下列原则进行。

1）选择正确的装配基面。对 CA6140 来说，其基面就是床身的导轨面，因为床身是车床的基准轴支承件，上面安装着车床的各主要部件，且床身导轨面是检验机床各项精度的检验基准。因此，机床的装配应从装配床身并取得所选基准面的直线度误差、平行度误差及垂直度误差等着手。

2）在解决没有相互影响的装配精度时，其装配先后以简单方便来定。一般可按先下后上、先内后外的原则进行。在装配车床时，先解决车床的主轴箱和尾座两顶尖的等高度误差，或者先解决丝杠与床身导轨的平行度误差，在装配顺序的先后上没有多大关系的，关键是能简单方便地顺利进行装配就行。

3）在解决有相互影响的装配精度时，应先装配确定好一个公共的装配基准，然后再按次达到各有关精度。

3. 控制装配精度时应注意的几个因素

为了保证机床装配后达到各项装配要求，在装配时必须注意以下几个因素的影响，并在工艺上采取必要的补偿措施。

(1) 零件刚度对装配精度的影响　由于零件的刚度不够，装配后受到机件的重力和紧固力而产生变形。例如在车床装配时，将进给箱、溜板箱等装到床身后，床身导轨的精度会受到重力影响而变形。因此，必须再次校正其精度，才能继续进行其他的装配工序。

(2) 工作温度变化对装配精度的影响　机床主轴与轴承的间隙通常会随温度的变化而

变化，一般应调整到使主轴部件达到热平衡时具有合理的最小间隙为宜。又如，机床精度一般都是指机床在冷车或热车（达到机床热平衡的状态）状态下都能满足的精度。由于机床各部位受热温度不同，将使机床在冷车的几何精度与热车的几何精度有所不同。试验证明，机床的热变形状态主要决定于机床本身的温度场情况。车床受热变形影响最大的零件是主轴，是主轴轴线的抬高和在垂直面内的向上倾斜的变形；其次是由于机床床身略有扭曲变形，导致主轴轴线在水平面内向内倾斜。因此在装配时必须掌握其变形规律，对其公差带进行不同的压缩。

（3）磨损的影响　在装配某些组成环的作用面时，其公差带中心坐标应适当偏向有利于抵偿磨损的一面。这样可以延长机床精度的使用期限。例如，车床主轴顶尖和尾座顶尖对溜板移动方向的等高度就只许尾座高；车床床身导轨在垂直平面内的直线度误差只许凸。

4. 卧式车床总装配顺序及其工艺要点

（1）装配床身

1）将床身装到床腿上时，必须先做好结合面的去毛刺倒角工作，以保证两零件的平整结合，避免在紧固时产生床身变形的可能。

2）床身已由磨削达到精度，将床身置于可调的机床垫铁上（垫铁应安放在机床地脚螺孔附近），用水平仪来调整各垫铁，使床身处于自然水平位置，并使溜板移动用导轨的扭曲误差最小。各垫铁应均匀受力，使整个床身放置稳定。

3）装配过程中不允许用地脚螺钉对导轨进行精度调整。

（2）床身导轨的精度要求　床身导轨是确立车床主要部件位置和刀架运动的基准，也是总装配的基准部件，应予以重视。

1）溜板移动用导轨在垂直平面内的直线度允许误差，在垂直平面内，全长为 0.02mm；在任意长度 250mm 范围内，测量长度上的局部允许误差为 0.0075mm，且只许凸。

2）溜板移动用横向导轨应在同一平面内，水平仪的变化允许误差全长为 0.04mm/1000mm。

3）尾座移动对溜板移动的平行度允许误差，在垂直和水平面内全长均为 0.03mm，在任意 500mm 测量长度上的局部允许误差均为 0.02mm。

4）床身导轨在水平面内的直线度允许误差，在全长上为 0.02mm。

5）溜板用导轨与下滑面的平行度允许误差全长为 0.03mm，在任意 500mm 测量长的局部允许误差为 0.02mm，且只许车头处厚。

6）导轨面的表面粗糙度值，磨削时高于 $Ra1.6\mu m$。

（3）溜板的配制和安装前后压板　溜板部件是保证刀架直线运动的关键。溜板上、下导轨面分别与床身导轨和刀架下滑座配刮完成。溜板配刮步骤如下。

1）将溜板放在床身导轨上，以刀架下滑座的表面 2、3 为基准，配刮溜板横向燕尾导轨表面 5、6，如图 8-49 所示。

表面 5、6 刮后应满足对横向导轨与丝杠孔 A 的平行，其误差在全长上不大于 0.02mm。测量方法是在 A 孔中插入检验芯棒，百分表吸附在角度平尺上，分别在芯棒上素线及侧素线测量其平行度误差。

2）修刮燕尾导轨面 7，保证其与表面 6 的平行度要求，以保证刀架横向移动的顺利。可以用角度平尺或下滑座为研具刮研。用下列方法检查：将测量圆柱放在燕尾导轨两端，用

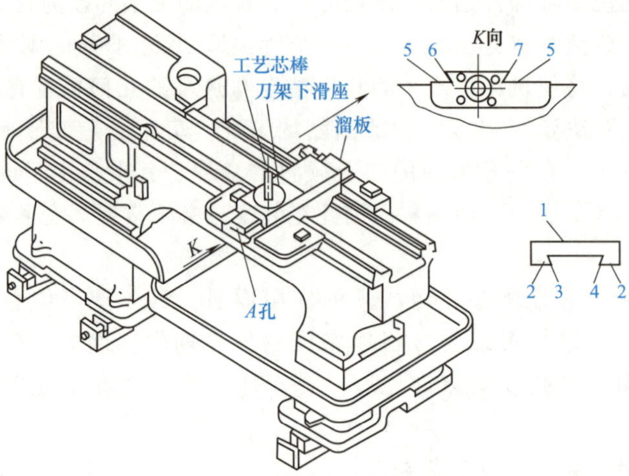

图 8-49 溜板横向燕尾导轨

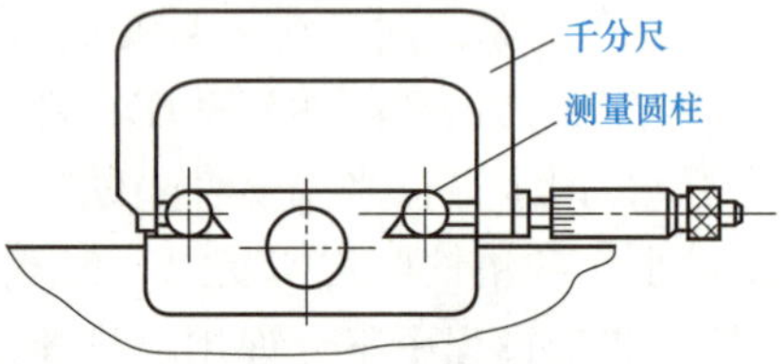

图 8-50 测量燕尾导轨

千分尺分别在两端测量，两次测得读数差就是平行度误差，在全长上不大于 0.02mm（见图 8-50）。

3）配镶条的目的是使刀架横向进给时有准确间隙，并能在使用过程中不断调整间隙，以延长其使用寿命。镶条按导轨和下滑座配刮，使刀架下滑座在溜板燕尾导轨全长上移动时无轻重或松紧不均匀的现象。并保证大端有 10~15mm 的调整余量。燕尾导轨与刀架下滑座配合表面之间用 0.03mm 塞尺检查，插入深度不大于 20mm。

4）配刮溜板下导轨面时，以床身导轨为基准刮研溜板与床身配合的表面至接触点 10~12 点/(25mm×25mm)，并检查溜板上、下导轨的垂直度误差。测量时，先纵向移动溜板，找正床头放的三角形直尺的一个边与溜板移动方向平行。然后将百分表移放在刀架下滑座上，沿燕尾导轨全长向后方移动，要求百分表读数由小到大，即在 300mm 长度上允许误差为 0.02mm。超过允许误差时，刮研溜板与床身结合的下导轨面，直至合格。

刮研溜板下导轨面达到垂直度要求的同时，还要保证溜板箱安装面在横向与进给箱、托架安装面垂直，要求允许误差为每 100mm 长度上为 0.03mm。在纵向与床身导轨平行，要求在溜板箱安装面全长上百分表最大读数差不得超过 0.06mm。

溜板与床身的拼装，主要是刮研床身的下导轨面及配刮溜板两侧压板。保证床身上导轨面的平行度要求，以达到溜板与床身导轨在全长上能均匀结合，平稳地移动，加工时能达到合格的表面粗糙度要求。

如图 8-51 所示，装两侧压板并调整到适当的配合，推开溜板，根据接触情况刮研两侧压板，要求接触点为 6~8 点/(25mm×25mm)。全部螺钉调整紧固后，用 200~300N 推动溜板在导轨全长上移动无阻滞现象。用 0.03mm 塞尺检查密合程度，插入深度不大于 10mm。

(4) 齿条的装配 用夹具把溜板箱试装在装配位置，塞入齿条，检验溜板箱纵向进给，用小齿轮与齿条的啮合侧隙大小来检验。正常的啮合侧隙应为 0.08mm 左右。在侧隙大小符

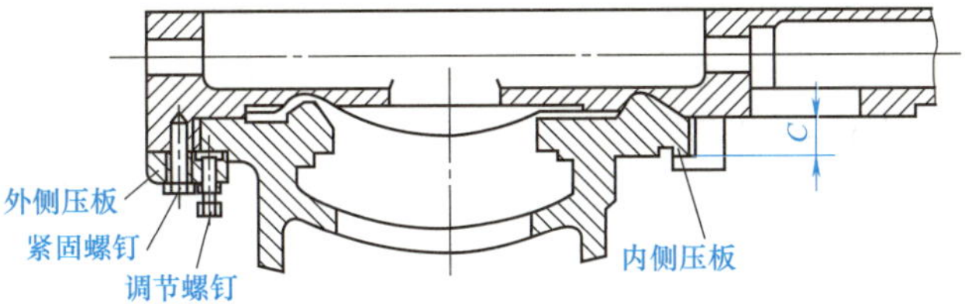

图 8-51　溜板与床身的拼装

合要求后，即可将齿条用夹具夹持在床身上、钻、攻床身螺纹和钻、铰定位销孔，对齿条进行固定。此时要注意两点：一是齿条在床身上的左右位置应保证溜板箱在全部行程上能与齿条啮合。二是由于齿条加工工艺的限制，车床整个齿条通常是由几根短齿条拼接装配而成的。为保证相邻齿条接合处的齿距精度，必须用标准齿条进行跨接找正。找正后在两根相接齿条的接合端面处应有 0.1mm 左右的间隙。

（5）安装进给箱、溜板箱、丝杠、光杠及后支架　装配的相对位置要求，应使丝杠两端支承孔中心线对床身导轨的等距误差小于 0.15mm。用丝杠直接装配找正。首先用装配夹具在溜板下初装溜板箱，并使溜板箱移至进给箱附近，插入丝杠，闭合开合螺母，以丝杠轴线为基准来确定进给箱的初装位置。然后使溜板箱移至后支架附近，以后支架位置来确定溜板箱进出的初装位置。进给箱的丝杠支承中心线和开合螺母中心线与床身导轨面的平行度误差，可通过找正各自的工艺基面与床身导轨面的平行度误差来取得。确定溜板箱的左右位置，应保证溜板箱齿轮和丝杠齿轮具有正确的啮合侧隙，其最大侧隙量应使横进给手柄的空装量不超过 1/3r 为宜。同时，纵向进给手柄空转量也不超过 1/3r 为宜。安装丝杠、光杠时，左端必须与进给箱轴套端面紧贴，右端与支架端面露出轴的倒角部位紧贴。当用手旋转光杠时，能灵活转动无忽轻忽重现象，然后用百分表检验调整。装配精度的检验如图 8-52 所示。将开合螺母放在丝杠中间位置，闭合螺母，用专用检具和百分表在Ⅰ、Ⅱ、Ⅲ位置（近丝杠支承和开合螺母处）的素线上检验。为消除丝杠弯曲误差对检验的影响，可旋转丝杠 180°再检验一次，各位置两次读数代数和的一半就是该位置对导轨的相对距离。三个位置中任意两位置对导轨相对距离的最大值就是等距的误差值。

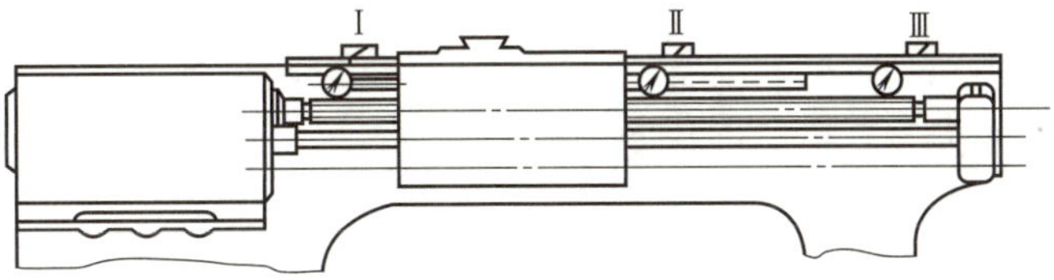

图 8-52　安装进给箱、溜板箱、丝杠、光杠等装配精度的检验

装配时误差应尽量压缩在精度所规定误差的 2/3 以内，即最大等距误差应控制在 0.1mm 之内。保证精度的装配方法如下：在垂直平面内是以开合螺母孔中心线为基准，用调整进给箱和后支架丝杠支承孔的高低位置来达到精度要求；在水平面内是以进给箱的丝杠支承孔中心线为基准，前后调整溜板箱的进出位置来达到精度要求。然后进行钻孔、攻螺纹，并用螺钉作连接固定。最后对其各项精度再复校一次，即可钻、铰定位销孔，用锥销定位。

（6）安装操纵杆前支架、操纵杆及操纵手柄　保证操纵杆对床身导轨在两垂直平面内的平行度要求，是以溜板箱中的操纵杆支承孔为基准，通过调整前支架的高低位置和修刮前支架与床身结合的平面来实现的。至于在后支架中操纵杆中心位置的误差变化，是以增大后支架操纵杆支承孔与操纵杆直径的间隙来补偿的。

（7）安装主轴箱　保证主轴轴线对溜板移动方向在两垂直平面内的平行度误差。要求：在垂直平面内为 0.02mm/300mm；在水平面内为 0.015mm/300mm；且只许向上偏和偏向刀架。主轴轴线与尾座中心等高，只准主轴中心底于尾座中心。

（8）尾座的安装　主要通过刮研尾座底板，使其达到精度要求。

（9）安装刀架　小滑板部件装配在刀架下滑座上，需要用图 8-53 所示的方法，测量小滑板移动时对主轴中心线的平行度误差。

测量时，先横向移动滑板，主轴锥孔中插入检验心轴，使百分表碰触心轴上素线最高点。再纵向移动小滑板测量，误差在 300mm 测量长度上为 0.04mm。若超差，则可通过刮削小滑板与刀架下滑座的结合面来修整。

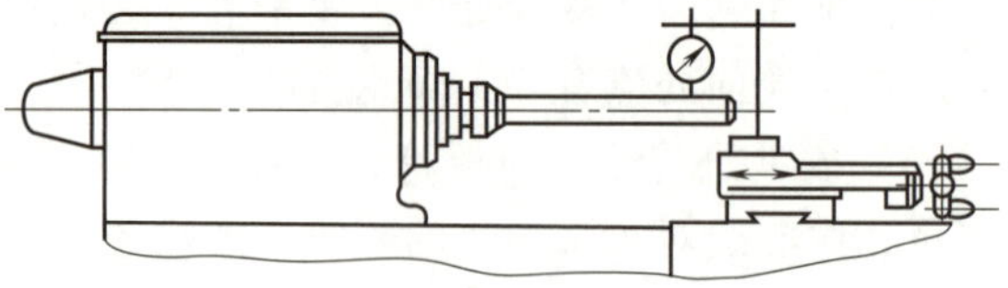
图 8-53　测量小滑板移动时的平行度误差

（10）润滑系统的安装　车床的润滑系统安装，安装油泵、油箱、过滤器、油管路及附件等润滑系统，安装完成后要求达到清洁、严密、畅通、供油稳定的效果。

（11）安装电动机　调整好两带轮中心平面的位置精度及 V 带的预紧程度。

（12）安装交换齿轮架及其安全防护装置　先安装交换齿轮架，再安装安全防护装置。

（13）完成操纵杆与主轴箱传动系统的安装　主轴箱上有 3 个操作杆，安装顺序如下：

① 装Ⅸ轴，装挡圈，装拨叉及圆锥销；再装手柄座及圆锥销，最后装钢球、弹簧，调整螺钉及盖板。接着安装Ⅴ轴、Ⅳ轴和Ⅶ轴。

② 把手柄座装到Ⅶ轴上，销装入销孔；再把轴装入箱体孔中至要求的位置，装齿轮及锥销；接着安装Ⅰ轴；最后安装主轴（Ⅲ轴）。

③ 先把手柄装到手柄座上，把手柄座装到Ⅵ轴上，锥销装入销孔中；轴从前面装入箱体孔至要求位置，装挡圈及紧固螺钉使之与轴紧固；装连杆及锥销；最后装钢球、弹簧、调整螺钉及盖板。接着安装Ⅱ轴。

（14）车床的整机安装　设备开箱检查、验收；清理导轨和各滑动面、接触面上的防锈涂料。检查地基及预埋地脚螺栓。设备就位，用水平仪找正调整水平安装地脚螺栓孔，设备初平，设备地座第一次灌浆；最后进行设备精平，设备再二次灌浆。

做一做　用水平仪测量机床导轨面，调整垫铁，使机床水平。

8.5 葫芦式起重机的装调

葫芦式起重机是指以电动葫芦为起升机构的起重机，如钢丝绳电动葫芦、电动单梁桥式起重机、电动单梁桥悬挂起重机、葫芦龙门起重机、葫芦双梁式起重机等。葫芦式起重机较同吨位、同跨度的其他起重机结构简单，自重量轻，制造成本低。

本书以电动单梁式起重机为例介绍葫芦式起重机的装调。电动单梁桥式起重机主要由三部分组成，即电动葫芦、桥架和电气系统。

8.5.1　电动葫芦的装调

1. 电动葫芦

电动葫芦如图 8-54 所示，它由起升机构、运行机构和电气控制系统组成。

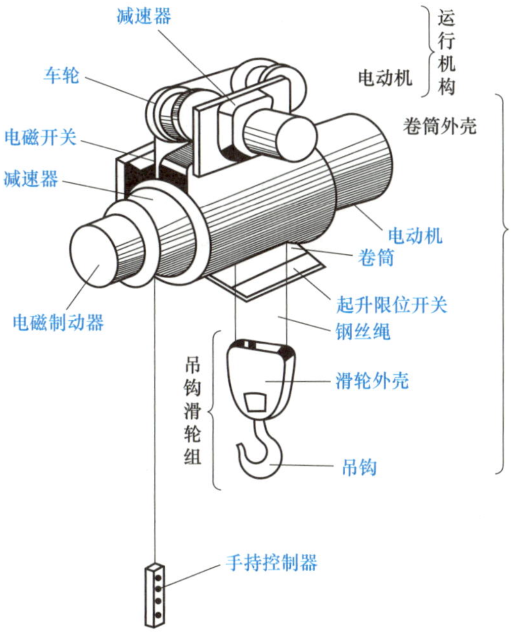

图 8-54　电动葫芦

起升机构又称葫芦本体，是由驱动装置——电动机、传动装置——减速器、制动装置——电磁制动器和取物缠绕装置——吊钩滑轮组四个装置组成。

运行机构又称运行小车，是由驱动装置——电动机、传动装置——减速器、制动装置——电磁制动器和车轮装置——车轮四个装置组成。

电气控制系统包括电源引入器、控制电动机正反转的磁力起动器、起升限位开关和手动按钮开关等。

想一想	在日常生活中，你见过哪些起重设备？它们跟葫芦式起重机有何异同？

2. 取物装置

用于成件货物的取物装置有吊钩、扎具、夹钳和电磁盘（见图 8-55）等。

3. 索具

常用的索具有钢丝绳、麻绳、化学纤维绳、链条和卸扣等。

图 8-55　电磁盘

钢丝绳绳端的固定方法如图 8-56 所示，有编结法（见图 8-56a）、绳卡固定法（见图 8-56b）、压套法

（见图 8-56c）、斜楔固定法（见图 8-56d）、灌铅法（见图 8-56e）。

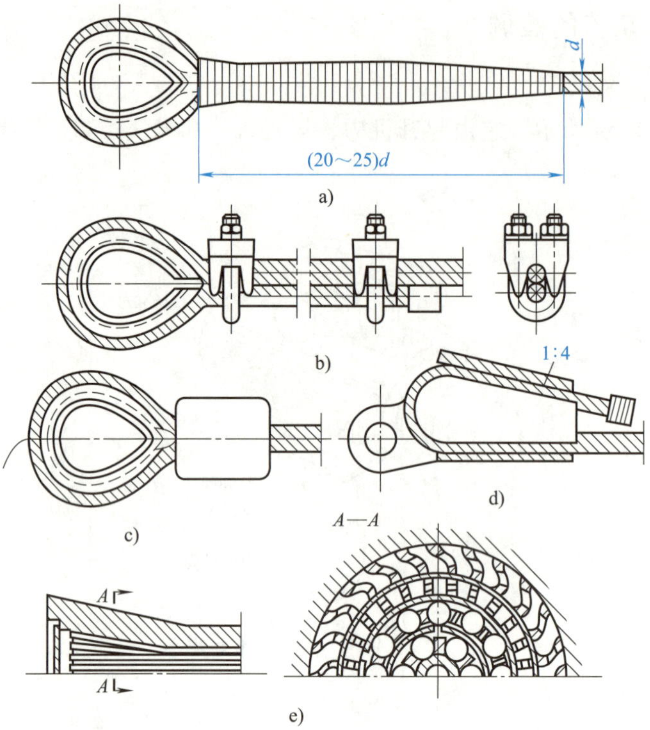

图 8-56 钢丝绳绳端的固定方法

a）编结法 b）绳卡固定法 c）压套法 d）斜楔固定法 e）灌铅法

8.5.2 起重机桥架的装调

桥架用来支承和移动载荷，由金属结构和运行机构组成。金属结构包括主梁、端梁及主端梁连接三部分。

LDT 型电动单梁桥式起重机如图 8-57 所示。

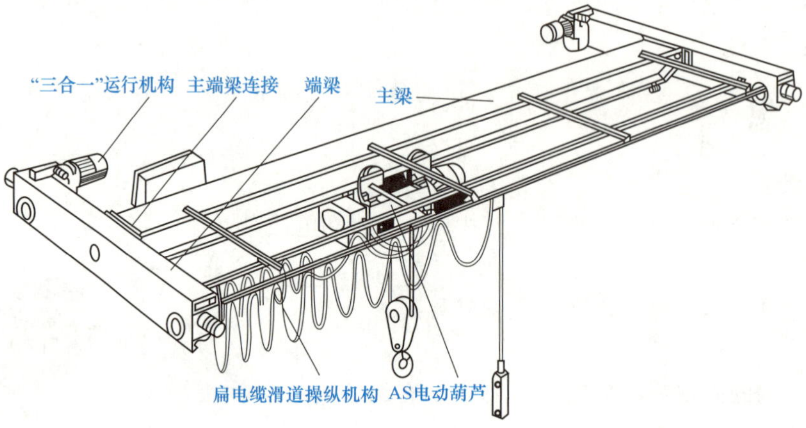

图 8-57 LDT 型电动单梁桥式起重机

1. 金属结构的安装

主梁采用工字钢或箱形组焊梁，结构简单，刚性好。端梁为“三合一”标准端梁，由组焊的箱形梁和“三合一”运行机构组成。主梁和端梁之间的连接为螺栓加减载凸缘形式，其发展方向为高强度螺栓摩擦连接。

2. 运行机构的安装

运行机构为端齿连接式“三合一”，由“三合一”驱动装置与车轮装置构成。“三合一”驱动装置由锥形电动机、制动器、减速器三者合为一体，为不可拆分的整体。端齿与车轮装置通过螺栓连接。车轮与车轮轴采用先进的无键锥套连接，车轮为球墨铸铁。

（1）电动机　葫芦式起重机的起升电动机和电动葫芦运行电动机采用带法兰盘的笼型全封闭电动机，其起重机运行电动机多数也是采用笼型电动机，只有在运行速度高于45m/min 的情况下，才选用绕线式电动机。

AS 型电动葫芦在锥形转子笼型电动机上装有双金属片温控保护开关，如图 8-58 所示。当电动机由于过载使用或其他原因造成电动机温升达到允许最大极限值时，双金属片温控保护开关能自动断开电动机电源。当电机温度下降到可以工作的条件时，双金属片温控保护开关又自动将电源线路接通。这种温控保护开关是在电动机制造过程中预埋在定子线圈中的，它可保证电动机在正常温度条件下工作，对电动机的安全正常运转及延长电动机的使用寿命是有必要的，也是一种较先进的安全保护措施。

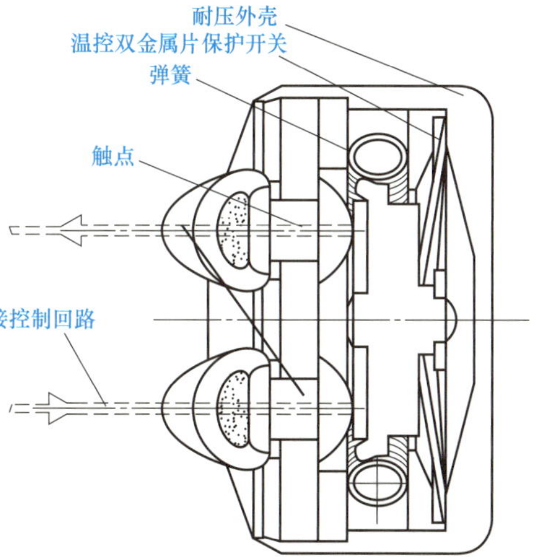

图 8-58　双金属片温控保护开关

葫芦式起重机所使用的电动机均不能在电源电压低于额定电压值的 90%以下使用。

（2）制动器　制动器主要有盘式制动器、锥形制动器、钳式锥形制动器。

锥形制动器实际上是锥形电动机与锥形制动器二者融为一体的机构，一般称为锥形转子制动电动机或锥形制动电动机。它在电动葫芦上既起驱动作用又有制动的功能。其制动原理是当电动机接通电源时（见图 8-59），电动机定子与转子之间产生电磁力，在电磁力的作用下，电动机轴、轴端螺钉、螺母及风扇制动轮一起向右移动，同时压缩弹簧，此时制动摩擦片与后端盖的摩擦面脱离。当电动机断开电源时，磁力消失，轴向力也消失，弹簧伸张，使电动机轴向左移动，同时制动摩擦片与后端盖的摩擦面紧密接触，达到制动的要求。

电动葫芦的载荷制动器在额定载荷下制动，载荷下滑距离超过 1/100 额定起升速度时，制动应进行调整。调整时，先将轴端螺钉拆下，再旋转锁紧螺母，调整后要试车观察电动机轴的窜动量，一般窜动量为 1.5mm 为宜。当反复调整载荷下滑距离仍达不到要求时，应检查制动摩擦片是否已达到报废标准。当制动摩擦片磨损达原厚度的 50%或磨损量超过了电动机轴允许的最大调整量时，应更换摩擦片。

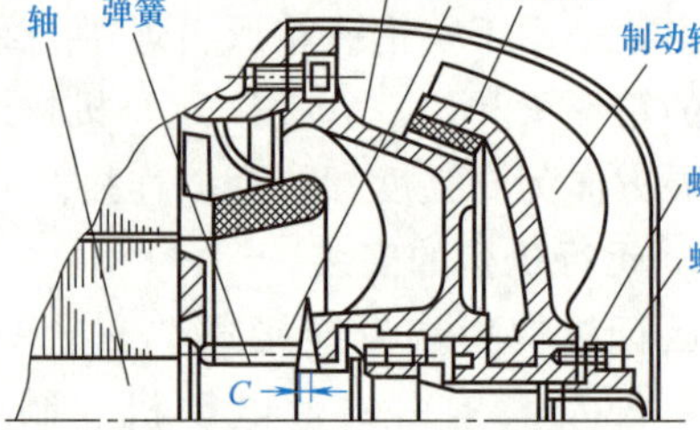

图 8-59 锥形制动电动机

葫芦式起重机运行机构的制动器及电动葫芦的运行小车，一般也都采用锥形制动电动机。葫芦式起重机所使用的电动机，其电源的接通与断开都要通过接触器来实现。接触器具有失压保护作用，当电压过低时，接触器铁芯磁力过小，接触器合不上闸（或掉闸）。当电源电压恢复正常时，电动机不能自行起动，仍需按动按钮开关使接触器触点闭合才能起动电动机。接触器的失压保护作用可防止意外事故的发生。

8.5.3 电气系统的装调

1. 低压控制回路的安全作用

葫芦式起重机的电气线路目前大致有两种，一种是主回路与控制回路都是380V（或220V）电压。另一种是主回路与控制回路电压不同，控制回路的电压为安全电压（36V 或42V）。

葫芦式起重机大多数是采用手动按钮（手持控制器）的地面操作形式，而且没有固定的操作者，平时操作者穿戴电气安全防护用品，也不方便工作，如果手持控制器或电缆有漏电现象，容易触电，为了人身安全，控制回路采用低压电路的方式，起重机也要安全接地，一般将变压器低压一侧接地，以确保安全。

2. 电源引入的安全防护

葫芦式起重机的电源引入方式有软缆引入和滑触式集电器引入两种。滑触式集电器又分滑块集电器、滑轮集电器、燕尾状集电器等。

在易燃、易爆的工作环境中适于采用软缆引入的方式，但软缆引入的方式适用于起重机运行距离小于50m的情况，当运行距离过长时，电缆太长，重量很大，给安装架设带来困难。为此必须采用电缆卷筒或其他有效措施。采用软缆引入方式时，应根据软缆长度合理选择软缆线截面大小，防止软缆太长电压压降过大。另外应在安装中，采取相应措施防止软缆被外部机械拉、挂、挤压，杜绝软缆使用中被拉断的事故发生。

滑触式集电器引入电源的方式适用于起重机运行距离较长的场合，滑触式集电器在起重机运行过程中，由于接触不良易产生电火花，而且起重机在运行过程中有时吊钩会由于惯性而游摆，一旦吊钩或钢丝绳碰到电源滑线，起重机会带电而造成触电伤害事故，同时很容易由于电火花而损坏钢丝绳或吊钩。因此凡采用滑触式集电器引入电源的起重机，必须设置防护板。因此凡有司机室的起重机，其司机室的位置应装设在起重机远离电源滑线的一端。当司机室位于电源滑线同一端时，同向起重机的梯子和平台与滑线间均应设置防护板。

3. 错相保护

电动葫芦在修配过程中如果将电源线错相连接，会造成操控下降，吊具却上升，且上升到极限位置时限制器不起作用，而造成事故。这是由于电动机的三相电源线错相后，电动机的正反转向与拆修前恰好相反，再按“上升”变成吊具下降，按“下降”变成吊具上升。为了避免意外事故，应在设计上升极限位置限制器时，在限制器上增加一对开关触点，当第一对（上升限制触点）触点不起作用时，吊具继续上升就打开第二对触头，使电动机电源切断。这样即使电动机错相接线，也不会造成事故。一般电动葫芦均设有上升极限位置限制器。

具有错相保护功能的上升极限位置限制器是较理想的安全保护装置。

练一练

1. 电动葫芦运行机构的制动器及电动葫芦的运行小车，一般也都采用普通三相异步电动机。(　)

2. 电动葫芦是如何实现错相保护的？

8.5.4　整机的装调与维护

起重机的安装方法很多，现在多用流动式起重机安装。

1. 安装前的准备

配备必要的工作人员——技术人员、协作人员；准备所需要的工具、材料、三相电源；验收制造厂的装箱明细表、设备明细表及其他技术文件，检查验收合格后，准备安装。

2. 桥架的安装

桥架的安装主要有桥架安装技术要求、小车架安装技术要求、铺设轨道技术要求。也可参照使用说明书进行安装。

计算电动单梁桥式起重机整机组装以后的重心位置，选择合理的吊点和绑扎方法，以及起重机的起吊位置和在空中的回转位置。当起重机起重量小于整机质量时，可以采用分片起吊的方式，将两片主梁吊到大车轨道上，再在轨道上组装，然后将小车吊到小车轨道上就位。

3. 附件的安装

（1）走台栏杆、端梁栏杆、操纵室、梯子及吨位铭牌的安装　如图 8-60 所示，走台栏杆安装于两侧边缘的角钢上，两端与端梁伸出板相连，并进行焊接。端梁栏杆安装于端梁上，并与端梁焊接。有些桥式起重机司机室安装于主梁下部有走台舱口的一侧。先将各连接件定好正确位置焊于主梁下盖板及走台板下方，再吊装司机室，用 8 组 M20×55 螺栓、ϕ20 垫圈、M20 螺母连接。司机室梯子安装于司机室内通入走台舱口，梯子上下端分别与司机室及舱口焊接。吨位铭牌安装于走台栏杆正中偏上位置，用螺钉或铁丝固定。

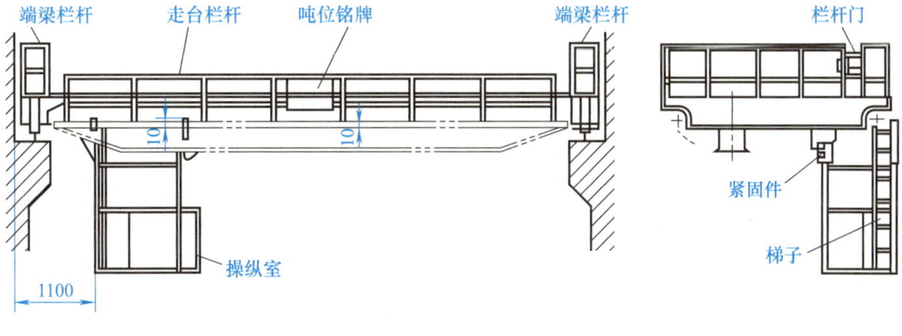

图 8-60　走台栏杆、端梁栏杆、操纵室、梯子及吨位铭牌

为了保证安全，司机室不允许与主导线安装于同一侧。

（2）导电线挡架的安装　起重机运行电动机导线挡架金属结构安装于两片主梁的下盖板上，与主梁连接处采用焊条牢固焊接，挡架防止吊钩碰撞导电线。护木板均用铁钉固定或螺栓连接。挡架共 4 件，为排除轨道上的障碍物，分别用螺栓安装于大车行走车轮前方。

（3）小车导电轨安装　导电角钢安装后应水平。导电架按导电角钢安装后的位置与小车架焊接，要求集电拖板与导电角钢平面接触良好。带电部分的零件与不带电部分的零件之间的最短距离小于 20mm。电源通过导电轨向小车上各电动机供电。

（4）电源导电器、导电架的安装　电源导电器（滑板）与主电源角钢面接触良好。导电架焊接于走台角钢上。主电源由电源导电器输入电动单梁桥式起重机。起升限位开关、安全尺、挡板的安装和起升钢丝绳缠绕方法，根据电动单梁桥式起重机额定起重量的不同而不同。

电动单梁桥式起重机安装完毕，拆除所有工装及安装设施。准备好起重机负载实验所需的重物、仪器仪表和资料等，等候起重机作负载实验。

4. 调试

（1）负载试验　内容包括空负载试验、静负载试验和动负载试验。目的是检查电动单梁桥式起重机的性能是否符合设计要求及有关技术规定；检查金属构件是否具有足够的强度与刚度；焊接与装配质量是否合格；传动是否可靠、平稳；安全与制动装置是否可靠、准确；轴承、电气及液压系统元器件的工作温度是否正常；各部位润滑是否良好。

（2）试车　操作电气按钮，让吊钩挂架在上升、停止、下降按钮开关作用下，进行上升、停止、下降，反复运行 3~5 次，无误后即可。

（3）维护与保养

1）电动葫芦各个需要润滑的部位应有足够的润滑油。必须有专人定期保养、检查，避免出现事故。

2）减速器和驱动装置在安装好后，需要充足的润滑油才可使用。

3）钢丝绳在一节距长度内折断达 19 根时应立即报废更换，当钢丝绳表面有显著磨损时，钢丝绳的最大折断数适当降低。

4）限位器为保险装置，不得当作开关使用，严禁无导绳器或限位器操作，并应经常检查导绳器或限位器的灵敏度。

5）经常检查电动机与减速器之间的联轴器，发现裂纹立即更换。

6）制动部分不可沾有润滑油，否则会使刹车失灵。

7）电动葫芦不工作时，不允许悬挂重物，以免使零件产生永久变形。

8）工作完毕，必须拉开总开关，切断电源。

（4）交工验收　安装完毕后，办理交工手续，主要文件有电动葫芦试车运转记录、电动葫芦交工单和电动葫芦产品保证书等。

练一练

1. 变速箱加油过多会引起起升或运行机构漏油。（　）
2. 电动葫芦不工作时，可以做挂钩悬挂重物。（　）

操作实训：减速器的拆装

1. 实训目的

了解减速器的结构原理，掌握减速器拆装的要领。

齿轮减速器如图 8-61 所示。

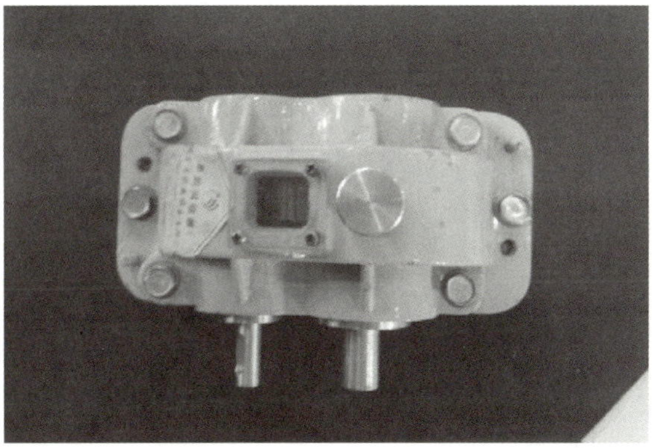

a)

b)

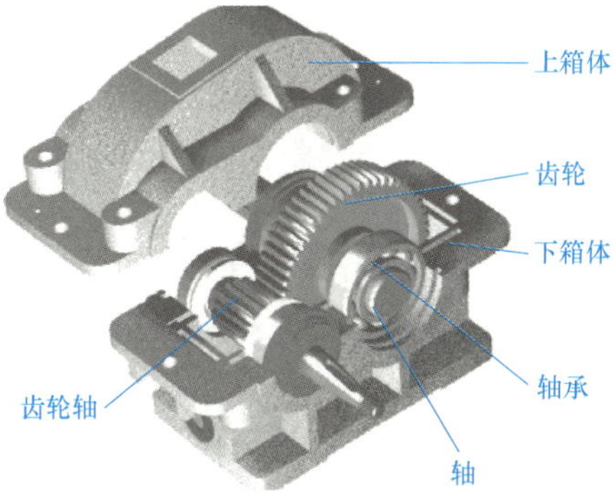

c)

图 8-61 齿轮减速器

a）外部结构 b）内部结构 c）爆炸图

2. 实训工量具（见表 8-1）

表 8-1 装配工具

序号	名称及说明	数量
1	活扳手和呆扳手、十字螺钉旋具和一字螺钉旋具	各 1
2	游标卡尺、千分尺、钢直尺	各 1
3	内、外卡钳	各 1
4	煤油	适量
5	锤子、铜棒	各 1
6	顶拔器	1

3. 实训操作步骤

1）拔出减速器箱体两端的定位销。

2）旋出轴承端盖上的螺栓，取下轴承端盖及调整垫片。

3）旋出上下箱体连接螺栓及轴承旁连接螺栓。

4）把上箱体取下。

5）测量齿轮端面至箱体内壁的距离并记录，测量输出端大齿轮外圆至箱体内壁的距离和输入端小齿轮外圆至箱体内壁的距离并记录，测量输出端大齿轮外圆至下箱体底面的距离并记录。

6）逐级取下轴上的轴承、齿轮等，观察轴的结构，测量阶梯轴的各段直径、测量阶梯轴不同直径处的长度。测量齿轮轮毂宽度和轴承宽度，与安装齿轮处的长度和安装轴承处的长度进行尺寸比较。

7）目测训练。估算齿轮（蜗轮）的齿数、外圆直径、齿宽、两齿轮的中心距，轴的直径等。然后用测量工具测量上述尺寸。

8）测量轴的安装尺寸，了解轴承的安装、拆卸、固定、调整方法（包括与之相关的轴承端盖结构、调整垫片、挡油环结构）。

9）了解并掌握齿轮在轴上的轴向固定方法。

10）观察了解减速器辅助零件的用途、结构和安装位置的要求。

11）目测与测量各种螺栓、螺钉直径。如地脚螺钉、轴承旁连接螺栓、上下箱体连接螺栓、轴承端盖连接螺栓、窥视孔盖连接螺栓、起盖螺钉、吊环螺钉等。

12）测量箱体有关尺寸。两轴承孔间中心距、中心高、上下箱体壁厚、地脚凸缘厚度与宽度、上下箱体连接凸缘厚度与宽度、轴承旁凸台宽度与高度、肋板厚度等。

13）将所测内容及尺寸填入表格中（记录表格见实验报告）。

14）拆卸、测量完毕，依次装回。

15）经指导老师检查装配良好、工具齐全后，方能离开现场。

4. 实训注意事项

1）文明拆装、切忌盲目。拆卸前要仔细观察零部件的结构及位置，考虑好合理的拆装顺序，拆下的零部件要妥善安放好，避免丢失和损坏。禁止用铁器直接打击加工表面和配合表面。

2）注意安全，轻拿轻放。爱护工具和设备，操作要认真，特别要注意安全。

3）减速器拆装过程中，若需搬动，必须按规则用箱座上的吊钩缓吊轻放，并注意人身安全。

4）拆卸箱盖时应先拆开连接螺钉与定位销，再用起盖螺钉将盖、座分离，然后利用盖上的吊耳或环首螺钉起吊。拆开的箱盖与箱座应注意保护其结合面，防止碰坏或擦伤。

5）拆装轴承时须用专用工具，不得用锤子乱敲。无论是拆卸还是装配，均不得将力施加于外圈上通过滚动体带动内圈，否则将损坏轴承滚道。

5. 实训操作过程质量评价（见表 8-2）

表 8-2 减速器的拆装成绩评价表 总得分____________

项次	项目和技术要求	实训记录	配分	得分
1	装配顺序正确		10 分	

（续）

项次	项目和技术要求	实训记录	配分	得分
2	轴承与轴和箱体孔的配合性质符合要求		15 分	
3	轴承间隙调整合理		10 分	
4	齿轮与轴键连接可靠		10 分	
5	齿轮副接触良好，侧隙调整合理		15 分	
6	各测量数据记录清晰、准确		15 分	
7	减速器装配好后运动正常		10 分	
8	拆卸方法、顺序正确，零件无损坏		15 分	

第9章 自动装配及柔性装配系统

学 习 目 标

※了解自动装配系统的特点及分类
※了解柔性装配系统的组成及基本形式

9.1 自动装配系统

自动装配系统必须具备三个功能，即零件装配、传送和供应。特别重要的是传送功能，其关系自动装配系统生产的各环节。其形式有回转式、直进式、同步式、非同步式等。

为了实现一个装配工具装配一个零件，必须使夹具或基础件从间歇性停顿位置向下一个位置传送，每一个工作位置称一个装配工位（装配工作站），通常自动装配系统由一个或多个工位组成，各工位设计以装配机整体性能为依据，结合产品的结构复杂程度，确定其内容和数量。自动装配系统分为多工位自动装配系统和单工位自动装配系统。

看一看

观查图 9-1 所示摩托车整车装配生产线和图 9-2 所示汽车装配生产线。

图 9-1　摩托车整车装配生产线

看一看

图 9-2 汽车装配生产线

1. 多工位自动装配系统

(1) 固定顺序作业式自动装配系统 固定顺序作业式自动装配系统是适用传统式单一品种大批量生产的自动装配系统。

(2) 利用装配机器人进行顺序作业的自动装配系统 利用装配机器人进行顺序作业的自动装配系统，这种系统装配机器人在作业线上只起到与普通单一功能装配工具相同的作用，机器人实际上是可编程序的高性能装配工具。多工位自动装配系统没有更换零件的供给装置，不能适应多品种的变换。

2. 单工位自动装配系统

单工位装配系统，在传统的单工位装配机上，可进行三个以下零件的产品装配，但利用装配机器人可在一处装配包含许多零件的产品。

(1) 独立型自动装配系统 独立型自动装配系统，只配备一台装配机器人，可装配直接供给机器的许多零件，在一处完成全部装配作业。

(2) 装配中心 装配中心是一个配置多台固定式装配机器人或具有快速更换装配工具系统，采用具有料斗作用的零件托盘，成套地向机器提供大量的不同零件。在同一处装配作业所构成的自动装配系统称为装配中心。

(3) 具有坐标型装配机器人的自动装配系统 具有坐标型装配机器人的自动装配系统是利用 xy 坐标型机器人，可进行简单对话式程序设计的一种较灵活系统，关键零件靠托盘供应，定位精度可达 0.01mm。

以上自动装配系统适应一种产品的装配，许多设施是刚性的，不适合于产品的更换。

想一想

多工位自动装配系统有哪几种，各有何特点？

9.2 柔性装配系统

柔性装配技术是一种能适应快速研制和生产，及低成本制造要求，且设备和工装模块化可重组的先进装配技术。它与数字化技术、信息技术相结合，形成了自动化装配技术的一个新领域。当前，在自动装配技术中人们主要关心的是柔性自动装配系统（FAS）。事实上柔性取决于人、可编程性、组合性、快速更换装配工具和可选择工位等，并没有人机接口系统。

1. 柔性装配系统的组成

柔性装配系统具有相应柔性，可对某一特定产品的改型产品按程序编制的指令进行装配，也可根据需要，增加或减少一些装配环节，在功能、功率和几何形状允许范围内，最大限度地满足产品的装配。

柔性装配系统由装配机器人系统和外围设备组成。这些外围设备可以根据具体的装配任务来选择，为保证装配机器人完成装配任务，其通常包括：灵活的物料搬运系统、零件自动供料系统、工具（手指）自动更换装置及工具库、视觉系统、基础件系统、控制系统和计算机管理系统。

2. 柔性装配系统的基本形式及特点

柔性装配系统通常有两种形式：一是模块积木式柔性装配系统，二是以装配机器人为主体的可编程柔性装配系统。按其结构又可分为三种：

（1）柔性装配单元　柔性装配单元借助一台或多台机器人，在一个固定工位上按照程序来完成各种装配工作。

（2）多工位的柔性同步系统　这种系统各自完成一定的装配工作，由传送机构组成固定或专用的装配线，采用计算机控制，各自可编程序和可选工位，因而具有柔性。

（3）组合结构的柔性装配系统　这种结构通常要具有三个以上装配功能，是由装配所需的设备、工具和控制装置组合而成，可封闭或置于防护装置内。例如，安装螺钉的组合机构是由装在箱体里的机器人送料装置、导轨和控制装置组成，可以与传送装置连接。

想一想　柔性装配系统按其结构可分为哪些基本形式？

参考文献

[1] 乐为. 机电设备装调与维护技术基础［M］. 北京：机械工业出版社，2010.
[2] 张国军，杨羊. 机电设备装调工艺与技术［M］. 北京：北京理工大学出版社，2018.
[3] 许菁，刘振兴. 液压与气动技术［M］. 北京：机械工业出版社，2005.
[4] 杨中力，胡宗政，左维. 数控机床故障诊断与维修［M］. 大连：大连理工大学出版社，2006.
[5] 吴文龙，王猛. 数控机床控制技术基础［M］. 2版. 北京：高等教育出版社，2012.
[6] 陈子银. 数控机床结构原理与应用［M］. 3版. 北京：北京理工大学出版社，2017.
[7] 周旭. 数控机床实用技术［M］. 北京：国防工业出版社，2006.
[8] 李善术. 数控机床及应用［M］. 2版. 北京：机械工业出版社，2012.
[9] 杨仲冈. 数控设备与编程［M］. 2版. 北京：高等教育出版社，2009.
[10] 赵云龙. 数控机床及应用［M］. 2版. 北京：机械工业出版社，2008.
[11] 孙汉卿. 数控机床维修技术［M］. 北京：机械工业出版社，2008.
[12] 王侃夫，陈颖. 数控机床故障诊断及维护［M］. 2版. 北京：机械工业出版社，2017.
[13] 丁武学. 装配钳工实用技术手册［M］. 南京：江苏科学技术出版社，2006.
[14] 黄涛勋. 钳工（中级）［M］. 北京：机械工业出版社，2005.
[15] 刘森. 钳工技术手册［M］. 北京：金盾出版社，2007.
[16] 童永华，冯忠伟. 钳工技能实训［M］. 5版. 北京：北京理工大学出版社，2022.
[17] 邱言龙，黄祥成，雷振国. 钳工装配问答［M］. 2版. 北京：机械工业出版社，2013.
[18] 韩实彬. 安装钳工工长［M］. 北京：机械工业出版社，2008.
[19] 机械工业部. 零件与传动［M］. 北京：机械工业出版社，1993.
[20] 张安全. 机电设备安装修理与实训［M］. 北京：中国轻工业出版社，2008.
[21] 鲍风雨. 机电技术应用专业实训［M］. 北京：高等教育出版社，2002.
[22] 徐卫. 机电设备应用技术［M］. 武汉：华中科技大学出版社，2008.
[23] 肖前蔚，李建华，吴天林. 机电设备安装维修工实用技术手册［M］. 南京：江苏科学技术出版社，2007.
[24] 邵恩坡. 柴油车使用维护一书通［M］. 广州：广东科技出版社，2004.
[25] 李问盈，籍国宝. 小型柴油机使用与维修［M］. 北京：中国农业出版社，2006.
[26] 陈敢泽. 起重机安装与修理［M］. 石家庄：河北科学技术出版社，1996.
[27] 乔瑞元，咸志才. 起重工［M］. 北京：化学工业出版社，2007.
[28] 张应力. 起重机［M］. 北京：化学工业出版社，2007.
[29] 罗振辉，等. 起重机械与司索指挥［M］. 哈尔滨：哈尔滨工程大学出版社，2006.
[30] 阎坤，田景峰. 自动化设备及生产线调试与维护［M］. 2版. 北京：高等教育出版社，2012.
[31] 任慧荣. 气压与液压传动控制技能训练［M］. 北京：高等教育出版社，2006.